아이와 해외여행

아이와 해외여행

김장희 지음

BM 황금부엉이

엄마와 아이가 모두 행복한 여행을 꿈꾸다

흔히 여자의 인생은 결혼 전과 후로 나누어진다고 하는데, 적어도 내가 느낀 인생의 큰 전환점은 바로 '출산'이다.

늦은 나이에 결혼한 터라 빨리 아이를 갖고 싶었고, 소중하고 사랑스러운 아이가 우리 품으로 찾아왔건만, 아이가 예쁜 것과는 별개로 육아의 고충은 이루 말할 수 없었다. 아이를 키우면서 힘들 때마다 드는 생각이 '대체 육아의 고충은 언제 끝나는 걸까?'였다. 낮과 밤이 바뀐 일상 때문에 신체리듬은 깨졌고, 친정엄마와 남편의 도움 없이는 혼자 할 수 있는 게 아무것도 없다는 생각에 무기력해지기도 했다. 내가 없어진 것 같은 기분 탓에 허탈감은 물론 우울증까지 생길 지경이었다.

아이가 깨어 있는 동안에는 아이를 돌보고, 아이가 잠들면 밀린 집안일을 하는 일상이 반복되다 보니 정신적인 스트레스가 극에 달했고, 나의 짜증과 탄식은 고스란히 아이와 남편에게 돌아갔다. 모두 잠든 밤이 되면 후

회도 하고 숨죽여 울기도 했지만, 다음 날이 되면 똑같은 일상이 반복되었다. 나의 시곗바늘은 멈추었지만, 현실의 시간은 계속 흘러갔다. 어느 정도 육아에 적응이 되었다고 느낄 무렵, 도저히 이대로는 안 되겠다 싶어 탈출구를 찾기 시작했다. 아이에게서 얻는 행복도 중요하지만, 스스로 좋아하는 일을 하면서 느끼는 행복도 필요했다. 정답은 결국 '여행'이었다.

여행을 좋아하는 남편 덕에 결혼 후에도 결혼 전과 다름없이 여행 인생을 유지했다. 임신한 상태에서도 국내와 해외를 가리지 않고 여행을 다녔던 우리 부부는 더 이상 참지 못하고 100일도 채 안 된 아이를 데리고 강원도로 여행을 떠났다. 육아와 일상에 지친 숨통을 틔울 필요가 있었던 것이다. 그렇게 아이와 함께하는 여행이 시작되었고, 아이가 8개월쯤 되었을 때는 제주도로 떠나는 용기도 내게 되었다. 걱정과 달리 아이는 순탄하게 비행기를 탔고, 즐겁게 여행을 즐겼다. 자신감을 얻은 우리 부부는 그 뒤로도 열심히 국내여행을 하며 언제 떠날지 모를 해외여행을 준비해온 것 같다.

여행이 거듭될수록 아이는 한 뼘 한 뼘 자랐고, 새로운 장소에서의 경험도 자기 방식대로 즐겁게 받아들였다. 나 역시 여행을 통해 스트레스를 날려버리니 아이에게 더욱 집중할 수 있었고, 남편과 마주 보며 부드럽게 웃는 여유까지 찾을 수 있었다. 우리는 마침내 아이와 해외여행을 떠나기로 결심했고, 지금도 낯선 곳에 발을 디디고 눈을 맞추며 경험한 소중하고 값진 추억들을 공유하며 성장하는 중이다.

이 책에는 15개월부터 40개월까지의 아이와 함께한 여행에서 겪은 시행착오와 좌충우돌을 통해 얻은 깨달음과 정보 등을 담았다. 아이와 함께하는 여행은 아이의 짐을 챙기는 것부터 시작해 아이의 생체리듬에 여행 일정과 콘셉트를 맞추는 등 세심한 배려가 필요하다. 하지만 아이의 성향을 잘 파악하고 여행 중 컨디션만 잘 챙긴다면 엄마, 아빠가 여행 초보자라도 겁낼 필요 없다. 더불어 '엄마가 행복해야 아이도 행복하다'는 모토 아래 100퍼센트 아이를 위한 여행보다 부모 스스로 만족하는 여행을 하며 그 속에서 아이를 배려하고 이해하는 것이 중요하다.

　지금도 아이와의 여행이 겁나서 망설이고 있는 많은 부모에게 이 책이 조금이나마 용기를 줄 수 있기를 진심으로 바란다.

　　　　　　　　　　　　　　　　　　　　　　　　　김장희

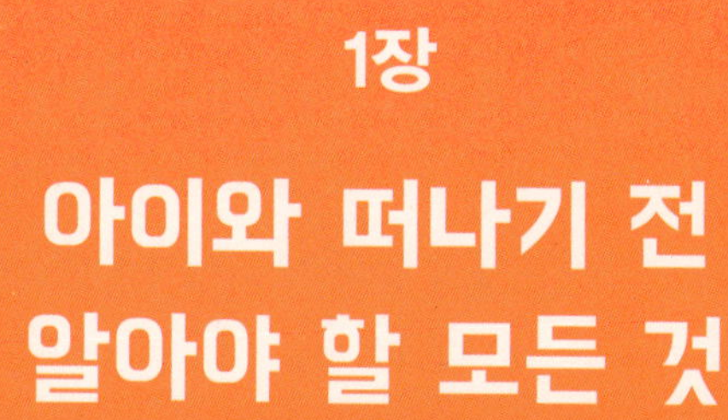
1장
아이와 떠나기 전
알아야 할 모든 것

1. 아이와 해외여행, 언제 떠날까?

아이와 함께하는 해외여행이 가능한 시기는 과연 언제부터일까? 항공사 규정대로라면 생후 7일 이상의 영아부터 비행기에 탑승할 수 있지만, 이건 어디까지나 비행기 탑승 가능 시기일 뿐, 여행을 함께 즐기기에 적절한 시기는 아니다. 그렇다면 아이가 해외여행을 시작하기에 가장 적절한 시기는 언제일까? 바로 '부모가 떠나고 싶을 때'다.

쳇바퀴 돌듯 지루한 일상에서 벗어나 설렘 가득한 특별한 곳으로 떠나는 것이 여행이지만, 여행도 육아의 연장 선상에 있다고 볼 수 있으므로 부모의 결심이 섰을 때 떠나는 게 맞는다고 생각한다. 여행에 너무 목말라 아이가 3개월도 되기 전에 해외로 데리고 가는 사람도 있을 것이고, 아이가 너무 어리면 힘들 테니 5~6세 정도는 되어야 데리고 갈 만하다고 생각하는 사람도 있을 것이다. 모든 사람의 성향이 다 같을 수는 없듯, 여행에 적절한 시기도 따로 정해져 있다고 볼 수는 없다.

여행을 떠나는 시기에 따라 각각 장단점이 있다. 아이가 어릴 때는 기저귀나 분유, 이유식 등을 챙겨야 해 짐이 많아질 수밖에 없다는 단점이 있지만, 제대로 의사 표현을 못하고 말 그대로 '엄마나 아빠에게 붙어 다니면' 되기에 오히려 부모가 데리고 다니기엔 더 편할 수 있다. 반면, 아이가 좀 더 크면 대화가 가능하고 보는 눈이 달라져 함께하는 여행의 즐거움과 뿌듯함은 더 커지지만, 아이의 의견에 귀 기울여야 하고 아이의 기분에 맞춰 함께 즐길 거리도 찾아야 하기에 또 다른 어려움이 느껴질 수도 있다.

물론 이러한 모든 것 역시 부모와 아이의 성향에 따라 달라질 수 있는 부분이기에 쉽게 단정 지을 수는 없지만, 아이와의 여행은 어디를 가든 쉽지만은 않은 것이 사실이다.

그렇다고 지레 겁먹고 떠나지 못할 이유는 없다. 비록 아이가 여행에 대해 모두 기억하지는 못하겠지만, 여행지에서 마주했던 풍경과 사람들, 특별한 경험, 순간순간 느끼는 감정, 아빠, 엄마와 함께한 행복한 추억은 세상 그 무엇과도 바꿀 수 없을 것이다.

나 역시 아이와의 첫 해외여행을 떠올려보면 힘든 순간이 몇 번 있었다. 하지만 육아가 힘들긴 해도 24시간 내내 힘든 건 아니듯, 아이와의 여행도 마찬가지다. 오히려 일상의 다른 일들은 던져버리고 좋은 곳에서 오롯이 남편과 함께 아이에게 집중하며 많은 시간 교감할 수 있기에 행복한 기억만 남아 있다.

처음이 어렵지, 한번 다녀오고 나면 다시 떠날 수밖에 없을 것이다. 그러니 용기를 내자! 그리고 가능하면 아이와의 첫 해외여행은 비용을 고려해 24개월 이전에 시작할 것을 추천한다.

2. 아이와 해외여행, 어디로 떠날까?

아이와 함께 여행을 다니다 보니 자주 받는 질문이 있다.

아이와 첫 해외여행을 가려고 하는데 어디로 가야 할지 모르겠어요. 추천 좀 해주세요. 자유여행과 패키지여행, 어느 쪽이 나을까요?

나도 아이와 처음 해외여행을 할 때 이런 고민을 했었다. 고민이 되는 것이 당연하다. 아이를 낳기 전엔 그저 부부가 가고 싶은 곳으로 훌쩍 떠나면 됐지만, 아이가 태어나면서 모든 상황이 달라졌다. 이제는 부부끼리만 즐기던 예전과 달리 이런저런 상황을 고려해 여행지를 선택하고, 어떤 식으로 여행할지 고민해야 하는데, 부모와 아이의 성향, 여행 경험, 마음 가짐에 따라 여행지 선택이나 만족도는 모두 다를 수밖에 없다.

그래서 추천이라는 단어가 무색하긴 한데, 일반적으로 아이와 함께하기 가장 편하고 좋은 여행지는 당연히 비행시간이 짧은 동남아 휴양지일 것이다. 미취학 아동(아니, 그 이상이라도)과 함께하는 여행이라면 부모와 아이 모두 만족할 수 있는 지역이기에 가장 많은 사람이 떠나는 곳이기도 하다. 하지만 매번 휴양지로만 여행을 간다면 조금은 식상할 수 있으니 연령별로 가볼 만한 곳들을 추천해보려 한다.

생후 6~12개월

아이와 해외여행이 가능한 시기는 대략 생후 6개월부터다. 아이와의 여행을 일찍 시작하는 사람들은 대략 이 시기에 첫 여행을 시작하는 경우가 많다. 생후 6개월이 지나면 아기의 생체리듬이 안정적인 상태에 접어들어

수면 패턴도 어느 정도 일정해지므로 수면 시간에 맞춰 비행시간을 잡는 것이 좋다. 아직 대부분 걷지 못하는 시기이므로 유모차와 아기띠를 이용할 경우 관광과 쇼핑이 더 수월한 때이기도 하다. 하지만 한참 모유나 분유, 이유식을 먹을 시기라 아이가 먹을 것을 챙기고 챙겨 간 음식을 따뜻하게 데워 먹이는 것이 중요한데, 그러려면 여행지보다 호텔이나 리조트 선택, 여행 동선에 더욱 신경 써야 한다.

대표적인 여행지로 괌, 사이판, 세부 등 비교적 비행시간이 짧은 곳을 추천한다. 유모차를 끌고 다니기 편하고 대중교통 이용이 쉬운 일본도 고려해볼 만하다. 아기띠를 이용하고 택시로 이동할 계획이라면 방콕, 싱가포르 등의 관광지도 충분히 갈 수 있다.

12~24개월

이 시기는 후기 이유식을 지나 완료기 이유식 또는 밥을 먹게 되는 시기이므로 짐이 많이 줄어든다. 하지만 어릴 때에 비해 활동량이 늘고 낮잠 시간도 줄며 자기주장이 생겨 통제하기 어려울 수도 있다.

일반적으로 괌, 사이판, 세부 등의 휴양지를 추천하는데, 비교적 비행시간이 짧고 직항으로 갈 수 있는 곳인 데다 아이들이 좋아하는 물놀이를 하며 함께 쉴 수 있어 여행지로 적격이다. 괌이나 사이판의 경우, 쇼핑도 마음껏 할 수 있어 육아에 지친 엄마에게도 힐링이 되는 여행지다.

24개월까지는 항공 요금이 저렴하니(성인 요금의 10퍼센트) 이 기회에 부부가 가고 싶은 멋진 휴양지로 떠나보는 것도 좋다. 항공 마일리지를 이용해 비즈니스석을 예약한다면 하와이나 몰디브 등 장거리 여행도 편안하게 갈 수 있으므로 꿈을 꾸듯 황홀한 여행지에서의 휴식을 욕심내볼 수 있다.

오키나와 해양박물관.

다낭의 리조트.

그 밖에 다낭, 냐짱, 하이난, 오키나와 등도 휴양 위주로 가기에 무난한 곳이다.

25개월~7세

항공 요금이 성인 통상 운임의 75퍼센트가 적용되어 가격 부담이 생기는 반면, 아이를 따로 앉힐 수 있는 좌석이 생기고, 아이도 비교적 비행기에서 잘 견디며 즐길 수 있는 시기다. 잘 걷고 기저귀를 떼고 밥을 먹는 시기이며, 호기심이 왕성해지고 활동 반경도 더욱 넓어진다. 함께 보고 경험한 것에 대해 기억하고 대화하며 또 다른 즐거움을 느낄 수 있는 시기이므로 이런 점을 고려해 여행지를 선택하는 것이 좋다.

휴양 위주의 여행지도 좋지만, 좀 더 욕심을 내어 관광지를 여행해보는 것도 좋다. 아이가 즐거워할 만한 체험 위주의 일정을 넣어도 좋고, 수족관이나 동물원에 가보는 것도 좋다. 비행시간이 좀 더 늘어난 푸켓, 발리, 코타키나발루 등으로의 휴양 여행이나 휴양에 관광이 추가된 싱가포르,

방콕, 일본, 홍콩, 마카오 등도 추천한다.

이 시기에는 가벼운 휴대용 유모차를 챙기고 가서 아이가 걷다 힘들어하면 태워주고, 낮잠을 자는 아이라면 낮잠 시간도 챙겨주는 배려가 필요하다. 너무 더운 낮에는 호텔 수영장에서 놀거나 시원한 실내에서 즐길 수 있도록 계획을 짜면 그리 힘들지 않게 여행할 수 있을 것이다.

4~5세 정도가 되면 장거리 비행도 비교적 잘 견디므로 유럽이나 미주 등의 렌터카 여행도 욕심내볼 만하다. 우리 가족의 경우, 아이가 네 살일 때 크로아티아 렌터카 여행을 했다. 떠나기 전에 걱정했던 것이 무색할 만큼 아이는 너무나도 잘 따라주었다. 그래서 다섯 살이 된 2016년에 유럽 4개국 렌터카 여행을 떠날 수 있었다.

아이와 함께할 만한 여행지를 추천해봤는데, 앞에서도 말했듯 어디까지나 참고의 기준으로 삼는 것이 좋다. 여행 시기뿐 아니라 여행지 선택도 부모의 마음가짐에 달려 있기 때문이다. 아이를 고려한 여행지를 선택하는 것이 맞겠지만, 부모가 행복해야 아이도 행복한 법! 부부가 어디든 떠날 각오가 되어 있다면 방법은 무궁무진하다.(부부가 원하는 여행지를 선택해 여행하되 아이를 위한 코스를 신경 써서 넣어준다면 모두 만족할 수 있는 여행이 될 것이다.)

그리고 가장 중요한 한 가지! 욕심을 버려야 한다. 그러면 모든 것이 편안해진다. 욕심을 버리면 아이와 함께하는 여행의 또 다른 즐거움을 얻을 수 있을 것이다.

+ 코타키나발루의 리조트.

+ 싱가포르의 아쿠아리움.

여행지를 결정하기 전에 그 나라의 유행성 질병이나 여행을 가려는 시기의 날씨 등도 고려해야 한다.

3. 아이와 해외여행, 어디서 머물까?

아이와 함께하는 여행에서 숙소의 역할은 생각보다 크다. 아이를 낳기전에 우리 부부는 호텔이나 리조트에 그다지 욕심이 없었고, 가성비 좋은 곳 위주로 저렴하게 다녔다. 하지만 아이와 함께 여행하다 보니 이런저런 필요한 것들이 생겼고, 숙소의 형태나 서비스도 신경 쓰게 되었다. 여행의 콘셉트나 목적지, 아이의 연령에 따라 필요한 서비스가 달라지니, 어떤 점을 고려해야 할지 미리 알아두자.

휴양지의 숙소

휴양지에서는 리조트나 호텔에 머물며 휴양하는 시간이 대부분이므로 숙소의 시설이 꽤 중요하다. 조식이 포함된 것이 좋으며, 현지 관광을 많이 하지 않을 거라면 레스토랑의 종류나 개수도 중요하다. 숙소에서 나가서 사 먹을 경우, 가까운 곳에 식사할 만한 곳이 있는지도 미리 살펴보자. 아이가 밥을 먹을 수 있는 나이라면 점심 식사 정도는 간단하게 햇반, 누룽지, 컵라면 등으로 해결해도 좋다.

이 밖에도 룸 상태는 물론, 수영장 시설이라든가 키즈 프로그램의 운영 여부 및 프로그램의 질, 직원들의 친절도도 살펴보는 게 좋다. 룸 위치는 이왕이면 1층으로 요청하고, 수영장이 연결된 풀 액세스 룸(Pool Access Room)이 아이와 물놀이하기에 편하니 참고하자.

관광지의 숙소

　관광지로 여행을 간다면 숙소에서만 머무는 것이 아니므로 대중교통을 이용하기 쉬운 위치가 좋다. 밖에서 돌아다니다가 힘들거나 너무 더울 경우 숙소에 들어와 쉬었다가 나가기도 하므로 주요 관광지와 너무 멀지 않고 마트 등의 편의시설이 가까운 곳이 좋다. 더불어 휴양의 목적도 겸한다면 수영장 시설이나 키즈 프로그램의 운영 여부도 확인하는 것이 좋다.

+

몰디브의 리조트.

+

호텔의 아기침대.

영유아기 숙소 예약 시 체크할 사항

• 공항에서 숙소까지의 거리 : 공항에서 숙소까지의 거리가 어느 정도인지 체크해두는 것이 좋다. 비행시간이 아무리 짧아도 공항에서 숙소까지 이동하는 데 시간이 많이 걸린다면 아이가 힘들 수 있다.

• 숙소 바닥 상태 : 숙소의 바닥 상태도 잘 살펴보는 것이 좋다. 객실 바닥에 카펫이 깔려 있다면 위생에 문제가 생길 수 있으니 평소 호흡기가 좋지 않은 아이, 아직 기어 다니는 아이라면 바닥이 대리석이나 원목, 온돌로 된 곳을 이용한다. 어쩔 수 없이 카펫이 깔려 있는 곳에 묵어야 한다면 되도록 아이를 침대에 두거나 아기침대를 이용하는 것이 좋다. 작게 접을 수 있는 돗자리를 가지고 가는 것도 좋은 방법이다.

• 냉장고 상태 : 숙소의 냉장고 및 냉동실의 상태도 미리 체크하자. 힘들게 이유식을 얼려 왔는데 냉장 및 냉동 성능이 좋지 않다면 음식이 상할 수 있기 때문이다. 혹시 냉장고가 없거나 성능이 좋지 않다면 호텔 측에 아이 음식을 따로 얼려달라고 부탁하고, 필요할 때 찾으러 오겠다고 해도 좋다. 휴양지에서 렌터카를 이용한다면, 렌터카 업체에 아이스박스 대여가 가능한지 미리 문의해놓고, 아이스박스에 얼음을 채운 후 호텔 내에서 활용하는 방법도 있다.

• 전자레인지 유무 : 이유식 등 아이 음식을 데워 먹여야 하는 경우, 숙소에서 전자레인지를 이용할 수 있는지 확인해둔다. 숙소에 전자레인지가 없다면, 가까운 식당에서 음식을 데울 수 있는지 숙소를 통해 문의해놓

는 것도 좋다.

• **안전장치 및 기타 서비스** : 아기침대를 사용하고자 하는 경우, 숙소에 문의하면 무상으로 대여할 수 있다. 침대 대여가 어렵다면, 성인용 침대에 설치할 수 있는 안전가드를 요청하면 된다. 그 밖에 아기 목욕용품, 체온계, 유모차, 아기욕조, 아기변기 등 필요한 물품의 대여 서비스, 세탁실 운영 서비스 등도 체크하고, 건조할 때를 대비해 가습기 대여 여부도 살펴보면 좋다.

치안이 안전한 곳인지 확인하는 것도 중요하다. 되도록이면 한 곳에서 2일 이상 머무르는 것이 좋으나, 사정이 여의치 않다면 지역을 옮기며 1박씩 하는 것도 고려해본다.(유럽 렌터카 여행의 경우, 일정은 길지 않은데 둘러볼 곳들은 떨어져 있어 지역에 따라 숙소를 옮기는 것이 더욱 효율적이었다.)

• **룸 타입 살피기** : 보통 더블룸과 트윈룸으로 나뉜다. 아이가 어리다면 더블침대에서 아이를 가운데 두고 재우는 게 안전하다. 혹시라도 침대에서 떨어질 수 있으니 아래쪽에 소파를 붙여놓거나 안전가드 설치를 요청하는 것도 좋다. 트윈룸의 경우, 침대 2개를 붙일 수 있다면 더 넓게 잘 수 있는데, 그게 안 된다면 침대 하나를 벽 쪽에 붙여 아이와 엄마가 자고, 나머지 침대를 아빠가 사용하는 것이 좋다. 물론 침대 이동이 가능한지 미리 확인해야 한다.

:: 숙소 예약 방법 및 팁

숙소는 미리 예약해두어야 조금이나마 저렴하게 이용할 수 있다. 간혹 날짜에 임박해서 빈방이 있는 경우 가격이 더 떨어지기도 하나, 여행의 큰 틀인 항공과 숙박은 미리 예약해두는 것이 안전하다.

숙소를 예약할 때는 괜찮은 숙소 리스트를 뽑아 예약 사이트들을 둘러보며 가격 비교에 들어간다. 똑같은 날짜, 조건인데도 가격이 다른 경우가 많고, 신용카드 할인이나 사이트 할인코드 사용 시 추가할인이 가능한 경우도 있기 때문이다. 그리고 수수료나 조식 포함 여부에 따라 가격이 달라지니 반드시 결제 단계에서의 최종 가격을 확인해야 한다. 호텔 가격은 저렴하지만 각종 수수료 등이 붙어 최종 가격은 비싸지는 경우도 있다.

:: 숙소 예약 시 유용한 사이트

익스피디아 https://www.expedia.co.kr
아고다 http://www.agoda.com
부킹닷컴 http://www.booking.com
호텔스닷컴 https://kr.hotels.com
트립어드바이저 https://www.tripadvisor.co.kr

:: 호텔 가격 비교 사이트

호텔스컴바인 http://www.hotelscombined.co.kr
호텔파인더 http://www.hotelfinder.co.kr

★ Tip ★

호텔이나 리조트 외에 현지인의 집, 또는 그렇게 해놓은 시설을 빌려 사용해볼 수 있는 에어비앤비(https://www.airbnb.co.kr)도 추천한다. 다만 체크인 시 호스트(집주인)와 만나야 하는 번거로움이 있을 수 있고 이런저런 제약이 따를 수 있으니 여행 전 문의사항이 있다면 미리 쪽지를 보내 꼼꼼하게 문의하고 잘 체크해본 후 선택할 것! 우리 가족도 유럽 여행 시 에어비앤비를 이용했는데, 집 전체를 빌려 넓은 공간을 사용할 수 있는 데다 조리시설이 갖추어진 곳이 많아 아이의 먹을거리를 해결하는 데 도움이 되었으며, 가격에 비해 상당히 쾌적하고 편리했다.

4. 패키지여행이냐, 자유여행이냐?

패키지여행

여행 초보들이 가장 걱정하는 것 중 하나가 바로 여행지의 교통 및 언어일 것이다. 나 역시 첫 해외여행은 패키지여행으로 시작했다. 경험이 없는데다 모험을 하기는 싫고, 안전하게 가보자는 마음에 패키지여행을 선택했는데, 장점과 단점이 분명 있으니 잘 생각해보고 결정해야 한다.

패키지여행은 항공권, 호텔, 식사부터 여행자보험 및 다양한 특전, 가이드를 동반한 유명 관광지 관광까지 한꺼번에 해결할 수 있어 분명 매력적이다. 하지만 일정이 너무 빡빡하거나 원하지 않는 곳을 방문하는 경우가 있어 아이와 함께하는 여행으로는 그다지 추천하고 싶지 않다. 여행을 하다 아이 컨디션이 안 좋을 수도 있고, 아이가 아프기라도 하면 일정을 빼서 쉬어야 할 텐데, 패키지여행은 일정을 자유롭게 변경할 수 없으니 잘 생각해봐야 한다.

그래도 패키지여행을 가야 한다면 아이를 배려한 상품이 있는지 알아보는 게 좋다. 가족끼리만(최소 4인) 출발 가능한 일성여행사의 '오붓이' 상품이라든가 영유아 맞춤 패키지인 하나투어의 '플라잉베베' 상품, 여행박사의 '키즈투어' 상품 등이 눈여겨볼 만하다.

자유여행

하나부터 열까지 직접 알아보고 계획해야 하는 자유여행은 여행을 좋아하는 부모라면 사실 굉장히 재미있는 일이다. 항공사나 호텔 등의 프로모션 기간을 이용해 저렴하게 미리 여행 계획을 세워놓을 수 있으며, 원하는 일정대로 움직일 수 있다는 것이 최대 장점이다.

혹시라도 여행지에서 아이 컨디션이 좋지 않다면 하루 종일 호텔에서 쉴 수도 있고, 원래 생각했던 계획이 있더라도 날씨 등의 상황에 따라 계획을 변경해 마음대로 움직일 수 있으므로 아이와의 여행은 자유여행을 더욱 추천한다. 요즘은 계획을 안 세우고 가더라도 스마트폰 로밍 서비스나 포켓와이파이를 이용하거나, 유심 칩을 구매해 현지에서 그때그때 교통 및 맛집, 여행 정보를 검색할 수 있기 때문에 그리 부담을 느낄 필요가 없다. 그래도 여행 경험이 적어 망설여진다면 너무 어렵지 않은 여행지부터 차근차근 시작해보는 것이 좋다. 그다지 준비가 필요하지 않은 휴양지에서의 자유여행부터 시작해봐도 좋을 것이다.

5. 아이의 여권 준비하기

아이와 해외여행을 떠나려고 마음먹었다면 제일 먼저 준비해야 할 것은 역시 여권!

여권은 신청 후 평일 기준으로 3~4일 정도 걸리니 여행 일정이 잡히면 미리 준비해놓는 것이 좋다. 여권을 만들기 위해 가장 먼저 할 일은 아이의 여권 사진을 찍는 것인데, 사진관에서 찍어도 좋지만 엄마, 아빠가 직접 아이의 첫 여권 사진을 찍어주는 것도 의미 있다. 물론 아무리 의미 있는 일이라고 해도 한시도 가만히 있지 못하는 아이의 사진을 찍기란 여간 어려운 일이 아닌데, 해보면 또 그리 겁낼 일도 아니다.

아이가 앉아 있지 못하는 나이라면 흰 이불에 눕히고, 위에서 장난감 등 시선을 끌 만한 물건으로 카메라 쪽을 쳐다보게 하는 방법을 이용해보자. 앉을 수 있는 나이라면 벽에 전지를 붙여놓고 부스터나 범보 의자에 앉힌 뒤, 역시 장난감이나 핸드폰의 〈뽀로로〉 영상 등으로 시선을 끌어 카메라를 응시하게 하면 좀 더 쉽게 찍을 수 있다. 물론 너무 시간을 오래 끌면 아이가 지루해하고 힘들어하니 재빠르게 결과물을 얻는 것이 중요하다. 이때 엄마와 아빠가 역할 분담을 잘해야 한다. 만족스러운 결과물을 얻어냈다면 간단한 보정을 거친 후 사진을 인화해 여권을 신청하면 끝!

손수 찍은 사진으로 만든 아이의 첫 여권. 비용도 절약될 뿐 아니라 아이의 첫 여권을 직접 만들어주었다는 사실에 감동은 배가될 것이다.

- 가로 3.5센티미터, 세로 4.5센티미터 크기에 6개월 이내에 촬영한 천연색 상반신 정면 탈모 사진으로, 바탕색은 흰색이어야 한다.
- 머리 길이 : 2.3~3.6센티미터
- 유아 단독으로 촬영되어야 하며, 의자, 장난감, 보호자 등이 사진에 노출되지 않아야 한다.
- 눈을 뜬 상태로 정면을 주시해야 한다.
- 3세 이하의 영아는 입을 다물고 촬영하기 힘든 경우가 많으므로 입을 벌려 치아가 조금 보여도 무방하다.
- 신생아의 경우 똑바로 앉히기 어려우므로 흰 이불에 눕혀 찍는다.

유아 여권 신청 및 수령

- 접수처 : 전국 여권사무 대행기관(주민등록지와 상관없이 전국에 있는 239개 여권사무 대행기관 어디에서라도 접수가 가능하다.)
- 접수 비용 : 복수(5년) 24면 3만 원, 48면 3만 3,000원, 단수(1년 이내) 2만 원
- 구비 서류 : 여권발급신청서, 여권용 사진 1매(6개월 이내에 촬영한 사진), 법정대리인 동의서, 법정대리인 신분증, 기본증명서 및 가족관계증명서 (행정 전산망으로 확인 불가능 시)
- 수령 방법 : 직접 수령 시 법정대리인의 신분증, 접수증을 가지고 접수처로 가면 확인 후 수령이 가능하다. 방문이 어렵다면 등기우편으로도 받을 수 있는데, 비용은 수령 시 지불하면 된다.(직접 수령하는 것보다 시간이 더 소요되니 참고할 것.)
- 외교부 여권 안내 홈페이지 http://www.passport.go.kr

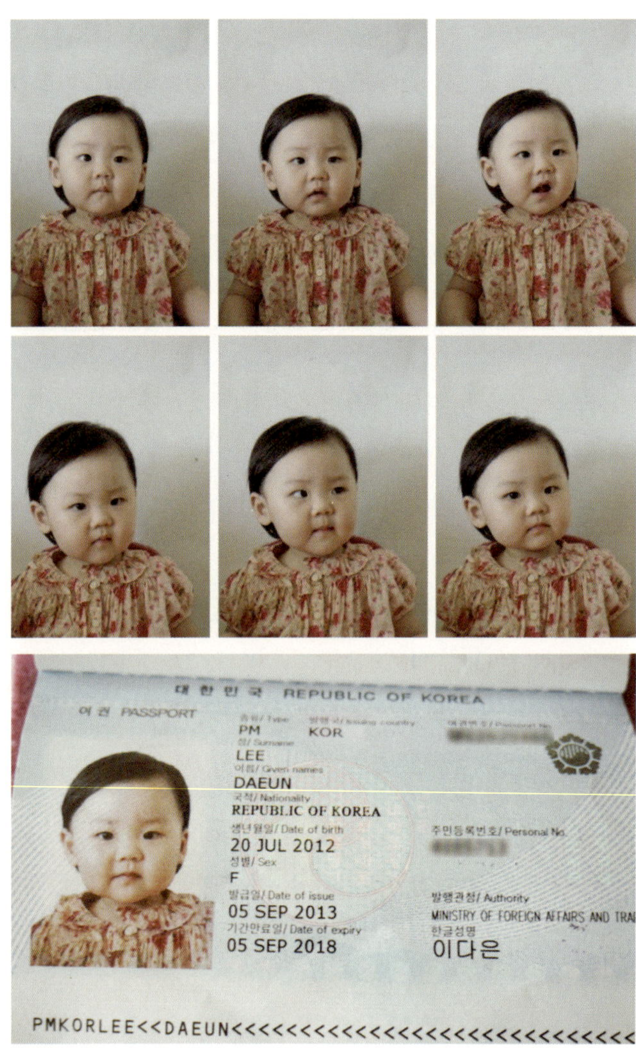

집에서 찍은 사진으로 만든 다은이의 첫 여권.

여행 경비 중 가장 많은 비중을 차지하는 것을 꼽으라면 단연 항공권과 숙박비일 것이다. 비용 때문에 해외여행을 포기하는 경우도 종종 있다. 하지만 요즘은 저가항공사의 노선 증편과 항공사의 전투적인 마케팅 덕분에 조금만 부지런을 떨고 시기만 잘 맞춘다면 남들보다 훨씬 저렴한 가격에 항공권을 구할 수 있다. 항공권만 저렴하게 잘 예약해도 여행 비용을 확 줄일 수 있다.

저렴한 항공권 예약 노하우

아이가 유아기를 지나 소아기로 접어들면 항공료 부담도 커진다. 편하게 아무 때나 대형항공사를 타고 다닐 수 있다면 좋겠지만, 비용을 고려한다면 조금이라도 저렴한 방법으로 항공권을 구입하는 것이 도움이 될 것이다. 똑같은 항공권이라도 예매하는 사이트와 시기에 따라 가격이 두 배 이상 차이가 나기도 하는데, 땡처리 항공권, 얼리버드 항공권, 프로모션 항공권 등의 특가 정보를 잘 활용하면 좋다. 물론 남들보다 저렴하게 가려면 평일이나 비수기에 떠난다거나 빠른 클릭을 통한 프로모션 티켓 예매 성공 등 번거로움은 감수해야 한다. 하지만 가족 항공권 비용을 조금이라도 아끼며 여행을 즐기기 위해서는 이 정도 수고는 사실 수고도 아니다.

평소에 항공사의 이메일 뉴스레터나 SNS를 구독하고 여행 카페 등에 가입해 업데이트되는 소식을 재빠르게 접하는 것이 좋다. 그 밖에 쉽게 찾을 수 없는 특가 항공권 정보를 모아서 보여주는 애플리케이션을 스마트폰에 설치해놓고 실시간으로 알림 신청을 해놓으면 남들보다 빠르게 소식을 접할 수 있다. 항공 마일리지가 쌓이는 신용카드를 이용해 마일리지를 열심히 모아 보너스 항공권을 노려보는 것도 방법이다.

:: 항공권 특가 정보 관련 사이트
플레이윙스 http://home.playwings.co.kr
스카이스캐너 http://www.skyscanner.co.kr
인터파크항공 http://tour.interpark.com

스카이스캐너.

인터파크항공.

아이 항공권 구입하기

유아의 경우, 생후 7일부터 24개월 미만까지 유아 요금을 적용받는다. 유아 항공권은 국내선은 무료, 국제선은 성인 요금(국제항공운송기구IATA에서 정한 공시운임)의 10퍼센트로 책정되며, 별도의 좌석이 제공되지 않는다. 아이의 좌석이 필요하다면 소아 요금으로 항공권을 구입하고 유아용 시트 및 안전벨트를 제공받을 수 있다. 보호자 한 명이 데리고 탈 수 있는 유아는 한 명뿐이며, 혼자 두 명 이상의 유아를 동반할 경우, 추가되는 유아는 소아 요금을 내야 한다.(소아 운임이 적용된 유아에게는 좌석 제공.)

소아 요금은 성인 요금의 75퍼센트로 책정되어 있으며, 만 2세부터 12세까지 적용된다. 하지만 특가 항공권 등 할인율이 큰 항공권을 구입할 경우에는 성인 요금과 같은 경우가 많다.

• 유아용 요람

비행기 좌석이 따로 제공되지 않는 만 24개월 미만 유아는 유아용 요람(아기 바구니)을 신청할 수 있다. 항공사 서비스센터 또는 항공권 예약처로 신청하면 되는데, 수량이 한정되어 있고 설치 가능한 좌석도 정해져 있으니 최대한 빨리 신청하는 것이 좋다. 단 저가항공사 등 일부 항공사는 유아용 요람을 설치할 수 없는 경우도 있으니 미리 확인해둘 필요가 있다.(이 경우, 공항 체크인 창구에서 '여유 좌석이 있다면 블록 처리해줄 수 있는지' 요청해볼 수 있다.)

★ Tip ★

유아 · 소아 요금 적용의 기준이 되는 날짜는 항공권 구매 및 예약일이 아닌 출발일이다. 대한항공이나 아시아나항공 왕복 항공권의 경우, 출발할 땐 24개월 미만이었는데 돌아올 땐 24개월이 지나면 유아 요금을 적용받지만, 그 밖의 항공사의 경우 항공사에 따라 규정이 다르니 정확히 문의해보는 것이 좋다.

유아용 요람 규정은 다음과 같다.

- 대한항공 : 몸무게 11킬로그램 미만, 신장 75센티미터 미만 가능. 출발 48시간 전까지 신청(1588-2001)
- 아시아나항공 : 몸무게 14킬로그램 미만, 신장 76센티미터 미만 가능. 출발 72시간 전까지 신청(1588-8000)

- 유아 수하물
  - 대한항공 : 접이식 유모차, 유아용 시트(또는 요람) 각 1개, 가로·세로·높이의 합이 115센티미터 이하이며 10킬로그램 이하인 수하물 1개
  - 아시아나항공 : 미주 이외의 노선은 무료 수하물 10킬로그램 + 유모차, 유아용 요람, 유아용 시트 중 1개, 미주 노선은 가로·세로·높이의 합이 158센티미터 이하이며 23킬로그램 이하인 수하물 1개(일반석의 경우) + 유모차, 유아용 요람, 유아용 시트 중 1개

- 유모차 기내 반입

일자형으로 접히는 소형 유모차는 기내 반입이 가능하다. 단, 기내 보관 공간이 있는 경우에 한하며, 불가 시에는 위탁수하물로 처리될 수 있다. 공항 탑승구까지 이용할 수 있으며, 도착한 후 탑승구 앞에서 다시 받을 수 있다.(항공사에 따라 위탁수하물과 함께 나오기도 하니 맡길 때 확인 필요!)

- 아이용 기내식

아이와 동반하는 경우, 영유아 특별 기내식을 신청할 수 있다. 항공사에 따라 메뉴가 다르며, 국적기인 대한항공과 아시아나항공은 단계에 맞는

아이 음료와 간단한 간식 등의 기내식을 제공한다.

단계에 따라 영아식(액상 분유, 미음, 아기용 과자, 아기용 주스 등), 유아식(진밥, 과일, 과자, 아기용 주스 등), 아동식(스파게티, 오므라이스, 볶음밥, 햄버거, 돈가스 등의 식사와 과자, 음료 등)으로 구분되며, 출발 24시간 전까지 신청해야 이용할 수 있다. 따로 예약하지 않을 경우 일반식이 나오며, 저가항공은 아이용 기내식은 물론 어른 기내식도 제공되지 않고 간식을 기내에서 유료로 구매해야 하는 경우도 있으니 미리 대비해야 한다.

보통 기내에 100밀리리터가 넘는 액체를 반입하는 것은 금지되어 있는데, 유아를 동반하는 경우, 적합한 용량에 한해 우유, 물, 주스, 모유, 액체·죽 형태의 음식, 물티슈 등이 허용된다.

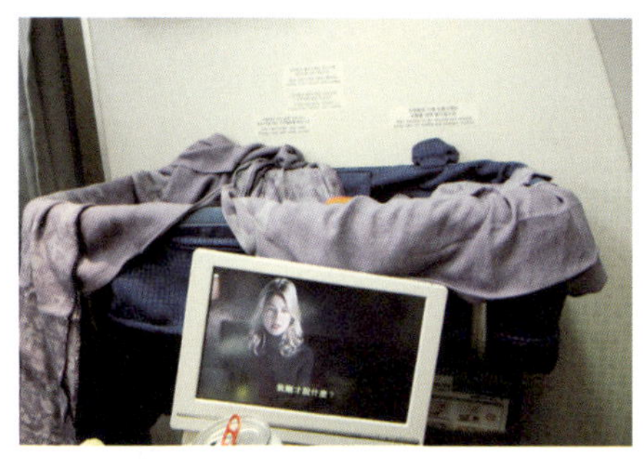

유아용 요람. 비행기가 이륙 후 안정권에 접어들면 승무원이 와서 설치해준다.

아이용 기내식. 출발 전 미리 신청해야 이용할 수 있다.

아이와의 여행은 국내든 해외든 잘못하다간 짐과의 전쟁이 될 수 있다. 평상시에 사용하는 기본 물품 외에 기내에서 필요한 것들, 현지에서 먹을 음식, 간식, 물놀이용품 등 챙겨야 할 것이 너무 많다. 하지만 이 모든 걸 다 가져가려면 여행을 떠나기 전부터 지칠 수 있으니 꼭 필요한 물품 위주로 최대한 줄여서 꼼꼼하게 짐을 꾸려보자. 여행이 한결 가볍고 즐거워질 것이다.

캐리어는 29인치 정도로 하나만 준비하는 것이 좋다. 최소 세 명의 짐을 싸야 하고 목적지 또는 날씨에 따라 짐이 달라지는데, 일정이 짧다 해도 기본적으로 챙겨야 할 것이 많으므로 너무 작은 캐리어는 비효율적이다. 일정이 길거나 음식물을 많이 챙겨야 할 경우에는 가방을 더 준비하고, 엄마, 아빠의 배낭을 별도로 챙겨도 좋다. 현지에서 쇼핑을 할 예정이라면 늘어난 짐을 넣을 접이식 보조가방 등을 준비하거나, 현지에서 구입해서 가져와도 좋다. 아이가 너무 어리다면 아이용 캐리어는 짐이 될 수 있으니 가져가지 않는 것이 낫다.

아빠는 양손(캐리어를 2개 가져갈 경우), 혹은 한 손으로 캐리어를 끌고 엄마는 아이를 태운 유모차를 밀면 되니, 일단 큰 틀은 이렇게 완성!

여행 가방 꾸리기 노하우

• 의류 : 계절에 맞는 여벌 옷(얇은 카디건이나 바람막이 포함), 속옷, 양말, 용도에 맞는 신발, 내복 등을 챙긴다. 세탁이 가능하다면 빨아 입힐 수 있

지만, 그렇지 않을 경우를 대비해 하루에 한 벌 정도로 생각해서 꾸린다. 내복은 2~3일씩 입혀도 무방하니 너무 많이 갖고 가지 않는다.

• 먹을거리 : 분유, 이유식, 즉석 밥, 즉석 국, 김, 후리카케, 라면, 누룽지, 3분 카레·짜장, 김치, 튜브형 고추장 등 연령에 맞게 먹을 수 있는 음식으로 준비한다.

• 물놀이용품 : 자외선 차단을 위해 래시가드와 모자를 준비하고, 방수 기저귀, 튜브, 구명조끼, 자외선 차단제, 방수팩, 선글라스, 비치 가운, 물놀이용 신발 등을 준비한다. 구명조끼나 모래놀이용품은 부피를 많이 차지하니 호텔이나 리조트에 준비되어 있는지 확인해본다. 모래놀이용품의 경우, 빌리지 못하면 현지에서 구입해 사용한 후 놓고 와도 무방하다.

• 비상약 : 체온계, 해열제, 지사제, 소화제, 감기약, 밴드, 연고, 멀미약, 벌레퇴치제 등을 준비한다.

• 기타 : 기저귀, 턱받이, 물티슈(크기가 작은 외출용 물티슈를 여러 개 준비한다), 세면·목욕용품, 손톱깎이, 비닐 지퍼백, 비닐장갑, 뽑아 쓰는 시트형 주방세제, 전자레인지용 용기(이유식용), 각종 충전기, 배터리, 멀티 어댑터, 에코백, 머리핀과 끈, 막대사탕(비행기 이착륙 시 기압의 차이로 귀가 아플 수 있는데, 이럴 때는 물이나 막대사탕을 이용해 침을 삼키게 하면 좋다) 등을 준비하면 좋다.

기내용 가방에 챙겨 넣을 물건

여권(혹시 모르니 여권 분실을 대비해 여권 사본, 여권용 사진 2장도 챙겨두자), 지갑, 카메라, 볼펜, 기본 상비약, 얇은 점퍼, 여분의 옷과 속옷 등을 준비한다. 그리고 아이의 연령에 맞춰 기저귀, 물티슈, 놀거리(항공사에 따라 장난감을 제공하는 경우도 있지만, 평소 아이가 좋아하는 부피 작은 장난감, 색연필, 스티커북, 색칠북, 스마트폰 또는 태블릿 PC에 담아놓은 동영상, 아이용 헤드폰 등을 준비하면 더 좋다), 분유, 젖병, 이유식, 아이 수저, 보온병, 물병, 간식거리, 홑이불 등을 준비하는 것이 좋다.

연령에 따른 음식 준비

해외여행을 가게 되면 가장 걱정되는 것이 음식인데, 더구나 아이와 함께하는 여행이라면 더더욱 음식이 걱정스러울 수밖에 없다. 영유아의 경우 모유나 분유, 이유식 등을 준비하고, 밥을 먹는 아이라면 함께 먹을 수 있는 음식 위주로 준비해보자.

- 분유 : 휴대가 편리한 스틱 분유를 챙기거나 분유 저장 팩을 이용해 1회 분량씩 덜어서 가져간다. 일회용 젖병을 가져가면 짐을 줄일 수 있다.
- 이유식 : 엄마표 이유식을 고집한다면 한 번 먹을 양을 비닐백에 넣어 꽁꽁 얼린 뒤 아이스박스에 담아 수하물로 부친다. 숙소 도착 후에는 바로 냉동실에 넣어두고 먹을 때마다 하나씩 꺼내 데워 먹이면 된다.(전자레인지용 용기도 준비하고, 외출 시를 대비해 작은 보온 죽통을 준비해 넣어 가면 좋다.) 판매되는 이유식을 잘 먹는 아이라면 구입해서 가져가거나 현지에서 구입할 수 있다. 단, 처음 이용하는 제품이라면 떠나기 전에 미리 아이에

+
아이가 먹을 음식을 준비해 가는 것이 좋다. 부피를 줄이는 것이 최고의 팁!

게 먹여보고 반응을 살펴봐야 한다.

• 물 : 물갈이가 걱정된다면 물을 가져가는 것도 좋지만, 여간 짐이 되는 게 아니다. 차라리 보리차 티백을 준비하고, 현지에서 생수를 구입해 전기포트에 끓여서 주는 것이 더 낫다.

• 밥과 반찬 : 분유와 이유식을 끝내고 밥을 먹는 아이라면 너무 자극적인 음식만 제외하면 어른과 함께 먹을 수 있다. 일본이나 동남아 쪽은 아이와 먹기 편한 것들이 많지만, 유럽이나 미주의 경우 먹을거리가 맞지 않을 경우가 많으므로 준비해 가는 것을 추천한다.

배변훈련을 하고 있거나 기저귀를 완전히 뗀 아이라면 고민거리가 또 하나 있다. 바로 여행 중 배변 문제! 아이는 어른과 달리 오래 참지 못하기 때문에 아이가 신호를 보내오면 긴장하게 된다. 숙소에서는 바로 해결할 수 있지만, 도심을 여행하던 중에는, 특히 화장실을 찾기 힘든 유럽의 경우는 더욱 문제가 될 수 있다. 특히 여아의 경우는 더 그러한데, 이때 두 가지 방법을 이용할 수 있다.
하나는 기저귀를 갖고 다니다 신호가 오면 채워서 용변을 보게 하는 방법이고, 또 하나는 휴대용 변기에 용변을 보게 하는 방법이다. 참고로 내가 갖고 다닌 것은 '포이테테' 휴대용 변기였다. 접으면 부피도 얼마 차지하지 않아 꽤 유용했다. 비닐을 씌워 볼일을 본 후 비닐만 처리하면 끝.

조리 시설이 있는 곳이라면 햇반이나 누룽지를 데워 먹이거나, 현지에서 쌀을 사서 밥을 해 먹어도 좋다. 조리 시설이 없는 곳이라면 2~3인용 여행용 밥솥이나 멀티쿠커 등을 가져가도 좋다. 생각보다 부피를 많이 차지하지 않는다.

컵라면은 아이도 먹기 좋은 맵지 않은 것을 준비하는 것이 좋으며, 짐을 꾸릴 때 용기와 안의 내용물을 분리해 가져가면 부피가 줄어든다.(용기는 차곡차곡 겹쳐 쌓고, 라면과 수프 등은 따로 비닐에 잘 밀봉해서 싼다.)

김치를 가져간다면 볶음김치나 캔 김치를 가져가도 좋다.

그 밖에 아이가 잘 먹는 상온 보관 가능한 멸균우유, 상하지 않을 마른 반찬(멸치볶음, 진미채볶음 등)을 준비하면 좋다. 현지에서 재료를 구입해 조리할 예정이라면 플라스틱 약통에 소금이나 설탕, 참기름, 간장 등의 기본양념을 싸 간다.

하지만 여행의 목적이 일상에서 벗어나 즐기고 쉬러 가는 것이니만큼 음식 준비에 너무 많은 시간과 공을 들이지 말자. 까놓고 말하면, 아이는 김만 있어도 밥을 잘 먹는다.

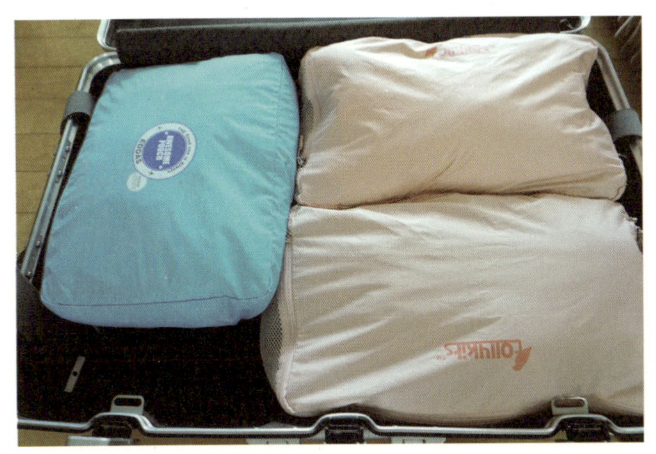

이너백을 이용하면 좀 더 깔끔하게 정리할 수 있다.

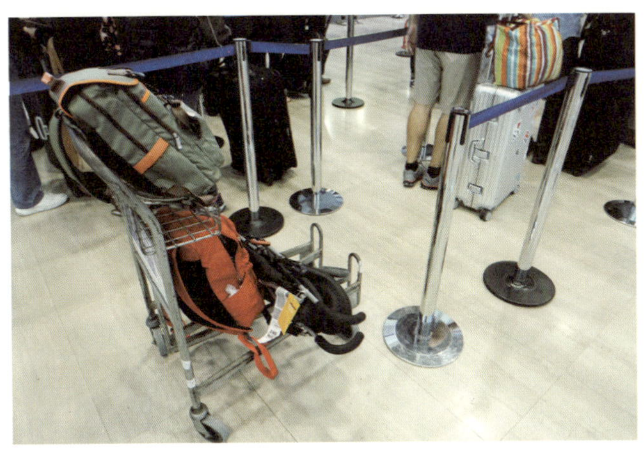

짐을 최대한 줄여 '짐과의 전쟁'을 피하자.

8. 아이가 있는 여행객을 위한 공항 & 기내 서비스

꼼꼼하게 짐 싸기까지 끝났다면 이제 공항으로 나설 차례다. 아이와 함께 여행할 때는 부부만 여행할 때보다 시간이 빠듯할 수 있다. 그러니 공항에는 적어도 출국 시간 3시간 전에 여유 있게 도착해 이런저런 것들을 미리 챙기고, 공항의 무료시설들을 아이와 함께 즐겨보자.

항공사별 어린이 동반 여성 서비스

항공사별로 임산부나 아이를 동반한 여성 승객을 위해 공항에서 도착지까지 몇 가지 서비스를 제공하고 있다. 미리 항공사 홈페이지나 예약센터를 통해 신청해놓으면 편리하다.

• 아시아나항공

만 3세 미만(일부 서비스는 만 2세 미만)의 유아를 동반한 여성 승객을 위해 '해피맘 서비스'를 제공하고 있다. 사전에 유아용 기내식, 요람 등을 예약할 수 있으며, 탑승 수속을 할 때도 우선 탑승 서비스를 받을 수 있다.

미주, 유럽, 시드니 노선의 경우, 안전의자 신청 서비스(소아 요금을 지불하고 항공권을 구입한 만 2세 미만의 유아 고객), 기내 아기띠 대여 서비스(만 2세 미만의 유아 고객을 동반한 여성)도 제공되며, 그 밖에 7세 미만의 유아를 2명 이상 동반한 1인 승객에게 적용되는 '패밀리 서비스'도 있다.

• 대한항공

7세 미만의 유아를 2명 이상 동반하는 여성을 위해 담당 직원이 탑승 수속, 탑승구 이동, 교통편 탑승 위치 안내 등의 서비스를 제공하는 '한 가족 서비스'를 운영한다.

인천공항 3층 1번 출국장 옆 '한 가족 서비스' 사무실에서는 유모차도 무료로 대여할 수 있다.(이용 후 탑승구 앞에서 반납하면 된다.)

인천 출발 및 도착 국제선(일본, 중국 노선 및 소형 기종 운영 노선 제외)을 이용하는, 좌석을 구매한 만 2세 미만 유아 고객에게 유아용 시트(몸무게 9.1킬로그램 이상, 키 124.5센티미터 이하) 및 안전벨트(몸무게 10~20킬로그램, 키 101.6센티미터 이하)를 제공하며, 출발 72시간 전까지 대한항공 서비스센터 또는 항공권 예약처로 신청하면 된다.

공항 어린이놀이방과 유아휴게실

인천공항에는 아이들을 위한 키즈존(어린이놀이방)과 유아휴게실이 곳곳에 마련되어 있다. 연중무휴 24시간 운영되고 있어 언제 공항을 방문해도 이용할 수 있다. 유아휴게실에는 수유실, 젖병소독기, 수유소파, 기저귀교환대, 정수기, 소독기, 체중계, 세면대, 아기의자 등이 준비되어 있다.

• 어린이놀이방

모두 7개로, 면세 구역에 위치하고 있다. 3층 10 · 15 · 40 · 45번 게이트 부근, 4층 환승 라운지 동편(대한항공 라운지), 서편(아시아나항공 라운지), 탑승동 121번 게이트 부근.

- 유아휴게실

모두 9개로, 탑승 수속하기 전인 일반 구역과 면세 구역에 위치하고 있다.
- 일반 구역 : 1층 B · E 카운터 부근, 3층 D · J 카운터 부근
- 면세 구역 : 3층 25 · 29번 게이트 부근, 4층 환승 라운지 동편(대한항공 라운지), 서편(아시아나항공 라운지) 어린이놀이방 안쪽, 탑승동 121번 게이트 부근 어린이놀이방 안쪽

패스트 트랙 이용하기

인천공항에서는 교통 약자(보행 장애인, 7세 미만 유 · 소아, 80세 이상 고령자, 임산부. 동반 여객 2인 포함)를 대상으로 패스트 트랙(Fast Track)을 운영하는데, 대상자들은 본인이 이용하는 항공사의 체크인 카운터에서 이용 대상자임을 확인받고 '패스트 트랙 패스'를 받아 전용 출국장 입구에서 여권과 함께 제시하면 된다. 인천공항 동편과 서편에 위치한 전용 출국장(1번, 6번) 또는 2~5번 출국장 측문을 통해 이용할 수 있으며, 전용 출국장은 오전 7시부터 오후 7시까지만 운영된다.

인하대학교병원 공항의료센터

공항에 도착한 후 아이가 갑자기 아플 경우, 공항 내에 인하대학교병원 공항의료센터가 24시간 운영 중이니 참고하도록 한다.
- 위치 : 여객터미널 지하 1층 동편

아시아나항공에서 제공하는 해피맘 서비스.

패스트 트랙 패스를 이용하면 좀 더 빨리 이동할 수 있다.

9. 해외에서 데이터 사용하기

스마트폰이 없던 시절에는 지도나 가이드북에 의존해 길을 찾고, 그곳에서 본 정보대로 맛집, 관광지 위주로 여행을 다녔다. 때로는 이 길이 맞나 비교하기 바빴고, 잘못 찾아간 적도 많았다. 그러나 요즘은 여행 계획을 대충 세우더라도, 혹은 길을 모르더라도 스마트폰을 이용해 현지에서 정보를 찾는 것이 가능해졌다. 보통 맛집이나 관광지는 인터넷 검색을 통해 상세한 후기를 많이 보는 편이고, 길 찾기나 교통은 구글 지도를 이용하면 간편하게 해결된다.

단, 해외에서 요금 걱정 없이 데이터를 사용하려면 미리 데이터 로밍을 해야 하는데, 최근에는 데이터 로밍 대신 현지 유심이나 포켓 와이파이를 더 많이 이용하는 편이다. 각각의 장단점을 살펴 각자 쓰임새에 맞게 선택하면 된다.

데이터 로밍

휴대전화 유심으로 데이터를 사용할 예정이라면 무조건 '데이터 무제한 서비스'를 신청해야 한다. 서비스를 신청하지 않고 아무 생각 없이 사용했다가는 요금폭탄을 맞을 수 있기 때문이다. 데이터 무제한 서비스는 통신사별로 조금씩 다른데, 1일 만 원 정도 요금이 든다. 이것저것 신경 쓰고 싶지 않다면 데이터 로밍을 이용하는 것이 편리한데, 여행 기간이 길면 비용이 꽤 부담되니 다른 방법을 이용하는 것이 낫다. 통신사 콜센터, 인터넷 또는 인천공항 로밍센터에서 신청할 수 있다.

:: 장점

신청이 간편하며 내 휴대전화를 그대로 사용한다.

사용하지 않는 날에는 요금이 부과되지 않는다.

:: 단점

요금이 비싸다.

속도가 느리거나 잘 안 터지기도 한다.

현지 유심

휴대전화 유심을 현지 유심으로 바꿔 사용하는 방법으로, 여행 기간이 길 경우 데이터 로밍보다 훨씬 저렴하다. 보통 동남아 등은 가격이 아주 저렴하고, 일본이나 유럽도 데이터 로밍보다는 저렴하게 이용할 수 있다. 현지에서 구입하면 직원이 가입 및 개통, 유심 설정을 알아서 해준다. 언어에 자신이 없다면 한국에서 미리 유심을 구입해도 된다. 단, 유럽의 경우, 여행 국가를 미리 체크해 각 유심별 특이사항을 확인한 뒤 구입하는 게 좋다. 여러 국가를 다닐 경우, 스리 유심이나 베이스 유심과 같은 통합 유심을 사서 쓰는 게 좋은데, 대략 개통 후 한 달 정도 사용이 가능하다.(추가 충전도 가능하다.)

유심은 스마트폰 기종에 맞게 구입해야 한다.(보통 아이폰은 나노 유심, 갤럭시는 마이크로 유심을 사용한다.)

:: 장점

유심에 따라 국제전화와 문자가 일정량 제공되기도 하니 오랜 기간 여행할 계획이라면 가장 저렴하게 사용할 수 있다.

:: 단점

현지 번호를 따로 부여받기 때문에 한국에서 걸려오는 전화, 문자를 받을 수 없다.(카카오톡 등의 애플리케이션은 사용 가능하다.) 단, 요금을 추가해 착신전환 서비스를 신청하면 전화와 문자도 이용 가능하다. 아니면 공기계를 가져가 현지 유심을 끼우는 방법도 있는데, 사용하는 한국 통신사 쪽에 컨트리 락이 해제되어 있어 해외에서 사용 가능한지 확인해봐야 한다.

포켓 와이파이

대여 가격은 지역이나 회사에 따라 다른데, 보통 1일 3,000~7,000원 정도이며, 기간이 길 경우 할인이 적용되기도 한다. 기계 한 대로 여러 명이 이용할 수 있어서 가족이나 친구들과 함께 여행할 때 사용하면 좋다.

:: 장점
하나의 기기로 최대 8~10명이 함께 사용할 수 있다.
포켓형으로 크기가 작아 휴대하기 편하다.
가족 또는 친구가 함께 사용할 수 있으므로 비용이 적게 든다.

:: 단점
항상 휴대해야 하고, 기기 주변에 있어야 한다.
스마트폰에 따라 다르지만, 계속 사용하면 배터리 소모가 빨라진다.
대여한 날짜와 반납한 날짜 기준으로 요금을 계산하기 때문에 비행기를 오래 타거나 새벽에 귀국한다면 요금이 아까울 수 있다.
기기를 수령하고 반납하는 절차를 거쳐야 한다.

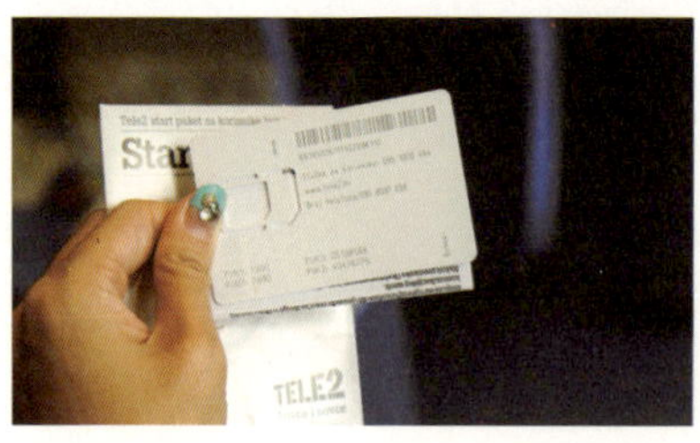

+
여행 기간이 길 경우, 현지 유심을 이용하는 것이 좋다. 일행이 많을 때는 적은 비용으로 이용할 수 있는 포켓 와이파이가 정답!

10. 여행 정보는 어디서 얻지?

여행을 떠나기 전에는 대부분 인터넷에서 정보를 검색한다. 각국의 관광청, 각종 여행 정보 사이트 및 여행 관련 카페, 블로거들의 생생한 여행기 등을 통해 정보를 수집할 수 있다.

아이와의 해외여행은 물론이고 일반 여행에도 도움이 될 만한 정보, 지도, 맛집, 항공사와 호텔의 프로모션, 항공 마일리지와 호텔 포인트 등의 알짜 정보를 볼 수 있는 사이트를 추천하면 다음과 같다.

구글맵 https://www.google.co.kr/maps
투어팁스 http://www.tourtips.com
트립어드바이저 www.tripadvisor.co.kr
아이와 함께 여행을 http://cafe.naver.com/travelwithkids
스사사(스마트컨슈머를 사랑하는 사람들) http://cafe.naver.com/hotellife

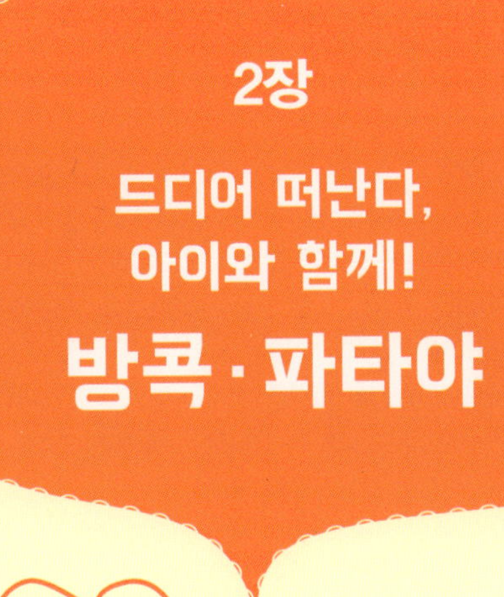
2장
드디어 떠난다,
아이와 함께!
방콕·파타야

방콕 · 파타야 여행 정보 한눈에 보기

여행 정보

비행시간 : 5시간 반~6시간(직항 기준). 대한항공, 아시아나항공, 타이항공, 제주항공, 진에어, 이스타항공, 티웨이항공, 에어아시아 등이 운항하고 있다.

기후 : 1년 내내 더운 편이다. 연평균 최고 기온은 35도, 최저 기온은 25도 정도로 연교차가 적다. 5~10월은 우기로 스콜 현상이 이어지고, 11~2월이 비가 적게 내리고 건조하며 기온이 낮으므로 여행 적기다.

시차 : 2시간 느리다.(우리나라가 11시일 때 방콕은 9시.)

전압 : 220볼트로 우리나라와 같지만, 간혹 원형 외에 11자형 콘센트가 있는 곳도 있으므로 멀티 어댑터를 준비해 가는 것이 좋다.

화폐 : 바트(THB). 1바트=약 33.39원.

여행 필수 준비물

야외는 덥지만 실내는 에어컨으로 인해 추우니 얇은 카디건이나 점퍼를 준비하고, 호텔에서 잘 때도 마찬가지로 에어컨 때문에 추울 수 있으니 아이를 위해 얇은 긴소매 내복을 준비하는 게 좋다.

선크림, 선글라스, 모자, 양산 등 햇빛을 피할 수 있는 아이템과 물놀이용 튜브, 수영복, 방수기저귀 등도 함께 챙긴다. 왕궁 관광 계획이 있다면 긴 바지나 긴 치마도 준비한다.

공항에서 방콕 시내까지 가는 방법

방콕에는 신공항이자 국제공항인 수완나품 공항과 국내선 위주의 공항인 돈무앙 공항이 있다. 보통 많이 이용하는 수완나품 공항에서 시내까지 가는 방법을 알아보자.

1. 택시

아이와의 여행은 무거운 짐과 편의성을 고려할 때, 택시를 타는 게 제일 좋다. 공항 도착 후 택시 승강장 이정표를 보고 1층으로 내려가면 택시 티켓을 뽑는 기계가 있다. 티켓에 적힌 번호의 승강장으로 가서 티켓을 보여주고 퍼블릭 택시를 타면 된다. 이때 미터기를 켜줄 것을 요청하는 게 좋다. 방콕은 택시 요금 흥정으로 말이 많은 곳이기 때문이다.

- 운행 시간 : 상시 운행

• 요금 : '미터 요금+배차 서비스비(50바트)+톨게이트 통행료'로 거리에 따라 조금 다르나, 대개 시내까지 400바트 정도 나온다.

요즘은 스마트폰 앱을 기반으로 자가용이나 렌터카를 개인적으로 이용할 수 있는 차량 알선 서비스인 '우버(Uber) 택시'가 대세다. 앱을 설치하고 회원 가입을 하면 이용할 수 있다. 간단한 터치만으로 목적지로 쉽게 이동할 수 있고, 할인 코드 등으로 요금 할인도 받을 수 있다. 결제는 가입 시 등록한 신용카드로 하면 된다.

2. 공항철도

밤 11시 전에 공항에 도착한다면 공항철도를 이용하는 것도 쾌적하고 좋다. 공항 지하 1층에서 탈 수 있으며, 수완나품 공항 역에서 종점인 파야타이 역까지 총 8개 역에 정차하고, 파야타이 역까지는 30분 정도 소요된다.

• 운행 시간 : 06:00〜24:00
• 요금 : 15〜45바트

공항철도 시간표 참고 : http://www.bangkok.com/airport-rail-link.htm

공항이나 방콕 시내에서 파타야까지 가는 방법

공항에서 파타야로 바로 가는 경우나 방콕에서 파타야로 오가는 경우 모두 참고하면 된다. 각각 장단점이 있으니 가족 구성원의 성향에 맞춰 선택하자.

1. 벨트래블 서비스

대부분의 호텔 픽업이 가능한 '도어 투 도어' 서비스라 편리하고 요금이 저렴하지만, 버스를 타고 한 번에 이동하는 게 아니고 갈아타야 해서 번거로울 수도 있다. 인터넷 예약이 가능하며, 수완나품 공항, 방콕 시내, 파타야, 후아힌 등을 운행한다. 사이트(http://www.belltravelservice.com)에 목적지별 시간 등 자세한 정보가 나와 있으니 참고할 것!

• 공항 → 파타야 : 운행 시간은 08:00~18:00이며, 2시간 간격으로 버스가 있고, 요금은 인당 편도 240바트다.
• 방콕 → 파타야 : 09:30, 13:30, 17:30에만 이용이 가능하며, 요금은 호텔마다 차이가 있다. 인당 편도 370바트 정도다.

2. 버스

• 방콕 → 파타야 : 가장 싸고 대중적인 방법은 터미널에서 버스를 타는 것인데, BTS(방콕의 지상철)역과 가까운 동부터미널이 가장 접근성이 뛰어나다(에까마이역 근처). 운행 시간은 06:00~22:00이며, 20~30분 간격으로 버스가 있고, 요금은 108바트다.
• 공항 → 파타야 : 공항 1층에 버스 부스가 있다. 운행 시간은 07:00~21:00이며, 1시간 간격으로 버스가 있고, 요금은 134바트다. 가격은 저렴하지만 아이가 어리다면 그리 추천하진 않는다.

3. 택시 또는 밴

아이와의 여행에서 가장 편안하고 좋은 이동수단이지만, 가격이 비싸다. 하지만 짐도 많고 아이가 있다면 택시나 밴을 이용하는 방법을 추천한다. 우리 가족의 경우, 모든 이동을 택시와 밴으로 했다. 아이와의 여행에서는 돈보다 시간과 편리함이 우선이 아닐까 싶다.

택시는 호텔이나 공항에서 바로 탈 수도 있고, 콜택시를 예약해서 탈 수도 있다. 요금은 차의 종류나 목적지에 따라 1,100~2,300바트까지 다양하다. 다음 사이트를 이용하면 더 자세한 정보를 알 수 있다.

• P.T. 택시 서비스 http://www.pttaxiservice.com
• 파타야 배트맨 http://cafe.naver.com/batmanken
• 타이 팝콘투어 http://www.thaipopcorntour.com

방콕과 파타야에는 가격 대비 시설과 서비스가 좋은 호텔이 상당히 많은데, 아이와의 여행이라면 BTS나 MRT(방콕의 지하철)역 근처에 있는 곳이 좋다. 호텔 수영장이나 전반적인 서비스에 대해 확인해보고 다른 사람들의 후기도 꼼꼼히 본 후 선택하는 것이 좋다.

방콕 : 만다린 오리엔탈, 페닌슐라, 오리엔탈 레지던스 방콕, 샹그릴라 호텔 방콕, 르부아 앳 스테이트 타워, 이스틴 그랜드 호텔 사톤, 반얀트리 방콕, 메리어트 이그제큐티브 아파트먼트 수쿰윗 파크, 힐튼 수쿰윗 방콕, 방콕 사톤 비스타 방콕, 오리엔탈 레지던스 방콕, 밀레니엄 힐튼 호텔, 시암 켐핀스키 호텔 등

파타야 : 힐튼 파타야, 홀리데이 인 파타야, 머큐어 파타야 오션 리조트, 하드록 호텔 파타야, 나차 풀빌라, 센터라 그랜드 미라지 비치 리조트, 호텔 제이 파타야 등

방콕 · 파타야 여행 관련 사이트

태국 관광청 http://www.visitthailand.or.kr/home

태사랑 http://www.thailove.net http://cafe.naver.com/taesarang

태초의 태국 정보 http://cafe.naver.com/thaiinfo

타이호텔뱅크 http://www.thaihotelbank.com

몽키트래블 http://www.monkeytravel.com

방콕 · 파타야 4박 6일 추천 코스

방콕과 파타야는 관광과 휴양이 모두 가능한 곳이므로 아이의 컨디션이나 가족의 여행 성
향, 날씨 등에 따라 동선을 짜는 것이 좋다. 한낮에는 너무 더우니 야외 활동을 피하고, 호
텔 수영장에서 놀거나 시원한 실내 쇼핑몰 위주로 돌아보는 것도 한 방법이다.

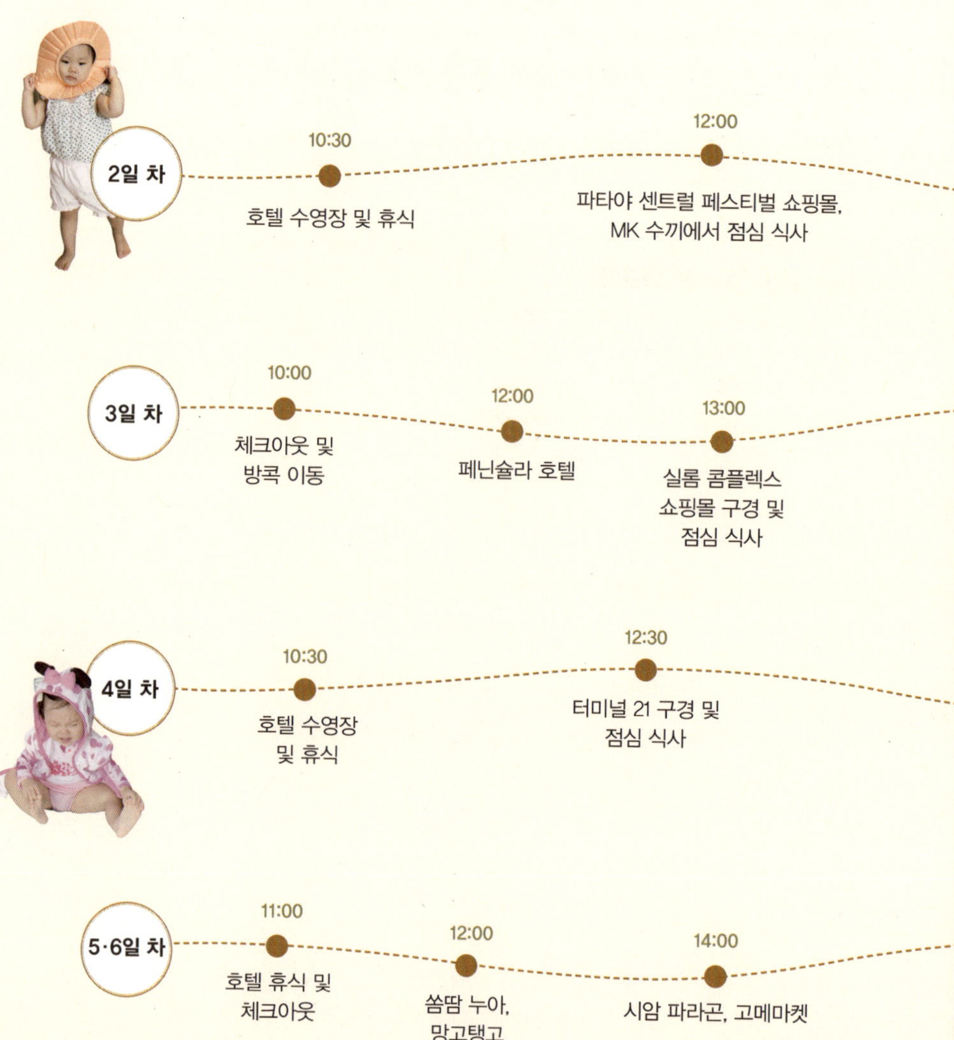
2일 차
10:30
호텔 수영장 및 휴식
12:00
파타야 센트럴 페스티벌 쇼핑몰,
MK 수끼에서 점심 식사

3일 차
10:00
체크아웃 및
방콕 이동
12:00
페닌슐라 호텔
13:00
실롬 콤플렉스
쇼핑몰 구경 및
점심 식사

4일 차
10:30
호텔 수영장
및 휴식
12:30
터미널 21 구경 및
점심 식사

5 · 6일 차
11:00
호텔 휴식 및
체크아웃
12:00
쏨땀 누아,
망고탱고
14:00
시암 파라곤, 고메마켓

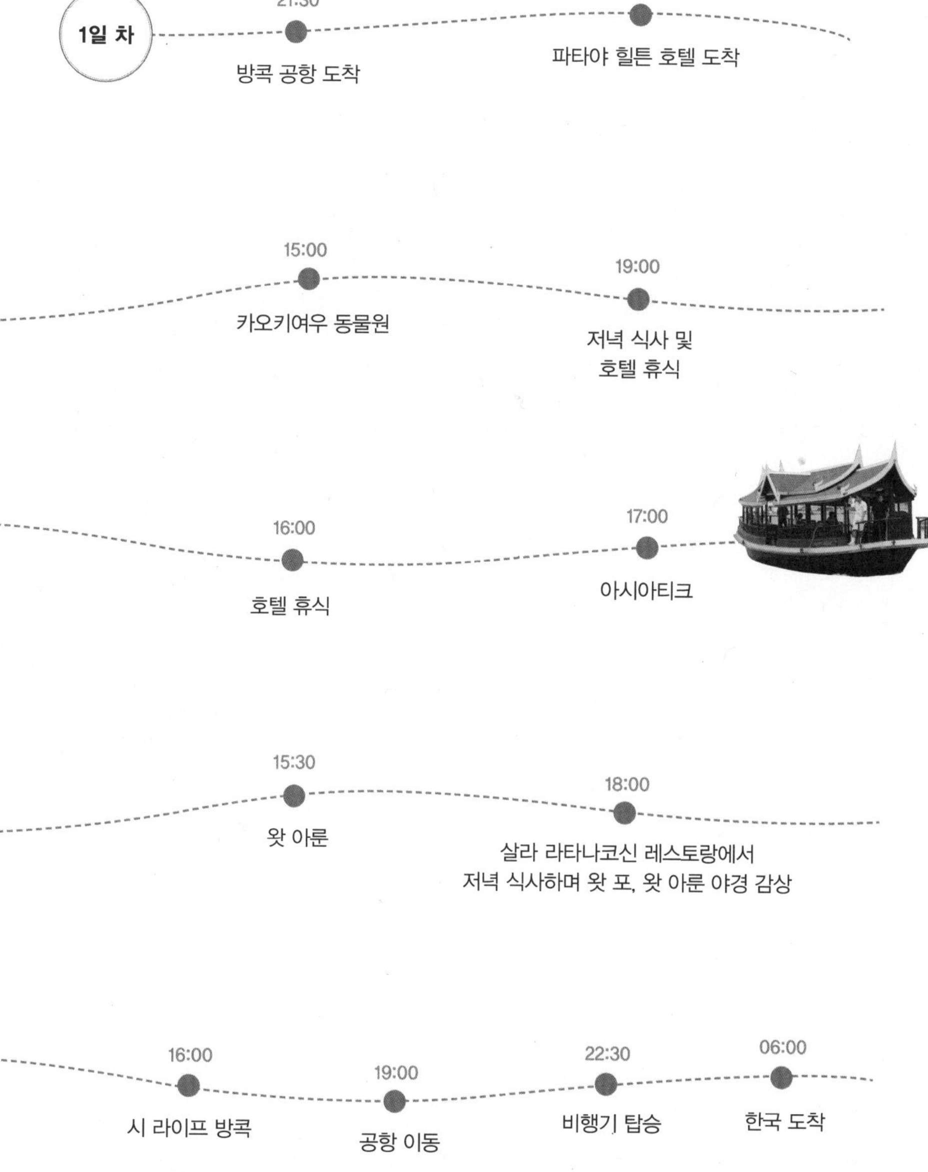

1일 차
21:30
방콕 공항 도착
23:30
파타야 힐튼 호텔 도착
15:00
카오키여우 동물원
19:00
저녁 식사 및
호텔 휴식
16:00
호텔 휴식
17:00
아시아티크
15:30
왓 아룬
18:00
살라 라타나코신 레스토랑에서
저녁 식사하며 왓 포, 왓 아룬 야경 감상
16:00
시 라이프 방콕
19:00
공항 이동
22:30
비행기 탑승
06:00
한국 도착

걸어서 방콕까지?
바닥 취침도 OK!

여행을 좋아하는 우리 부부는 아이를 낳은 후에도 어디론가 떠날 생각 뿐이었다. 아이가 100일이 지난 후부터 본격적으로 제주도, 강원도, 거제도, 통영, 경주, 여수, 변산 등으로 국내여행을 떠났다. 일찍 아이를 데리고 해외여행 가는 사람들은 보통 6개월 전후로 떠나기도 하지만, 우리는 아이가 15개월이 되어서야 처음 해외로 눈을 돌렸다. 해외는 좀 더 크면 갈 생각이었는데, 나중에 아이와 해외여행을 떠나보니 진작 용기를 내어 좀 더 일찍 시작할걸 하는 아쉬움이 컸다. 하지만 이미 지나가버린 일. 우리는 시작은 늦었지만, 소아 요금을 내야 하는 두 돌이 다가오기 전에 부지런히 데리고 다녀야겠다고 다짐했다.

아이와 함께하는 우리 가족의 첫 해외여행지는 고민 끝에 방콕과 파타야로 결정했다. 보통 괌이나 사이판, 세부 등 엄마, 아빠도 쉬면서 물놀이 즐기고 휴양하기 좋은 곳을 아이와의 첫 해외여행지로 선택하지만, 나는 아이와의 첫 여행에 특별한 의미를 부여하고 싶었다. 그래서 내가 처음 해외여행을 갔던 여행지인 방콕과 파타야를 가족의 첫 해외여행지로 선택했다. 어쩌면 참 이기적인 발상에서 시작된 여행이었다. 그렇게 내 마음대로 여행지를 결정하긴 했지만, 사실 방콕과 파타야도 휴양지로서 충분히 매력적인 곳이었고, 물가도 저렴하고 맛있는 음식도 실컷 먹을 수 있어 아이와 함께하기에도 더없이 좋은 여행지라고 생각했다.

여행지를 결정한 뒤 항공권을 끊고 호텔을 예약하며 설레는 마음으로 준비를 시작했다. 다은이 또래의 아가와 갔던 방콕·파타야 여행기를 검색하며 준비물을 챙기고, 모르는 것이 있으면 물어보기도 했다. 대부분의 아이 엄마는 같은 처지라는 측은지심에 친절하게 대답해주었고, 잘 다녀올 수 있을 거라며 용기도 북돋워 주었다.

〈뽀로로〉와 함께한 첫 비행

모든 준비를 마치고 드디어 출발하는 날. 오후 비행기였지만 아침부터 마음은 분주했고, 빠진 것은 없나 몇 번을 체크하고 나서야 공항으로 출발했다. 아이가 없을 때는 보통 체크인 시간에 맞춰 공항에 가곤 했는데, 이번엔 사정이 달랐다. 우리가 탈 진에어는 사전 좌석 지정이 안 되고 체크인 시 좌석을 배정받을 수 있었는데, 아이 때문에 앞자리를 배정받아야 했기에 일찍 갈 수밖에 없었다. 운 좋게 앞자리를 배정받은 우리는 직원에게 한 가지 부탁을 했다. 3-3 배열인 비행기라 나와 남편이 배정받은 두 좌석 외에 한 좌석이 남는데, 혹시 여유가 된다면 나머지 한 자리를 블록 처리해줄 수 있는지 물었더니 확답은 못 해준다는 답변이 돌아왔다. 어차피 부탁하는 입장이기에 안 되면 할 수 없는 일이었고, 운에 맡길 수밖에 없었다. 다행히도 이날 만석이 아니어서 우리 식구는 3개의 좌석을 받을 수 있었다.

1년 반 만에 떠나는 해외여행에 한껏 들뜬 나는 면세품을 찾고 라운지에 들러 간식도 먹으며 탑승 시간을 기다렸다. 어느덧 탑승 시간이 되었고, 우리는 드디어 비행기에 몸을 실었다. 아이를 부부 가운데 좌석에 앉혀 놓고 짐 정리를 하는데, 아이는 새로운 환경이 신기한 듯 가만히 있지 못하고 이것저것 만져보느라 바빴다. 팔걸이에 있는 버튼을 꾹꾹 누르고, 의자에 올라가 뒷사람을 보며 방긋방긋 미소도 날리는 아이. 시작은 나름 순조로웠다. 비행기가 이륙 준비를 하자 나는 안전벨트를 한 뒤 아이를 품에 안았다. 이륙 시 아이의 귀가 아플 수 있어 물통에 담아 온 보리차를 빨아 먹게 했는데, 그 때문인지 편안하게 이륙을 마칠 수 있었다.

공항에 오면서 낮잠을 푹 잤기 때문인지 아이는 눈이 말똥말똥한 채 비행기 여기저기를 탐색하느라 여전히 바빠 보였다. 바닥에 앉아 놀기도 했고, 버튼을 눌러 승무원 언니를 호출해 나의 진땀을 빼기도 했다. 아장아장 넘어질 듯 위태롭게 걸으며 복도로 진입하기도 했으나, 소리를 지르거나 울지는 않아 그나마 다행이었다. 나는 얼른 아이를 자리로 데려와 앉히고, 더 이상은 안 되겠다 싶어 비장의 무기를 꺼냈다. 남편의 핸드폰 안에 담아 온 〈뽀로로〉를 틀어주니 아이는 그제야 비로소 자리에 얌전히 앉아 꼼짝도 하지 않았다.

'휴, 이제 좀 살 것 같네.'

아이를 낳기 전에는 스마트폰으로 영상을 보여주는 부모들을 이해하지 못했는데, 역시 사람은 그 입장이 되어봐야 한다는 걸 또 한 번 느꼈다. 우

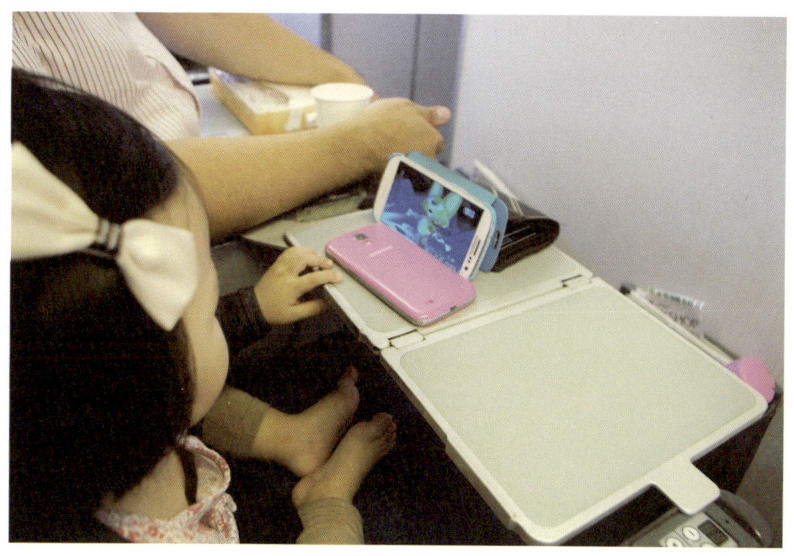

+
〈뽀로로〉야, 너 없으면 어쩔 뻔했니? 〈뽀로로〉가 아니었다면 비행기에서 그 긴 시간을 어떻게 버텼을까?

리 부부도 웬만하면 아이에게 스마트폰으로 영상을 보여주지 말자는 쪽인데, 정말 어쩔 수 없을 땐 이 방법밖에 없었다.

어느덧 기내식 시간, 우리는 〈뽀로로〉 덕분에 편안하게 식사할 수 있었다. 비행기 탑승 전 아이 식사도 미리 해결할 겸 식당에서 밥을 먹고 와서 배는 불렀지만, 나중을 생각해서 조금이나마 먹어두었다. 진에어는 유아용 기내식*을 따로 신청할 수 없기 때문에 미리 아이 먹을거리를 준비해 와야 하는데, 나는 미니 주먹밥을 준비해 와 그걸로 저녁을 먹였다.

★ Tip ★
저가항공은 유아용 기내식이 제공되지 않는 경우가 많다. 진에어의 경우 유아식은 이용할 수 없지만, 출발 72시간 전에 키즈밀을 미리 예약해두면 기내에서 서비스 받을 수 있다(유료).

인천에서 방콕까지는 대략 6시간이 걸리는데, 3시간 반 정도는 놀기도 하고 밥도 먹고 〈뽀로로〉도 보며 나름 잘 버텼지만, 밤이 되면서 아이도 졸린지 잠투정을 하기 시작했다. 나는 안 되겠다 싶어 준비해 온 아기띠를 꺼내 아이를 품에 안았다. 통로를 왔다 갔다 하며 재워보았지만, 아이는 쉽사리 잠이 들지 못했다. 아이의 눈을 보니 "엄마, 난 자기 싫어요"라고 말하는 듯했다. 아이는 계속 신기한 게 보이니 잠을 안 자고 여기저기 쳐다보느라 바빴고, 30여 분을 그렇게 좁은 통로를 왔다 갔다 하며 잠을 재우다가 문득 친구가 했던 말이 떠올랐다. 지인이 아이와 미국 여행을 갔는데, 아이가 안 자서 아기띠를 한 채 걸어서 미국까지 갔다는……. 그 이야기를 들었을 땐 그저 남의 이야기인 줄만 알고 웃었는데, 지금 내 처지가 딱 그 꼴이었다. 눈 감고 편히 앉아 있는 남편의 모습을 보니 화도 나고.

어느덧 아이는 잠을 이기지 못하고 눈을 스르르 감았다. 바로 눕히면 깰까 봐 한참 뒤에야 바닥에 준비해 간 이불을 깔고 아이를 눕혔다. 저가항공은 유아용 요람 설치가 안 되기 때문에 좌석이나 바닥에 눕혀서 가야 하는데, 그나마 앞 좌석에 앉은 것이 얼마나 다행이었는지 모른다.

아이는 완전히 잠에 빠져 착륙 시에 들어 안아도 잠에서 깨지 않았다. 비행기에서 내려 유모차에 눕혀도 여전히 잠든 상태였다. 아이는 잘 때가 제일 천사 같다더니 정말 그 말이 딱 맞다.

파타야의 첫날 밤

우리는 바로 파타야로 향해야 했기에 미리 예약해놓은 픽업 차량을 기다렸다. 30여 분의 여유시간이 있어 그동안 시원한 밀크 티를 한 잔

씩 마시며 또 한 번의 이동을 준비했다. 드디어 시간 맞춰 픽업 차량이 도착했고, 늦은 밤이라 그런지 차 막힘 없이 1시간 반 정도를 달려 파타야의 호텔에 도착했다. 차 안에서 한 번도 깨지 않고 잘 자던 아이는 신기하게도 호텔 입구에 도착해 유모차에 앉히자마자 눈을 번쩍 떴다. 현지 시각으로 밤 11시 반경이었다.

"여행 온 걸 너도 실감하는 거니?"

아직 말은 잘 못 하지만 아이는 새로운 곳에 왔음을 짐작한 듯 보였다. 나 역시 우리 가족의 첫 해외여행 최종 목적지에 무사히 도착했다는 생각에 긴장도 풀리고 걱정도 한시름 놓게 되었다.

밤이지만 덥고 습한 파타야의 냄새가 콧속으로 훅 들어오는데, 몹시 그

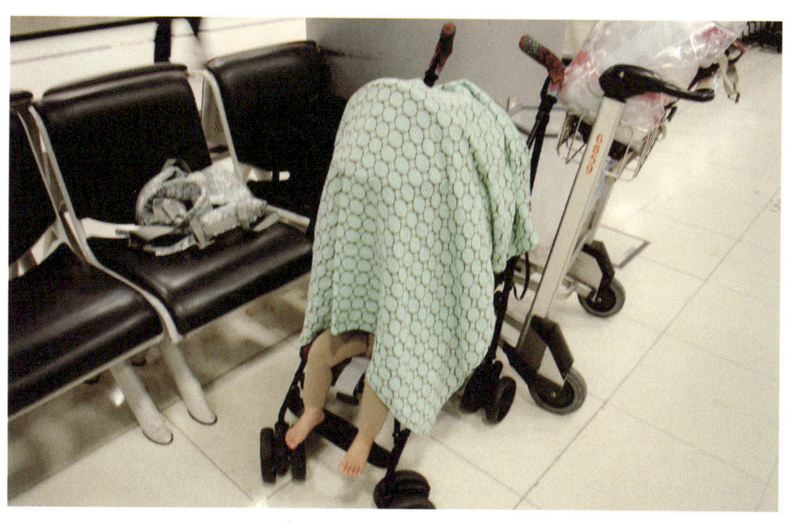

방콕 수완나품 공항에서 픽업 차량을 기다리며. 비행기에서 잠이 들어 유모차로 옮겨도 깨지 않던 다은이는 파타야의 호텔에 도착하자마자 눈을 번쩍 뜨는 놀라운 여행 감각을 보여주었다.

리웠던 만큼 너무나 좋았다. 키를 받고 방에 들어가자마자 아이도 좋은지 여기저기 아장아장 걸으며 돌아다녔고, 침대를 오르락내리락하며 다시 에너자이저가 되었다.

긴 비행에 다시 차로 이동까지 해서 늦은 밤에 호텔에 도착했던 터라 일찍 잠을 청하고 싶었지만, 오랜만에 해외여행을 왔다는 설렘 때문인지 옆방에서 시끄럽게 떠드는 소리 때문인지 쉽사리 잠이 오지 않았다. 게다가 문 밖으로 작게 쿵쾅쿵쾅하는 음악 소리까지 들리는 것이 아닌가! 예전 같았으면 밖에 나가 신나게 놀았을 텐데, 이제는 그럴 수 없는 처지. 그래도 음악 소리에 쿵쾅쿵쾅하는 나의 심장 박동이 느껴져 행복했다.

남편과 아이는 그러거나 말거나 쿨쿨 잘도 잤지만, 나는 알 수 없는 묘한 기분에 뜬눈으로 지새우다 어느 순간 잠이 들어버리고 말았다.

물놀이만으로도 만족스러운
파타야

4박 6일의 방콕 · 파타야 여행을 계획하면서 2박은 파타야로, 2박은 방콕으로 일정을 정했다. 파타야는 방콕에서 동남쪽으로 145킬로미터 정도 떨어져 있는 휴양지다. 아름다운 모래사장은 물론이고, 다양한 해양 스포츠와 유흥을 즐길 수 있어 많은 관광객이 찾는 곳이다.

어린아이를 데리고 굳이 이 먼 파타야까지 올 필요는 없었지만, 이웃 블로그에서 봤던 파타야 힐튼 호텔의 멋진 수영장 모습에 반해 아무 생각 없이 파타야행을 결정지었다. 남편은 아무 말 없이 나의 결정에 동참해주었다.

파타야에는 유명 관광지도 꽤 있지만, 우리는 휴양의 목적에만 충실하기로 했다. 15개월 아기를 데리고 뜨거운 땡볕에 고생스럽게 돌아다닐 생각도 없었다. 물론 아이와 함께하는 여행은 육아의 연장 선상에 있기 마련이지만, 적어도 여행지에서만큼은 집안일 걱정은 잊고 아이에게만 집중하면 되었기에 그 이유만으로도 충분한 휴양이 되었다.

아이 덕에 아침부터 신나게!

아침에 푹 늦잠을 자며 제대로 휴양을 하고 싶었지만, 아이는 엄마의 마음도 모르고 본인의 알람 시간에 딱 맞춰 기상했다. 한국 시각으로는 오전 8시에 일어난 것이지만, 이곳 파타야 시각으로는 새벽 6시! 나의 작은 소망은 물거품처럼 사라져버렸고, 일어나기 싫어 이불 속에서 뒤척이는데 아이가 나를 보고 한마디 한다.

"까까!"

과자에 맛들인 15개월 아이는 아침부터 과자를 찾았고, 준비해 간 과자를 주니 열심히 먹는다. 남편은 커피 한 잔을 들고 테라스에 있는 테이블

파타야 힐튼 호텔의 객실에서 보이는 아름다운 해변. 너무 더워서 실제로 해변 근처에는 가보지도 않았다.

에 앉아 파타야 해변을 보며 여유를 즐
기고 있고, 과자를 다 먹은 아이는 이곳
저곳 돌아다니며 신기한 물건들을 만지
더니 욕실로 들어간다. 욕조 위에 놓아
둔 샴푸 모자를 머리에 써보려다 안 되
니 얼굴에 가져다 대고는 욕실 밖으로
걸어 나오는데, 그 모습이 귀여운 아기
사자 같아서 우리 부부는 크게 웃을 수
밖에 없었다. 아이는 우리가 웃거나 말
거나 아랑곳하지 않고 거울을 보며 자
기 모습에 만족한 듯 씩 웃기도 하고,
샴푸 모자를 남편 얼굴에도 가져다 대
보며 즐거워하고 있었다.

일찍 일어난 아이의 재롱을 보며.

"다은아, 아빠 얼굴엔 그거 작아."

그렇게 아이 덕에 신나게 아침을 맞
이한 우리는 아침을 먹기 위해 레스토랑으로 갔다.

여행지에서는 아침 식사를 하는 순간, 비로소 여행을 왔다는 것을 실감
하게 된다. 결혼하고 아이를 낳고 보니 누군가 차려준 밥상은 그 무엇이든
감사하고 매력적이다. 예전에 친한 언니들이 "아줌마가 되고 나니 여행 와
서 제일 좋은 게 밥 안 하는 거다"라고 했을 땐 이해하지 못했는데, 나도
어느새 그 의견에 대공감하게 되었다.

잠은 제대로 자지 못했지만 레스토랑 창밖으로 보이는 풍경이 너무나도
근사하고 여유로워서 기분이 상쾌했다. 푸짐하게 차려져 있는 뷔페식 레

스토랑을 돌며 먹고 싶은 음식을 맛있게 먹고, 아이도 이것저것 챙겨 먹였다. 밥도 있고 빵이나 계란, 국물 요리도 있어서 아이에게 먹이기 좋았다. 직원들이 오가며 놀아주고 예뻐해주니 아이도 신이 나는지 알 수 없는 말들을 막 뱉어내며 즐거워했다.

그렇게 여유롭게 식사하고 있는데, 아이가 갑자기 얼굴이 시뻘게지며 힘을 주는 게 아닌가! 우리는 혹시라도 민폐 가족이 될까 봐 얼른 식사를 마치고 아이를 안고 객실로 올라갔다.

"다은아, 너 영역 표시 한번 제대로 하는구나!"

짧지만 행복했던 휴식

기저귀를 갈고 씻긴 뒤 수영복으로 갈아입고 수영장으로 이동했다. 아이는 그동안 국내여행을 이곳저곳 다니며 물놀이도 제법 했던 터라 다행히 물을 무서워하지는 않았다. 우리는 준비해 간 보행기 튜브에 아이를 앉힌 뒤 함께 물속에 들어갔다.

사진으로만 봤던 확 트인 인피니티 수영장의 풍경을 바라보고 있자니 꿈만 같았고, 시간이 멈추었으면 좋겠다는 생각마저 들었다. 이런 수영장을 처음 와본 것도 아니고 해외여행이 처음도 아닌데, 그냥 모든 것이 신기하고 행복했다. 그동안 내가 얼마나 여행에 목말라 있었는지 알 수 있었다. 아이도 엄마, 아빠와 함께 있으니 눈만 마주쳐도 방긋방긋 웃으며 기분이 좋아 보였고, 너무 행복해 보이는 모습에 나도 모르게 뿌듯함이 밀려왔다.

아이가 남편과 수영장에서 노는 동안, 나는 선베드에 누워 편안하게 휴식을 취하며 잠시나마 육아에서 해방된 여유를 누렸다. 그렇게 우리는 이

+
파타야 힐튼 호텔 수영장에서 보행기 튜브를 타고 노는 다은이와 남편. 이렇게 탁 트인 곳에서 수영하고 싶다는 이유 하나만으로 이곳 파타야까지 왔다.

틀 내내 먹고 수영하고 센트럴 페스티벌 쇼핑센터에서 아이쇼핑도 하고 수끼도 사 먹으며 시간을 보냈다. 길을 건너면 바로 해변이었지만, 조금만 걸어도 땀이 주룩주룩 흘러내려 결국 해변은 가보지도 못한 채 파타야 여행을 마무리했다.

그저 휴양만으로도 만족스러웠던 파타야! 아쉬운 점이 하나 있다면 짧았던 일정이 아닐까 싶다.

파타야의 맛집으로 유명한 'MK 수끼'.

태국식 샤부샤부인 수끼는 우리 입맛에도 잘 맞았다.

센트럴 페스티벌 쇼핑센터

유니클로, 다이소, 자라, 와코루, 캐드키드슨 등 300개가 넘는 매장과 마트, 음식점 등이 있어 쇼핑의 재미를 누릴 수 있다. 가격은 다소 비싼 편이다.

전세 낸 듯 즐긴
호텔 수영장

방콕은 배낭여행자의 성지라고 불릴 만큼 많은 관광객이 찾아오는 도시다. 물가가 저렴한 편이라 마음만 먹으면 정말 적은 비용으로 여행할 수 있는 곳이기 때문이다.

몇 년 전, 방콕 카오산 로드에서 만난 다양한 배낭여행자에 대한 이야기를 다룬 《On the Road》라는 책을 읽은 적이 있다. 그 책을 읽으며 꽤나 신선한 충격을 받았고, 나도 언젠가 한 번쯤은 아이와 장기 배낭여행을 떠나보고 싶다는 생각을 했다. 그 꿈이 실현되려면 아이가 몇 살쯤 되어야 할지 모르겠지만, 그리 오랜 시간이 걸릴 것 같지는 않은 느낌이다.

방콕에서는 다른 도시에서는 너무 비싸 머무르지 못할 브랜드 체인의 호텔들도 상대적으로 저렴한 가격에 이용할 수 있다. 이름 있는 고급 호텔 외에 부티크 호텔이나 가성비 좋은 호텔도 많이 있으니, 호텔 등급에 대한 욕심만 버린다면 숙박비를 많이 아낄 수 있는 곳이다.

저렴한 가격에 최고급 호텔로!

　　우리 부부는 숙소에 그리 큰돈을 쓰는 스타일은 아니다. 차라리 그 돈으로 맛있는 걸 먹고 하나라도 더 쇼핑하는 게 낫다고 생각하는 편이다. 하지만 아이와 함께하는 우리 가족의 첫 해외여행이기도 해서 평소에 너무 가보고 싶었던 페닌슐라 호텔로 예약했다. 방콕 호텔치고는 비싼 금액이었지만, 신용카드 바우처 신공을 발휘해 하루 숙박비 가격으로 2박을 예약했다. 결국 1박당 15만 원 정도에 매우 저렴하게 묵은 셈이다. 게다가 호텔의 프로모션까지 적용되어 마지막 날엔 레이트 체크아웃 및 애프터눈 티 서비스까지 받을 수 있었다. 저렴한 가격에 최고급 호텔에서 묵는 기분은 상상 그 이상이었다. 호텔이 좋아서 그런 것도 있겠지만, 매일 집에서 눈 뜨면 하루 종일 집안 살림하고 아이 돌보며 뒤치다꺼리하다 잠드는 쳇바퀴 같은 일상에서 벗어난 것만으로도 너무나 황홀하고 좋았다.

　호텔 예약 시 유아 동반임을 미리 알렸더니 파타야 힐튼 호텔에서도 그렇고 방콕 페닌슐라 호텔에서도 역시나 아기침대며 아이용품들을 세심하게 준비해주었다. 나는 혹시 몰라 아이 샴푸며 로션이며 다 챙겨 갔는데, 호텔마다 준비해주는 게 다를 수 있으니 챙겨 가는 게 마음은 편할 것이다. 짐을 풀고 호텔 여기저기 사진도 찍으며 나만의 기록도 남겨야 하는데 아이가 자꾸 돌아다녀서 아기침대에 쏙 넣어놨더니 무척 편했다. 아기침대는 잠을 재우기보다 우리 부부가 바쁘게 짐을 꾸리거나 준비해야 할 때 아이를 넣어놓는 용도로 더 활용되었고, 꽤나 유용한 물건임엔 틀림없었다.

　객실 통유리를 통해 보이는 짜오프라야 강은 너무나도 근사했고, 밤에는 반짝반짝 빛나며 더욱 아름다웠다. 건너편으로는 방콕에서 유명한 루프 탑 바, 시로코의 모습도 보였는데, 자꾸 나에게 이리로 오라고 손짓하

페닌슐라 호텔의 아기침대. 짐 챙기느라 정신없을 때 아이를 넣어두면 효과 만점!

페닌슐라 호텔 객실에서 보이는 짜오프라야 강의 풍경.

는 듯했지만 아이 동반이 불가능한 곳이어서 갈 수 없었다. 아이와 함께 갈 수 있는 루프 탑 바도 있었지만, 우리 부부는 첫 여행인 만큼 욕심내지 않았고, 그냥 여유롭게 아이의 컨디션에 맞춰 여행을 즐기기로 했다.

혹시 아이 동반이 불가능한 곳에 가고 싶다면, 호텔에 연계된 베이비시터 서비스가 있는지 문의해보고, 이용이 가능하다면 맡기고 다녀와도 될 것이다. 어디까지나 부모의 선택이고, 아이를 맡기고 잠깐 밤 외출을 다녀와도 뭐라고 할 사람은 아무도 없을 테니까. 다만 믿을 수 있는 업체인지 잘 알아보고 호텔 측에 충분히 문의한 후 맡길 것!

도심에서 즐기는 여유

파타야 힐튼 호텔에서도 그랬지만 방콕의 페닌슐라 호텔에 와서도 짐을 내려놓고 바로 수영장으로 향했다. 첫날은 시간이 늦어 수영장이 어떤지 살짝 구경만 하고, 다음 날 이용했다. 아이 동반 가족이 별로 없는 건지, 아니면 이날만 그런 건지 모르겠지만, 우리 가족은 다른 몇 명과 함께 전세 낸 듯 여유롭게 즐길 수 있었다.

아이를 보행기 튜브에 태우고 마주 보며 유유히 물속을 걷는데, 아이가 내 눈을 맞추며 계속 방긋방긋 웃는다. 그 순간을 놓칠세라 남편은 열심히 카메라에 담기 바빴다. 마침 짜오프라야 강에서 불어오는 바람까지 시원하게 뺨을 스쳤고, 이렇게 방콕의 도심에서 즐기는 여유로운 휴식이 나중에 한국에 돌아가면 또 얼마나 생각날까 싶었다.

벌써부터 그립고 아쉬운 순간!

"다은아, 너도 좋지? 엄마도 너무너무 행복해."

파타야든 방콕이든 우린 무조건 물놀이! 아이가 너무 어리면 선택의 여지가 없다.

페닌슐라 호텔에서 무료로 운행하는 셔틀 보트. 우리는 이 보트를 타고 사톤 선착장에서 내려 보트를 갈아타고 아시아티크 야시장에 갔다.

✳ 유모차는 선택? 필수!

호텔이 짜오프라야 강가에 있다 보니 시내 관광을 나갈 때는 택시나 BTS를 이용해야 했다. BTS를 이용하려면 일단 호텔에서 무료로 운영하는 셔틀 보트를 타고 사판딱신 역 쪽으로 이동해야 했다. 외출할 때마다 아기띠와 유모차를 꼭 챙겨 나갔는데, 사실 방콕은 유모차로 여행하기에 편한 도시는 아니다. BTS역에 엘리베이터가 설치되지 않은 곳도 많아서 엘리베이터를 찾다 시간을 허비하기도 했고, 땀을 뻘뻘 흘리며 유모차를 들고 옮기는 일도 많았다. 깨끗한 대형 쇼핑몰 외에는 거리에 매연도 있고 도로 상태도 좋지 않아 유모차를 끌기 그리 좋은 여건은 아니었다.

그런데도 유모차를 포기할 수 없는 건, 아이가 잠이 들거나 걷다가 다리가 아프다며 떼쓸 때 유모차에 앉힐 수 있기 때문이다. 그래서 유모차는 선택이 아니라 필수라고 생각한다. 아기가 너무 어리다면 몸을 180도로 눕힐 수 있는 디럭스형 유모차가 좋겠지만, 어느 정도 큰 아이라면 휴대용을 갖고 다니는 게 편리하다. 나 같은 경우는 방콕·파타야 여행에서는 평소에 사용하던 휴대용 유모차를 가지고 갔으나, 여행에서는 이것도 버겁다는 생각에 다음 여행지인 오사카를 갈 때는 2.9킬로그램짜리 초경량 유모차로 갈아탔다. 크기도 작고 가벼운 데다, 사용하지 않을 땐 접어서 어깨에 메고 다녀도 되니 너무 편리했다. 그렇게 직접 편리함을 경험하고 난 뒤 나는 내 블로그에서는 물론 주변 사람들에게도 초경량 유모차를 강력 추천한다. 물론 유모차를 접고 펼 일이 많이 없는 여행지라면 어떤 걸 들고 가도 상관없겠지만, 휴양지가 아닌 이상 무거운 유모차는 확실히 짐이 된다. 초경량 유모차는 앞으로도 몇 년간 우리의 여행 필수품이 될 것이다.

방콕 여행에서 사용한 휴대용 유모차. 오사카 여행에서 사용한 초경량 유모차.

욕심 없이 여유롭게 즐긴
방콕

남편과 둘이서만 여행을 왔다면 정말 욕심내어 여기저기 다녔을 텐데, 아이와 함께하는 여행은 계획대로 다 되지 않았고, 어느 정도 포기해야 하는 게 생긴다는 걸 깨닫게 되었다. 심지어 한국에서 출발 전에 예약해놓은 마사지도 아이 때문에 포기해야 할 정도였다. 하지만 이러한 돌발 상황이 발생하고 계획대로 되지 않아도 전혀 아쉽지 않았다. 이번이 아이와의 마지막 여행도 아니고 앞으로 기회는 더 많을 테니, 그때 함께하면 된다는 생각에 마음이 조금이나마 편안해졌다. 무슨 일이든 마음먹기 달린 문제였다.

15개월 아이와의 방콕 여행을 계획하면서 방콕에서 꼭 가봐야 하는 관광지들을 둘러볼 생각은 처음부터 없었다. 워낙 땀을 많이 흘리는 남편과 어린아이를 고생시키고 싶지 않았기에 그냥 좋은 호텔에서 묵으며 휴양을 목적으로 할 계획이었다.

　　우리는 페닌슐라 호텔에서 지내며 낮에는 수영도 하고 낮잠도 자며 여유롭게 시간을 보냈다. 방콕과 파타야 여행에서 한 것이라곤 호텔 수영장에서 실컷 놀고, 쇼핑몰 위주로 시원하게 다니며 먹고 구경하고, 밤에 보트를 타고 '아시아티크'라는 깔끔한 야시장에 가서 돌아다닌 기억밖에 없다. 아, 망고도 실컷 먹었고!

　우리가 갔던 방콕의 쇼핑센터는 시암 파라곤과 실롬 콤플렉스였는데, 시암 파라곤은 방콕 최고의 복합 쇼핑몰로 관광객들에게도 매우 유명한 곳이다. 이 안에는 고메마켓이라는 슈퍼마켓도 있고, 다양한 음식을 파는 푸드 코트도 유명하다. 아이가 좀 크다면 이 건물에 있는 시 라이프 방콕(구 시암 오션월드)도 함께 구경하기 좋고, 직업 체험 놀이터인 키자니아에 데려가도 좋을 것이다. 우리는 그저 먹고 쇼핑하고 돌아다니며 구경하는 것만으로도 너무 즐거웠지만…….

　저녁에는 사톤 선착장에서 오고 가는 무료 수상보트를 타고 아시아티크로 향했다. 아시아티크는 2012년에 개장한 야시장으로 정말 깔끔하고 고급스러웠다. 유모차 끌기에도 편해서 유아 동반 가족도 불편함 없이 즐길 수 있는 아시아티크는 정말 추천할 만한 곳이다.

　저녁이 되어 바람도 살랑살랑 불고 길가에 분위기 좋은 음악까지 흘러나오니, 모든 것이 아름다워 보였다. 이 모든 걸 안주 삼아 남편과 멋진 곳에서 한잔하고 싶었지만, 잠잘 때 빼고는 한시도 가만히 있지 못하는 아이를 데리고 맥주를 마신다는 것이 우리에겐 그저 사치일 듯해 포기했다. 물론 매일 밤 호텔에서 술을 마시며 하루를 마무리했지만.

　방콕 · 파타야 여행은 비행기와 호텔 외에는 특별한 준비나 계획 없이

요즘 방콕에서 가장 뜨는 관광지인 아시아티크. 유럽풍 건물로 잘 꾸며진 깔끔한 야시장으로, 밤 나들이하기에 제격인 곳이다. 길이 잘 닦여 있어서 유모차 끌고 다니기도 좋다.

진행했지만, 뭔가 특별한 걸 하지 않았어도 그냥 셋이 함께한 순간순간이 너무나 소중했다. 이렇게 단조로운 여행이라니, 예전 같았으면 상상도 못 했을 것이다. 아이 덕분에 욕심을 내려놓으니 몸도 마음도 편안했던, 진짜 여행을 즐길 수 있었다.

날씨가 더운 지역에선 역시 실내 쇼핑이 최고다. 방콕 최대의 복합 쇼핑몰인 시암 파라곤에 있는 고메마켓은 많은 관광객으로 붐빈다. 가장 인기 있는 것은 역시 망고! 원 없이 사서 먹었다.

잊지 못할 귀국길,
우리 다시 떠날 수 있을까?

결코 오지 않을 것 같은 시간이 왔다. 돌아가면 다시 또 일상의 반복 속에 살겠구나 생각하니 아침부터 숨이 턱 멎는 듯했다. 여행을 너무 좋아하기에 매번 여행을 마치고 돌아갈 때마다 너무나 아쉽고, 또 아쉽다. 아이는 엄마의 마음을 아는지 모르는지 아침부터 애교를 부리며 싱글벙글 웃고 있었다.

막히는 길 위에서 멀미를 하다

밤 비행기였기에 마지막 날도 여유롭게 쇼핑을 하고, 호텔에서 준비해준 애프터눈티를 호사스럽게 즐기고 호텔을 나왔다. 택시를 타고 공항으로 가는데, 퇴근 시간이 겹쳐 교통 상황이 정말 최악이었다. 서둘러 나왔기 때문에 늦지 않게 공항에 도착하는 데는 문제가 없었지만, 차는 도무지 시원하게 달리지 못하고 가다 서기를 반복할 뿐이었다. 아이가 차멀미를 하다 보니 차 안에서는 어떻게든 재우고 싶었지만, 그것도 마음대로 되지 않았다. 아이가 너무 지루해해 품에 안고 〈뽀로로〉를 보여주며 갔는데, 아이가 속이 좋지 않은지 토했고, 내 옷도 젖어버렸다.

"자기야, 물티슈랑 봉지 줘!"

다급해진 나는 남편에게 소리쳤다. 또다시 아이의 입에서 액체가 쏟아질까 두려웠다. 다행히 차 타기 전 저녁은 안 먹고 포도 주스만 먹었기 때문에 액체만 나올 뿐이었고, 더욱더 다행인 건 택시 안의 시트가 모두 비닐로 싸여 있어 내릴 때 물티슈로 잘 닦기만 하면 되었다는 것이다. 그래도 운전기사에게 너무 미안해서 요금에 팁을 더해 600바트를 지불했고, 미안하다는 말도 잊지 않았다.

아이가 멀미를 한다는 건 9개월 즈음 경주 여행을 떠나면서 알게 되었다. 차를 타면 무조건 멀미를 하는 건 아니었지만, 나는 그 후로 차만 타면 늘 긴장하게 되었다. 차에는 항상 비닐봉지와 물티슈가 준비되어 있고, 아이가 잠을 자야 비로소 마음을 놓곤 한다.

택시에서 내리자마자 화장실로 가서 옷을 갈아입고, 아이도 깨끗한 옷으로 갈아입히고 나서야 한시름 놓을 수 있었다. 라운지에 가는 동안 피곤했는지 아이는 품 안에서 잠이 들어버렸고, 나는 유모차에 아이를 눕힌 뒤, 남편이 가져다준 캔 콜라를 따서 벌컥벌컥 마셨다. 어찌나 목이 마르고 속이 탔는지……. 입맛이 없다더니 음식을 한 가득 가져온 남편을 보니, 나만 힘든 거였나 싶어서 어이없는 웃음이 피식 나왔다.

비행기 탑승 시간인 밤 10시 30분이 다가왔고, 우리는 돌아올 때도 운 좋게 가운데 자리 블록 지정을 받아 세 좌석을 이용할 수 있었다. 비록 앞자리 사수는 못했지만, 너무 감사한 일이었다.

아이는 한숨 자고 일어나니 기분이 좋은지 늦은 시간까지 잠을 안 자고 뒷자리의 잘생긴 삼촌들과 까꿍 놀이를 하며 장난을 쳤다. 그러다 새벽 1시쯤 잠이 들었는데, 잠투정으로 칭얼대거나 울지도 않고 조용하게 잠이 들어 참 고맙고 다행이다 싶었다. 나도 쪽잠을 청해보았지만, 행여나 아이가 떨어질까 노심초사하느라 거의 뜬눈으로 지새웠다. 집에서나 밖에서나 아이에 대한 걱정과 예민함은 거의 엄마의 몫인 듯하다.

이렇게 평온하게 한국에 도착할 즈음, 곧 착륙하니 안전벨트를 매라는 기내방송이 나왔다. 곤히 자고 있는 아이를 깨워 안으려는데, 아이는 잠결에 울고불고 소리 지르고 정말이지 난리가 났다. 늦게 잠이 들어 피곤했는지 너무 심하게 울고 발버둥 쳐서 일어나 아이를 달래고 싶었지만, 안전상의 이유로 승무원은 야속하게도 자꾸 자리에 앉으라고만 했다.

그렇게 착륙까지 짧지만 매우 길게 느껴진 시간이 지났고, 우리는 무사히 한국에 도착했지만 내 정신은 무사하지 못했다. 사람들은 내리면서 "아이가 아픈 거 아니냐", "괜찮으냐" 등등 걱정 어린 인사를 건넸고, 뒷좌석의 청년들도 웃으며 "아이고, 새벽부터 샤우팅하느라 고생했네" 한마디를 던지고는 아이의 볼을 만지며 인사를 하고 떠나갔다.

비행시간 내내 잠 한숨 못 자 너무 졸리고 피곤했는데, 아이의 울음소리를 들으니 정신이 번쩍 들었고, 주변 승객들에게 너무 미안해 고개를 들 수가 없었다. 밤 비행기니까 무조건 잘 자겠지 싶었던 나의 예상은 보기 좋게 빗나갔고, 이렇게 시행착오를 겪으며 우리는 또 하나의 경험을 쌓게 되었다.

그래, 죽도록 힘든 여행은 아니었어

'과연 우리가 다음 여행을 또 갈 수 있을까?'

집에 오는 길에 나에게 조심스레 질문을 던져보았다. 생각해보면 순간순간 정말 힘들고 식은땀 나는 경우가 간혹 있었지만, 그건 어디까지나 여행의 일부분일 뿐, 전체적으로 봤을 땐 대체로 문제없고 즐거운 여행이었다. 물론 아이와의 여행이 하나도 힘들지 않다면 거짓말이겠지만, 죽도록 힘들어서 여행을 못 할 정도는 아니니까.

힘든 순간은 시간이 지나니 금세 잊게 되고, 얼마 지나지 않아 웃으며 추억할 수 있게 되었다. 그리고 돌아와서 또 다른 여행지를 검색하고 있는 나를 발견했을 때 '아, 다시 떠나야겠구나' 싶었다.

'그래, 아이와의 여행도 하다 보면 요령이 생길 거야!'

우리 세 식구의 첫 해외여행은 방콕에서 먹었던 두리안의 기억만큼 오래도록 기억될 것이다.

파란만장했지만 후회 없는 첫 해외여행이 끝났다. '다시 여행을 갈 수 있을까?' 걱정했던 마음이 '다음에는 어디로 갈까?'를 고민하는 것으로 바뀌었으니, 이만하면 아이와의 해외여행도 해볼 만한 것이 아닐까?

3장

갑자기 떠나도
만만한 여행

오사카·교토

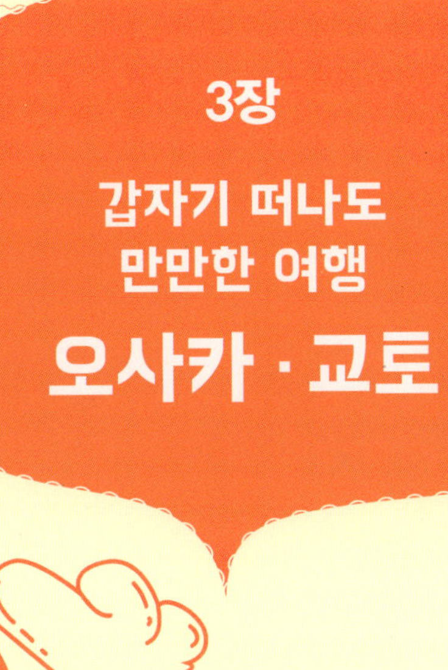

오사카 · 교토 여행 정보 한눈에 보기

여행 정보

비행시간 : 약 1시간 50분. 대한항공, 아시아나항공, 제주항공, 티웨이항공, 진에어, 이스타항공, 피치항공 등이 운항하고 있다.

기후 : 4계절이 뚜렷하며, 우리나라보다 여름에는 더 덥고 겨울에는 덜 추운 편이다. 여행 적기는 벚꽃이 만발하는 봄과 단풍 시즌인 가을이다.

시차 : 우리나라와 같다.

전압 : 110볼트로 우리나라와 다르니 멀티 어댑터를 준비한다.

화폐 : 엔(JPY). 100엔=약 1,086원.

여행 필수 준비물

우리나라와 계절이 거의 같아 옷이나 소품을 별도로 챙길 필요가 없다. 한여름엔 무척 습하고 더우니 양산이나 선크림, 모자 등을 필수로 챙기고, 휴대하기 좋은 우산도 챙긴다. 날씨가 추울 때는 유모차 바람막이도 챙겨 가는 것이 좋다.

간사이 공항에서 오사카 · 교토까지 가는 방법

일본 간사이 지역만큼 패스 종류가 많은 곳도 없을 듯하다. 그래서 여행 초보자들은 패스를 선택하기가 쉽지 않다. 보통 간사이 공항에서 오사카의 난바나 우메다, 교토를 많이 가니 이 경로로 정리해보자. 패스를 이용해 오사카, 교토, 고베, 나라 등의 교통비, 관광지 입장권 등의 비용을 줄이는 방법도 있으니 스케줄에 맞춰 패스와 경로를 정하면 된다.

1. 간사이 공항 → 난바

- 열차 : 난카이 난바 역까지 급행열차 편도 920엔(피치항공 구매 시 820엔), 44분 소요. 특급 라피트 편도 1,270엔(피치항공 구매 시 1,130엔), 37분 소요. 운행 시간 05:45~23:55.
- 리무진 : OCAT(오사카 시티 터미널)까지 편도 1050엔, 50분 소요. 공항 1층 A게이트 11번 구역에서 탑승. 운행 시간 06:30~22:25.

  난카이 난바 역으로 가는 심야버스도 00:15, 01:15에 두 편 출발한다.

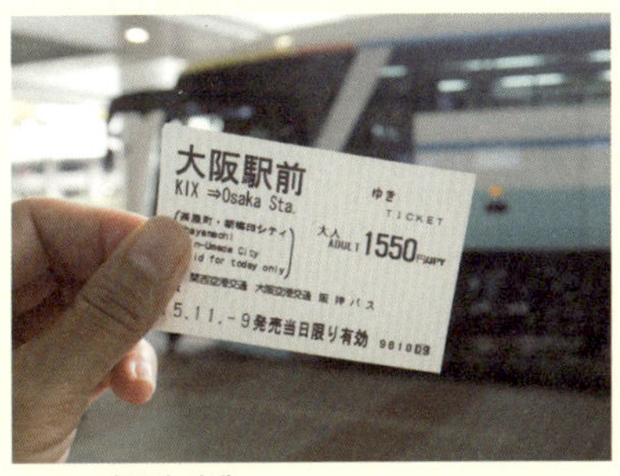

OCAT 리무진 티켓

간사이 공항의 리무진

2. 간사이 공항 → 우메다

아이가 있다면 리무진으로 한 번에 가는 게 편하다. 편도 1,550엔, 50분 정도 소요. 공항 1
층 C게이트 5번 구역에서 탑승. 운행 시간 02:45~(다음날)01:45

3. 간사이 공항 → 교토

하루카를 이용해 한 번에 가는 게 빠르고 편하다. 가격은 좌석 등급에 따라 다르며, 자유석
은 편도 1,600엔, 75분 소요. 운행 시간 06:30~22:16.
국내에서 티켓을 구입하면 저렴하게 이동할 수 있으니 참고할 것!

오사카에서 교토까지 가는 방법

1. JR 오사카 역에서 JR 교토 역까지 보통열차 혹은 쾌속(급행) 이용. 요금은 편도 560엔,
소요 시간은 쾌속(급행) 29분, 보통열차 40~46분(출퇴근 시간에는 자리에 앉을 수 없다는

한큐 투어리스트 센터

한큐 투어리스트 패스 1일권

것이 단점).

2. 한큐 우메다 역에서 교토 가와라마치 역까지 편도 400엔. 2번 이상 이용할 경우 한큐 투어리스트 패스 1일권을 사용하는 게 좋다(1일권 800엔).

간사이 지역 여행 시 구매하면 좋은 패스

1. 간사이 스루 패스

- 가격 : 성인(2일권 4,000엔, 3일권 5,200엔) / 아동(2일권 2,000엔, 3일권 2,600엔)
- 사용 범위 : 지하철, 전철(JR 제외), 버스
- 사용 지역 : 오사카, 교토, 고베, 나라, 와카야마, 고야산

2. 오사카 주유 패스

- 가격 : 1일권 2,500엔, 2일권 3,300엔
- 사용 범위 : 지하철 및 버스
- 사용 지역 : 오사카 시내

3. 요코소 오사카 티켓

- 가격 : 1,500엔
- 사용 범위 : 난카이선 라피트+오사카 지하철(간사이 공항→난바 역 방면만 이용 가능), 뉴트램, 버스
- 사용 지역 : 간사이 공항과 오사카 시내

4. 한신 투어리스트 패스

- 가격 : 1일권 700엔

오사카 주유 패스

간사이 스루 패스

- 사용 범위 : 한신전철
- 사용 지역 : 난바, 고베

5. 한큐 투어리스트 패스
- 가격 : 1일권 800엔, 2일권 1,400엔
- 사용 범위 : 한큐전철
- 사용 지역 : 오사카부터 교토 및 고베(단, 고베 고소쿠 선은 제외)

숙소 추천

공항 리무진이나 열차 역에서 가까운 호텔을 고르는 것이 좋다. 교통과 위치를 우선순위로
두고 고르되, 반드시 금연 룸을 선택해야 찌든 담배 냄새로부터 아이를 보호할 수 있다.

호텔 몬터레이 그라스미어 오사카, 스위소텔 난카이 오사카, 크로스 호텔 오사카, 호텔 뉴
한큐 오사카, 인터콘티넨털 오사카, 힐튼 오사카, 호텔 한큐 인터내셔널, 하톤 호텔 니시 우
메다, 호텔 비스타 그란데 오사카 등

오사카 여행 관련 사이트

일본 관광청 http://www.welcometojapan.or.kr
네일동 일본여행 카페 http://cafe.naver.com/jpnstory
티플라이 여행 카페 http://cafe.naver.com/worldtravelcafe
테리아 블로그 http://blog.naver.com/tmddlf
How to enjoy Osaka http://www.howto/osaka.com/kr

오사카 · 교토 3박 4일 추천 코스
오사카와 교토는 온천 위주의 휴양 콘셉트보다 관광과 쇼핑, 맛집 위주로 돌아보면 좋다.
오사카 시내만 다닐 예정이라면 2박 3일로도 충분하지만, 교토나 고베, 나라, USJ(유니버
셜 스튜디오 재팬) 등 하루 코스로 다녀올 수 있는 곳을 추가해 일정을 늘리는 것도 좋다.

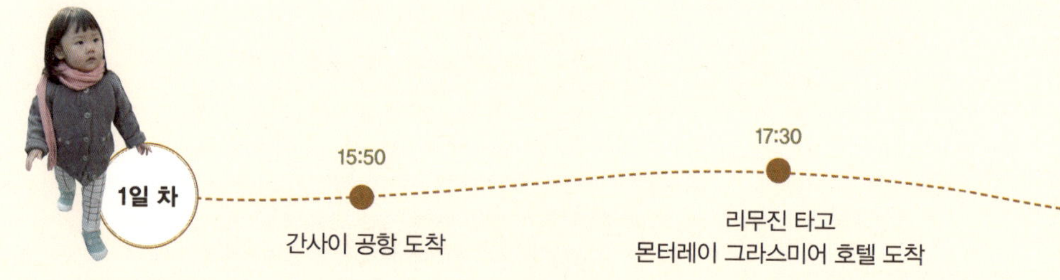
1일 차
15:50
간사이 공항 도착
17:30
리무진 타고
몬터레이 그라스미어 호텔 도착

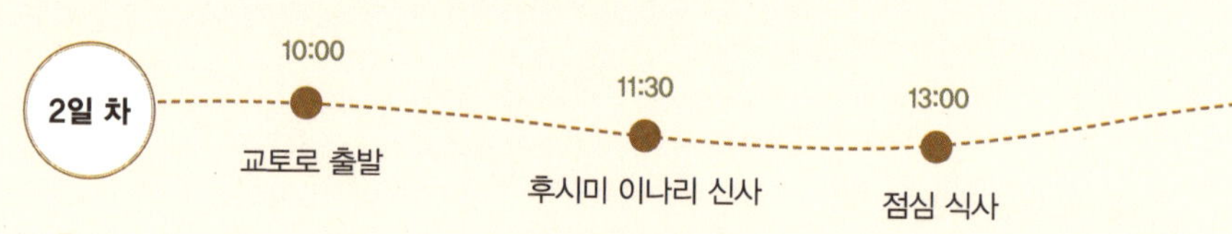
2일 차
10:00
교토로 출발
11:30
후시미 이나리 신사
13:00
점심 식사

3일 차
10:30
신사이바시,
난바
13:00
도톤보리 둘러보고,
키지에서 점심 식사

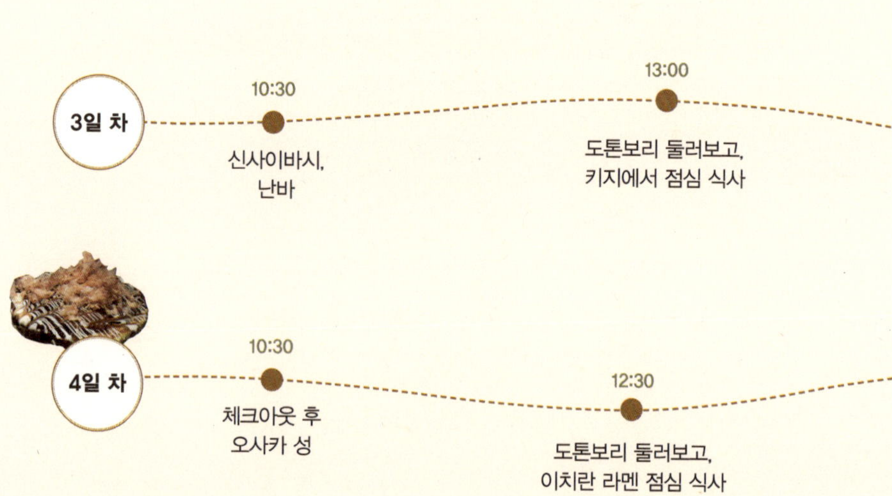
4일 차
10:30
체크아웃 후
오사카 성
12:30
도톤보리 둘러보고,
이치란 라멘 점심 식사

18:30
난바 워크에서 저녁 식사

20:00
호텔 휴식

14:00
기요미즈데라

17:00
우메다 한큐 3번가
캐릭터 숍

19:00
동양정 저녁 식사 후
호텔 휴식

14:30
우메다 이동 후
헵파이브 쇼핑 및
관람차 타기

17:00
우메다 스카이빌딩
공중정원 전망대

19:00
저녁 식사 후
호텔 휴식

15:00
돔보리 리버크루즈 탑승

17:00
간사이 공항으로
이동 후 한국 도착

아이와 단둘이
비행기를 타다

아이와 방콕, 파타야로 첫 해외여행을 다녀온 뒤 내 관심은 온통 여행이었다. 원래 여행을 좋아했지만, 아이와 한번 다녀오니 더욱 용기가 생겼고, 소아 요금을 내야 하는 24개월이 되기 전에 한 번이라도 더 다녀오고 싶었다. 마냥 좋았다고만은 할 수 없는 아이와의 첫 해외여행이었지만, 힘들었던 일들은 웃으며 말할 수 있는 추억이 되었고, 우리 곁에는 행복한 시간을 담은 사진만 남아 있었다.

남편의 출장, 덩달아 떠난 여행

원래 아이와의 두 번째 해외여행은 에메랄드빛 바다와 눈부신 백사장이 펼쳐진 천국 같은 몰디브로 계획했다. 하지만 남편이 갑자기 오사카로 출장을 가는 바람에 덩달아 우리 모녀도 오사카로 여행을 가게 됐다.

나야 여행이라면 어디를 가든 오케이를 외치는 여자지만, 이번 여행은 좀 달랐다. 남편이 먼저 오사카로 떠나고, 나는 남편의 출장이 끝나는 열흘 후에 맞춰 아이를 데리고 단둘이 가야 했기 때문이다. 남편도 없이 나 혼자 20개월 아이를 데리고 오사카 호텔까지 찾아갈 수 있을까? 나 혼자라면 어려울 게 없지만, 아이와 단둘이 가는 건 상상도 못 했기에 덜컥 겁이 났다.

나는 일단 해보기로 결심하고 항공권을 구입한 후 차근차근 준비를 시작했다. 유모차를 끌고 가야 했기에 배낭에 최소한의 짐만 가져가기로 하고, 남편의 캐리어에 옷이며 생수, 기저귀 등을 챙겨 보냈다.

이런 상황을 친정엄마가 알고 한말씀하셨다.

"네가 개고생을 해봐야 다음부턴 안 가지."

웃고 말았지만, 친정엄마의 그 말씀이 엄청난 고생길이 될 이 여행의 복선이라는 사실을 그때는 알지 못했다.

비행기에서 연신 외치다, 스미마셍!

출발 당일, 인천공항으로 가는 동안에도, 항공사 카운터에서 체크인하는 동안에도 아이는 너무나 얌전했다. 아시아나항공을 이용했던 터라 '해피맘 서비스'도 이용할 수 있었는데, 전용 카운터에서 앞 사람이 너무 시간을 끄는 바람에 그다지 혜택을 받았다는 느낌은 들지 않았다. 아무리 좋은 서비스라도 이용하는 시점에 따라 복불복이 될 수도 있는 것이다.

출국장 안으로 들어가 보안 검색을 받으려는데, 아이가 너무 조용했다. 살펴보니 잠이 들어 있었다. 밥도 먹었고 낮잠 시간도 됐으니 유모차에서 잠이 든 것이다. 나는 아이가 잠든 동안 면세품을 구경하고 라운지에서 간식도 먹으며 시간을 보냈다. 그때 갑자기 아이가 잠에서 깼다. 선잠을 자서 그런지 짜증을 내서 일단 아이스크림으로 달랬는데, 탑승 시간이 다 되어 게이트 근처에 가서 먹이려고 아이스크림 뚜껑을 닫았더니 아이스크림을 빼앗는 줄 알고 아이가 울기 시작했다. 유모차도 거부하고 울어대기만 하니 정신이 하나도 없었다. 탑승 시간에 늦을까 봐 한 손으로는 아이를 안고 한 손으로는 배낭을 실은 유모차를 끌고 서둘러 게이트로 향했다. 어찌나 팔이 아프고 땀이 삐질삐질 나던지…….

좀 진정된 듯싶어 아이를 내려놓으니 아이스크림을 먹으면서 엉뚱한 길로 가버린다. 그대로 뒀다간 도저히 제시간에 못 갈 것 같아 다시 아이를 안고 뛰었다. 아이스크림을 뺏긴 아이가 울고불고 소리까지 지르자 나도 너무 화가 나 버럭 소리를 질렀고, 아이를 안고 씩씩대며 비행기에 탑승했다.

자리에 앉은 후 진정하고 짐을 정리하는데, 아이는 좌석 바닥에 엎드려 엉엉 울기만 했다. 결국 승무원이 가져다준 사탕으로 가까스로 진정시킬 수 있었다. 옆 좌석의 일본인 여자 승객에게 "스미마셍"을 몇 번이나 외쳤는지 모른다. 아이와 단둘이 한 첫 비행은 그렇게 다이내믹하게 마무리되었다.

그때는 그저 아이가 제대로 낮잠을 자지 못해 일어난 일이라고 여겼다. 하지만 지금 생각해보면 엄마 말을 잘 듣는 이상적인 아이를 꿈꾸던 내가 아이의 기분을 헤아리지 못하고 감정 조절을 못 한 것이 가장 큰 원인이었던 듯하다. 고작 20개월짜리 아이가 자기감정을 어찌 조절하고 엄마가 바라는 대로만 행동하겠는가? 엄마인 내가 조금 더 아이를 배려하고 현명하게 대처했어야 했는데, 그러지 못한 것 같아 미안한 마음이 들었다. 아이

와 함께하는 여행을 통해 아이뿐만 아니라 나 역시 하루하루 성장하고 있
었다.

눈물겨운 가족 상봉

　　가족여행의 장점을 꼽자면 무엇이 있을까? 아이의 입장에서 가
장 큰 장점은 아빠와 오롯이 함께할 수 있는 시간이 생긴다는 것이다. 엄
마의 입장에서는 살림은 잠시 내려놓고 좋은 곳을 여행하면서 아이에게만
집중할 수 있어서 아이와의 유대감이 좋아진다.

　가족여행을 하다 보면 가족 간의 사랑과 정이 더 돈독해진다. 물론 여행
중에 남편과 의견이 안 맞거나 예상치 못한 상황에 기분이 상할 때도 있지
만, 그런 과정에서 서로를 더 이해하게 되고, 평상시에는 바빠서 못했던
대화도 많이 할 수 있었다. 결론적으로 가족여행은 꼭 붙어 다니면서 같은
일을 경험하고 같은 추억을 만드는 것만으로도 의미 있는 일이다.

　간사이 공항에서 리무진을 타고 난바 OCAT까지 가는 동안 아이는 놀
다가 잠이 들었다. 약 50분 후 자고 있는 아이를 안고 버스에서 내려 유모
차를 받아 들고 어찌할 바를 모르고 있는데, 반가운 남편의 목소리가 들
렸다.

　"자기야!"

　남편의 얼굴을 보니 안도의 한숨이 나왔다. 도착하기까지 있었던 일을
눈물로 호소하며 수다스럽게 말을 이어가는데, 아이가 잠에서 깼다. 아이
는 10여 일 만에 만난 아빠를 처음엔 낯설어했지만, 이내 찰싹 안겨 볼을

비비고 뽀뽀를 하며 눈물겨운 상봉을 했다. 그 모습을 보니 어깨의 배낭만큼 무거웠던 내 마음도 이내 가벼워졌다.

남편이 미리 체크인한 호텔에 들어가니, 창밖으로 보이는 멋진 오사카 풍경이 우리를 반겼다.

"여기 정말 좋다. 다은아, 저기 봐봐!"

아이를 안고 창밖을 함께 바라보는 이 순간, 드디어 여행을 왔다는 실감이 났다.

우리는 3박 4일의 오사카 · 교토 여행 내내 몬터레이 그라스미어 호텔에만 머물렀다. 아이가 어리면 가급적 숙소를 옮기지 않는 것이 편하다. 물론 여행 기간이 길거나 먼 곳으로 이동할 땐 숙소를 옮겨야 하지만, 아이와 함께하는 여행에서는 그런 이동도 참 버겁기 마련이다.

그러는 사이 어느덧 저녁 시간이 되었다. 호텔에 연결된 복합 지하상가인 난바 워크로 가서 장어덮밥을 먹으니 낮에 아이에게 쏟았던 힘이 보충되는 듯했다. 저녁을 배불리 먹고 난바 역 지하상가를 구경하는데, 아이는 길에 설치된 장애인용 노란 점자 블록이 신기한지 그걸 따라 계속 걸어가며 까르르 웃었다. 남편은 그런 아이의 모습을 보며 딸바보 미소를 한껏 지었다.

대형 마트에서 간식거리를 사서 일찌감치 방으로 돌아온 우리는 침대에서 뒹굴뒹굴하며 여유롭게 첫날 저녁을 보냈다. 아이는 아빠와 오롯이 함께할 수 있는 이 시간이 너무 행복한 듯 보였다. 비록 그때까지 '아빠'라는 말을 아직 못했던 터라 아빠에게 "엄마, 엄마"라고 하긴 했지만.

몬터레이 그라스미어 호텔 객실에서 바라본 오사카 시내 풍경.

난바 워크에서 먹은 장어덮밥.

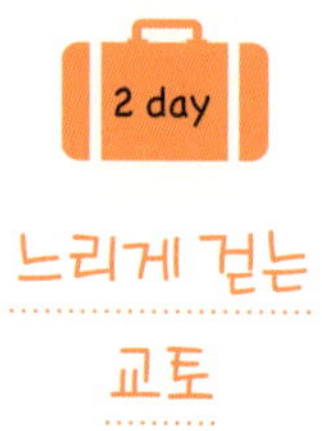

느리게 걷는
교토

거의 7년 만에 가게 된 교토라 가기 전부터 설렜다. 일본의 옛 수도였던 교토는 옛모습을 많이 간직하고 있어서 많은 관광객에게 사랑받는 도시다. 복잡한 관광지에서 조금만 벗어나면 한가로운 골목도 만날 수 있다.

원래 아이와 여행을 가면 아침에 느긋하게 일어나는 편인데, 이날은 교토에 다녀올 계획이라 일찌감치 서둘러 조식을 먹고 출발했다. 하루 일정으로 둘러보고 올 예정이라 욕심 부리지 않고 딱 두 군데만 보기로 했다. 남편이 출장 기간 동안 먼저 오사카에 있으면서 나에게 많은 정보를 알려주고 여러 상점의 위치도 파악해놓았는데, 이번 여행에서 그게 참 많은 도움이 됐다.

우메다 역에서 한큐 패스를 구입한 후 열차를 타고 한큐전철의 종착역인 가와라마치 역까지 가는 데 40분 정도 걸렸다. 남편은 자리가 없어서 내내 유모차를 지키며 서 있어야 했지만, 아이는 아빠가 그러든 말든 첫 기차여행에 그저 신이 나 있다. 가와라마치 역에 도착한 후 후시미 이나리 신사(여우 신사)로 가려면 열차를 갈아타야 하는데, 밖으로 나가서 기온시조 역으로 가야 환승할 수 있었다. 유모차를 끌고 다니니 당연히 엘리베이터를 찾게 되는데, 이런 과정에서 대중교통을 이용해 아이와 여행하기에 좋은 곳인지 나쁜 곳인지 판단이 된다. 내 경험상 일본은 아이와 여행하기 좋은 나라다. 밥, 우동, 김, 달걀, 국이 있으니 먹을 걸 일일이 챙겨오지 않아도 되고 말이다. 평소에 집에서도 아이에게 밥을 먹일 때 '달걀과 김이 없었다면 어떻게 아이를 키웠을까' 생각하는데, 대부분의 엄마가 이에 공감할 것이다.

후시미 이나리 역으로 가기 위해 열차를 기다리던 중에 유모차에 앉아 있던 아이가 잠이 들어버렸다. 아침 일찍부터 서두르느라 피곤해서 낮잠 시간이 앞당겨진 것이다.

영화 〈게이샤의 추억〉에 나온 장소로 유명한 후시미 이나리 신사는 여우를 모시는 신사다. 실제로 신사 곳곳에 여우상이 많고, 각종 기념품과 먹을거리 등에도 여우가 많이 이용되고 있었다. 특히 이곳이 유명한 이유는 산기슭부터 꼭대기까지 총 4킬로미터에 이르는 구불구불한 길에 이어져 있는 붉은색 주칠을 한 도리이(신사 입구에 세운 기둥 문) 때문인데, 낮이건 밤이건 언제 봐도 장관이라고 한다. 보통 정상까지 오르는 데 2시간가량 걸리는데, 전체적인 분위기가 거의 비슷하니 어느 정도 돌아보고 내려와도

하필 주말이라 후시미 이나리 신사는 관광객들이 많아 번잡했다.

후시미 이나리 신사의 여우 패.

좋을 듯하다. 하필이면 우리가 간 날이 주말이라 관광객이 너무 많아 상당히 번잡했지만, 붉은 도리이 물결에 들어서니 몽환적인 느낌이 들었다. 정말 속세와 단절된 느낌이랄까?

신사를 둘러보는 동안 아이는 한 번도 깨지 않았다. 덕분에 남편과 나는 오랜만에 오붓하게 데이트를 즐길 수 있었다. 하지만 아이가 이 멋진 모습을 보지 못한 게 아쉬웠다.

신사에서 나와 역으로 돌아가는 길에 사람들이 줄지어 서 있는 곳으로 눈길이 갔다. 바로 다코야키 파는 곳! 다코야키를 구입하고 간이 의자에 자리를 잡고 앉았는데, 아이가 잠에서 깨어나 다코야키에 시선을 고정한다. 이렇게 타이밍을 잘 맞출 수가! 지난 여행 때보다 같이 먹을 수 있는 게 많아지다 보니 먹을거리에 일일이 신경 쓰지 않아도 되어 편했다. 아이가 어리면 어린 대로, 크면 큰 대로 여행의 장단점이 균형을 맞춰가고 있었다.

기요미즈데라에서의 그림자 놀이

낮잠을 푹 자서 기분이 좋아진 아이와 다음 목적지인 기요미즈데라로 이동했다. 구글 지도를 보며 어떻게 갈까 살펴보다가 아이가 걷는 걸 그리 힘들어하지 않는 편이라 가까운 역에서 내려 걷기로 했다. 기요미즈고조 역에 도착한 후 지도를 보며 걷다 보니 기요미즈데라 초입 길이 펼쳐졌다. 고조자카부터 기요미즈데라 입구까지 다시 열심히 걸었다. 대략 역에서 15분 정도 걸어갔는데, 남편이 유모차를 끌어준 덕분에 상점 여기저기를 구경하며 여유 있게 즐길 수 있었다.

기요미즈데라에는 후시미 이나리 신사보다 더 많은 사람이 몰려 있었다. 기모노 입은 여성들을 많이 볼 수 있었는데, 기모노 체험도 가능하다고 한다. 사람이 너무 많아 본당은 대충 구경하고 한산한 곳으로 발걸음을 옮겼다. 아이는 여기저기 돌아다니느라 분주했다. 행여 넘어질까 봐 열심히 쫓아다녔는데, 자세히 보니 아이의 관심은 온통 그림자에 꽂혀 있었다.

기요미즈데라는 유네스코 세계문화유산으로 등재된 곳이다. 본당은 못을 전혀 사용하지 않고 나무만으로 끼워 맞춰 세웠다고 한다. 하지만 아이에게는 이 건물이 얼마나 대단한지는 아무 상관 없었고, 그저 자기를 따라오는 그림자가 신기하고 대단할 뿐이었다. 그늘로 가면 그림자가 사라지니 고개를 갸우뚱하며 그림자를 찾기 바빴고, 우리는 그런 아이의 모습을 보며 천천히 산책했다. 우리의 첫 교토 여행은 그렇게 느리게 걷고 있었다.

엄마가 더 열광한 캐릭터 숍

오사카는 '먹다가 망한다'는 말이 있을 정도로 먹을거리가 다양해 입이 즐겁다. 또 드러그스토어나 다이소, 도큐핸즈, 프랑프랑, 내추럴 키친, 돈키호테, 플라잉 타이거 코펜하겐 등 쇼핑하기 좋은 가게는 물론 아기자기한 캐릭터 용품도 많아서 그냥 지나칠 수 없다.

우메다나 난바 쪽에 쇼핑할 수 있는 곳이 집중되어 있으니 쇼핑을 생각한다면 숙소를 이 근처로 잡는 게 좋다. 아이가 있다면 더욱더 시내에서 가까운 곳이 좋다. 날씨가 좋은 날이면 밤에 유모차를 끌고 산책하기에 좋고, 운 좋게 아이가 잔다면 부부가 맥주 한잔하기에도 좋을 테니 말이다.

제일 먼저 찾은 곳은 한큐 3번가에 위치한 리락쿠마 숍이었다. 규모는

유네스코 세계문화유산으로 등재된 기요미즈데라 본당과 경내의 모습.

+

안녕. 곰 인형아. 난 다은이라고 해. 어째 나보다는 엄마가 너를 더 좋아하는 것 같아.

그리 크지 않았지만, 물건을 몽땅 사 오고 싶을 정도로 귀엽고 예쁜 물건들로 가득했다. 입구에서부터 큰 리락쿠마가 반겨주는데, 아이도 신기한지 리락쿠마의 팔을 만져본다. 아직 리락쿠마를 잘 모를 때라 그저 곰 인형이라며 좋아했지만, 자기 물건을 쇼핑하러 온 걸 아는 듯 얌전히 잘 있었다. 가게를 구석구석 돌아보려면 유모차를 가지고 들어가기 힘들 것 같아 고민이었는데, 남편이 아이와 밖에 있을 테니 구경하고 오라며 배려해준다.

나는 얼른 안으로 들어가 아이처럼 신나서 구경하고 사진도 찍으며 한참 동안 시간을 보냈다. 예전에 남편이 도쿄에 출장을 다녀오면서 사 온

리락쿠마 가방이 이미 있었지만, 또 다른 게 탐나서 보이는 대로 바구니에 넣었다. 순간 남편과 눈이 마주쳤고, 아차 싶은 마음에 정말 필요한 것만 두고 나머지는 바구니에서 빼며 마음을 진정시켰다.

'그래, 이건 가져가봤자 안 쓸 거고, 이건 짐이 될 거고……'

이번 여행이 마지막도 아니고, 당장 필요한 게 아닌 이상 나중에 또 와서 사도 되는데, 쇼핑만 하면 늘 마지막인 것처럼 몰두하곤 하니, 그런 내 모습에 어이없어 웃음이 났다. 간신히 '지름신'을 통제한 뒤 인형과 물건 몇 개를 구입하고 다음 장소인 디즈니 스토어로 이동했다.

아이를 낳기 전엔 전혀 관심이 없던 곳인데, 엄마가 된 지금은 아이 가방이나 숟가락·포크 세트, 인형 등을 고르느라 정신이 없었다. 나도 어쩔 수 없는 엄마구나 싶은 마음에 물건을 고르는 내내 행복했다. 핑크색 미니 마우스 배낭과 물컵, 젓가락 등을 구입하고 나니 아이는 유모차에서 잠이 들어 있었다.

"이거 다은이가 메면 진짜 귀엽겠다, 그렇지?"

"다은이 일어나면 엄마가 예쁜 배낭 샀다고 좋아하겠는데?"

예전 같았으면 내가 갖고 싶은 것 하나 제대로 못 샀다고 아쉬워했을 테지만, 이제는 천사 같은 미소를 띠며 자고 있는 아이가 일어나 엄마가 산 물건들에 환호할 생각만으로도 기분이 뿌듯했다.

아이와 함께하는 여행에서는 큰 목표를 세울 필요가 없다. 특별한 것을 보고 특별한 경험을 하는 것만이 여행의 목적은 아니다. 가족이 함께 여행 자체를 즐기고, 자연스레 쌓이는 추억에 감사하면 그것으로 된 것이다. 아이 역시 엄마, 아빠와 함께한 따뜻한 시간만으로도 충분히 행복할 테니까.

오사카 주유 패스로 즐긴 무료 관광

오사카 여행을 준비하면서 관광객 전용 교통카드인 오사카 주유 패스를 구입해서 갔다. 그 안에는 교통카드뿐 아니라 여러 관광 명소의 무료 쿠폰도 들어 있다. 우리는 2일권을 구입했지만, 아이가 있어서 그렇게 많은 혜택을 누리지는 못했다. 우메다 스카이빌딩 공중정원 전망대와 헵파이브 관람차, 돔보리 리버크루즈 정도만 즐겼을 뿐이다. 어떻게든 주유 패스를 이용해보려고 동선을 짜봤지만, 역시 아이와 함께하는 여행에선 많은 것을 할 수 없었다.

우리는 호텔에서 가까운 도톤보리 거리를 거닐며 글리코상 간판을 배경으로 사진도 찍고, 오코노미야키로 유명한 맛집 '치보'에 들러 맛있게 점심을 먹었다. 아이가 먹기엔 좀 짰지만, 최대한 양념이 안 묻어 있는 안쪽으로 골라주니 신세계를 맛본 듯 너무 잘 먹는 것이 아닌가! 그래도 약간 짰던지 물을 벌컥벌컥 마셔댔는데, 결국 큰 사건을 초래하고 말았다.

헵파이브 관람차 정상에서 기저귀를 갈다

우리는 점심을 먹은 후 우메다까지 지하철로 이동했다. 주유 패스에 들어 있던 무료 쿠폰으로 헵파이브 관람차를 타기 위해 헵파이브 건물로 들어갔다. 헵파이브는 상점, 레스토랑, 오락 시설이 갖추어져 있는 복합 쇼핑몰로, 이곳에는 우메다의 랜드마크인 세계 최초의 빌딩 일체형 빨간 관람차가 설치되어 있다. 한 바퀴 도는 데 약 15분 정도 걸리고, 한눈에 오사카 시내를 볼 수 있기에 한 번쯤은 타볼 만하다.

관람차에 탑승하기 전에 유모차를 한쪽에 세워둬야 해서 아이를 일으켜 세웠는데, 세상에, 유모차가 흠뻑 젖어 있는 것이 아닌가! 이게 무슨 일이지? 물을 먹다 쏟은 건가? 혹시나 하고 아이의 엉덩이를 만져보니 기저귀가 흠뻑 젖어 있었다.

"세상에! 다은아, 이거 왜 이래? 응? 오줌을 얼마나 싼 거야?"

유모차에 계속 앉아 있어 자기 엉덩이가 얼마나 젖어 있는지 몰랐던 아이는 왜 그렇게 호들갑을 떠느냐는 듯 나를 쳐다봤다. 관람차에 타자마자 재빨리 아이의 바지와 젖은 기저귀를 벗겼다. 오줌을 얼마나 쌌는지 기저귀가 퉁퉁 불어 있었다. 점심 때 오코노미야키를 먹으면서 그렇게 물을 마시더니, 결국 이런 사태가 벌어진 것이다. 제때 기저귀를 갈아주지 못한 내 실수였다.

관람차가 높은 곳으로 올라왔을 즈음, 기저귀를 갈면서 오사카 시내를 내려다보는 내 모습에 웃음만 나왔다. 하필 여벌 바지도 가지고 오지 않아 일단 기저귀만 새것으로 갈아주고, 관람차에서 내릴 때 다시 젖은 바지를 입힐 수밖에 없었다. 아직 이른 봄이라 쌀쌀했기에 젖은 옷이라도 다시 입혀야 했다. 우리는 관람차에서 내리자마자 유모차에 종이를 몇 장 깔고 아

+

헵파이브 관람차에서 바라본 오사카 풍경. 다은이는 '하의 실종' 상태로, 난 정신이 반쯤 나간 상태로 관람차가 다 돌기만을 기다려야 했다.

이를 태운 후 바지를 구입하러 갔다. 뽀송뽀송한 새 바지를 입히고 나서야 아이에 대한 미안함을 덜 수 있었다.

정말 아이와 여행하다 보면 별의별 일이 다 생긴다. 그리고 그렇게 경험이 쌓이면서 상황에 맞게 빠르게 대처하는 요령도 점점 늘어간다.

관람차 정상에서 오사카 시내를 바라보며 기저귀를 갈아본 사람이 과연 몇이나 될까? 하하하!

173미터 아래를 내려다보다

헵파이브에서 나온 후 우메다 스카이빌딩 공중정원 전망대까지 천천히 걸어갔다. 우메다 스카이빌딩 공중정원 전망대는 173미터 높이에

110

서 360도 파노라마로 시내 야경을 감상할 수 있어서 인기가 많은 곳이다.

어둠이 내려앉고 도시의 불빛이 반짝반짝 빛나기 시작하자 아이도 넋을 놓고 밖을 바라본다. 발밑으로 내려다보이는 작은 세상이 꽤나 신기했던 모양이다. 아쉽게도 쌀쌀한 날씨 탓에 오래 있지는 못했지만, 그곳에서도 아이는 분명 새로운 경험을 했을 것이다.

아이는 크면서 지금 우리가 함께했던 여행의 기억을 잊어버릴 것이다. 하나도 기억하지 못하고 통째로 잊어버린다고 해도 괜찮다. 그저 이 순간, 같은 곳을 바라보고 즐기면서 행복을 느낀 것으로 족하다. 다들 한 순간 한 순간을 자세히 기억하기 위해 살지는 않으니까 말이다.

우메다 공중정원 전망대에서 바라본 야경.

도톤보리의 상징, 글리코상.

112

돔보리 리버크루즈

난바 역 도톤보리에 있는 돈키호테 건물 앞에 매표소가 있다. 오사카 주유 패스를 보여주면 원하는 시간대의 유람선 티켓을 받을 수 있다. 유람선을 타면 20분 정도 강을 따라 경치를 감상할 수 있는데, 야경이 보고 싶다면 낮에 미리 원하는 시간대의 표를 구해놓는 것이 좋다. 일본인 가이드가 열심히 설명해주지만 일본어를 못 알아들으니 아이와 놀면서 풍경 감상하는 것에 만족해야 했다.

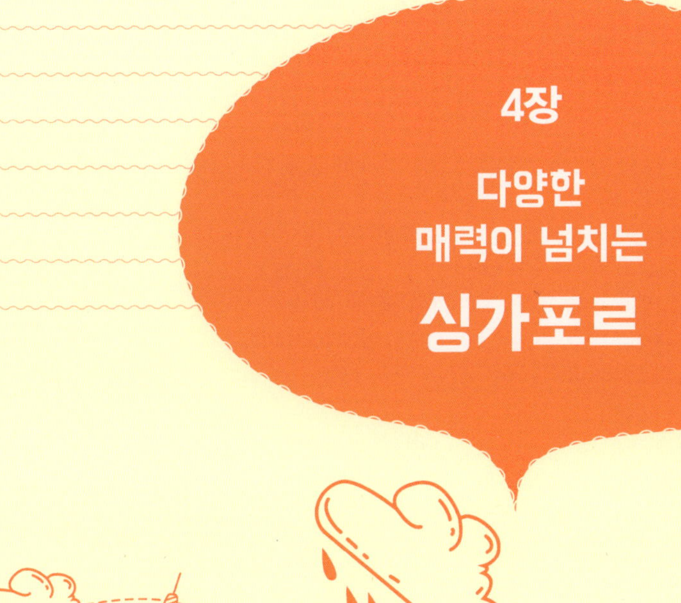

4장

다양한
매력이 넘치는
싱가포르

싱가포르 여행 정보 한눈에 보기

여행 정보

비행시간 : 약 6시간 반(직항 기준). 대한항공, 아시아나항공, 싱가포르항공, 스쿠트항공 등이 운항하고 있다.

기후 : 1년 내내 더운 편이다. 연평균 최고 기온은 31도, 최저 기온은 24.1도이며, 11~1월 사이는 몬순 시기로 비가 자주 오고 기온이 2~3도 정도 낮아진다.

시차 : 1시간 느리다.(우리나라가 11시일 때 싱가포르는 10시.)

전압 : 220~240볼트로 우리나라와 다르니 멀티 어댑터를 준비한다.

화폐 : 싱가포르달러(SGD). 1싱가포르달러=약 876.63원.

여행 필수 준비물

야외는 덥지만 실내는 에어컨으로 인해 추우니 얇은 카디건이나 점퍼를 준비하고, 호텔에서 잘 때도 마찬가지로 에어컨 때문에 추울 수 있으니 아이를 위해 얇은 긴소매 내복을 준비하는 게 좋다.

선크림, 선글라스, 모자, 양산 등 햇빛을 피할 수 있는 아이템과 물놀이용 튜브, 수영복, 방수기저귀 등도 함께 챙기고, 외출 시 스콜이 내릴 수 있으니 가볍고 휴대하기 좋은 우산을 하나 챙기는 것도 좋다.

공항에서 싱가포르 시내까지 가는 방법

싱가포르 창이 공항에는 3개의 터미널이 있는데, 이용하는 항공사에 따라 내리는 터미널이 다르다. 아이와의 여행에서 가장 선호하는 방법은 역시나 택시지만, 요금의 압박 때문에 망설여진다면 MRT도 편리하니 상황에 맞게 잘 선택하면 된다. 공항에서 싱가포르 시내로 가는 방법은 다음과 같다.

1. 택시

공항 밖 택시 승강장에서 차례대로 택시를 이용할 수 있다. 도심까지는 20~30분 정도 걸린다. 짐이 많고 아이가 있다면 택시로 이동하는 것을 가장 추천한다. 바가지를 씌우는 일은 없으니 안심하고 이용해도 좋다.

• 요금 : 18~30싱가포르달러이며, 이용 시간에 따라 할증이 붙을 수 있다.

2. MRT

저렴한 요금으로 갈 수 있는 수단이며, 엘리베이터도 잘되어 있어 이동하기 편하다. 창이공항 MRT는 터미널 2와 3 사이에 있어 터미널 1에 내릴 경우 순환셔틀을 타고 이동해야 한다. 공항에서 도심까지 30분 정도 걸린다.

한 가지 번거로운 점은 한 번에 시내까지 가는 게 아니라 타나메라 역에서 내려 시내로 가는 MRT로 갈아타야 한다는 것이다.

• 요금 : 2~2.2싱가포르달러

3. 셔틀버스

공항의 각 터미널에 위치하고 있는 '그라운드 트랜스포트 데스크(Ground Transport Desk)'로 가면 된다. 짐도 다 실어주고 시내 호텔까지 데려다줘서 편리하지만, 3명 이상이면 택시를 이용하는 게 더 낫다. 공항셔틀 예상 대기 시간은 피크타임(오전 6~9시, 오후 5시~오전 1시)에는 최대 15분, 그 외 시간은 최대 30분이며, 시내까지는 25분 정도 걸린다.

• 요금 : 어른 9싱가포르달러, 아이 6싱가포르달러

싱가포르 본섬과 센토사 섬 이동 방법

싱가포르 본섬과 센토사 섬 이동 시 많이 이용하는 방법은 다음과 같으며, 아이의 나이나 여러 상황에 맞게 선택하면 된다. 두 곳의 거리가 워낙 가까워 당일치기로도 다녀올 수 있으니 한 번쯤은 센토사 섬에 가보는 것이 좋다.

1. 택시

가장 추천하는 방법으로, 호텔에서 바로 센토사 섬으로 이동이 가능하고 편리하다. 15~20분 정도 걸린다. 호텔 바우처가 있으면 센토사 섬에 들어갈 때 내는 통행료가 무료이므로 비용도 생각만큼 비싸지 않다.

• 요금 : 15~20싱가포르달러

2. 케이블카

가격은 비싸지만 멋진 전망과 스릴을 느낄 수 있어 탑승해볼 만하다. MRT 하버프런트 역에서 이어진 하버프런트 타워 2에서 탑승할 수 있으며, 센토사 섬을 들어가는 케이블카는 물론 센토사 섬 내의 케이블카도 이용 가능하다.

• 요금 : 성인 33싱가포르달러, 아이 22싱가포르달러, 3세 미만은 무료

3. 모노레일

MRT 하버프런트 역에 내려 E 출구 쪽과 연결된 비보시티 3층에서 탑승할 수 있다. 센토사 섬으로 들어갈 때만 요금을 내면 되고, 내부에서나 나올 땐 무료다. 센토사 섬에서 숙박할 경우 무료로 표를 제공해주기도 하니 참고할 것!

• 요금 : 4싱가포르달러

케이블카

모노레일

숙소 추천

싱가포르는 물가만큼 호텔이나 리조트의 가격이 비싼 편이다. 여행 예산에 맞춰 잘 선택해
야 하며, 아이와의 여행에서는 MRT역이 가까운지 호텔 수영장의 시설은 어떤지 따져보고
고르는 것이 좋다.

본섬 : 마리나베이 샌즈 호텔, 스위소텔 스탬포드, 만다린 오리엔탈, 만다린 오차르, 스위소
텔 머천드 코트, 칼튼 시티 호텔 싱가포르, 노보텔 싱가포르 클락키, 팬 퍼시픽 싱가포르,
포시즌스 호텔, 래플스 호텔, 리츠 칼튼 밀레니아 싱가포르, 콘래드 센테니얼 싱가포르 등
센토사 섬 : 페스티브 호텔, 샹그릴라 라사 센토사 리조트 & 스파, 뫼벤픽 헤리티지 호텔 센
토사, W 싱가포르 센토사 코브, 하드록 호텔, 실로소 비치 리조트 등

싱가포르 여행 관련 사이트

싱가포르 관광청 http://www.yoursingapore.com
싱가포르 사랑 카페 http://cafe.naver.com/singaporelove
싱가포르항공 http://www.singaporeair.com/microsite/global/BPP/sg-deals.html
(싱가포르항공을 이용하는 경우, 탑승권을 제시하면 관광이나 레스토랑, 쇼핑, 호텔 등에서
할인 혜택을 받을 수 있는데, 이곳에서 전반적으로 확인 가능하다.)

싱가포르 관광지 할인 티켓 tip

싱가포르 관광지 입장권은 현지에서 각각 구입하는 것보다 한꺼번에 구매해서 사용하는 것
이 좋다. 관광객들이 가장 많이 이용하는 몇 곳을 추천한다. 다음 사이트에서 직접 가격을
비교해보고 구매하는 게 좋으며, 현지 사무실 또는 공항, 인근 호텔 등에서 수령할 수 있다.

씨휠트래블 http://www.seawheel.com.sg
나나투어 http://www.nanatour.net
이티엠투어 http://etmtour.com
한국촌 http://www.hankookchon.com/bbs/tkt/75471
하나투어 싱가포르 지사 http://cafe.naver.com/hanatoursingapore

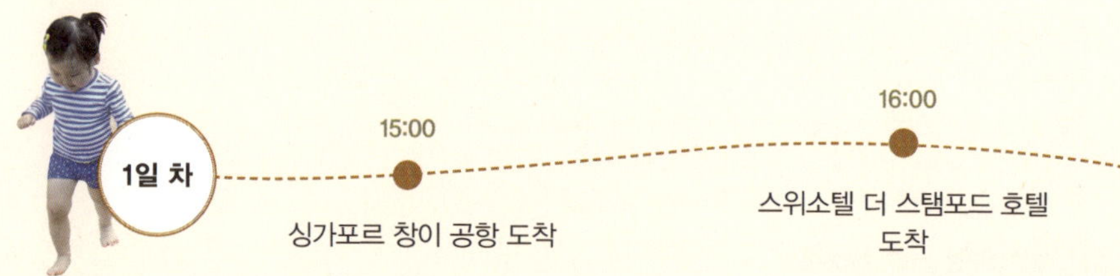

1일 차
15:00
싱가포르 창이 공항 도착
16:00
스위소텔 더 스탬포드 호텔
도착

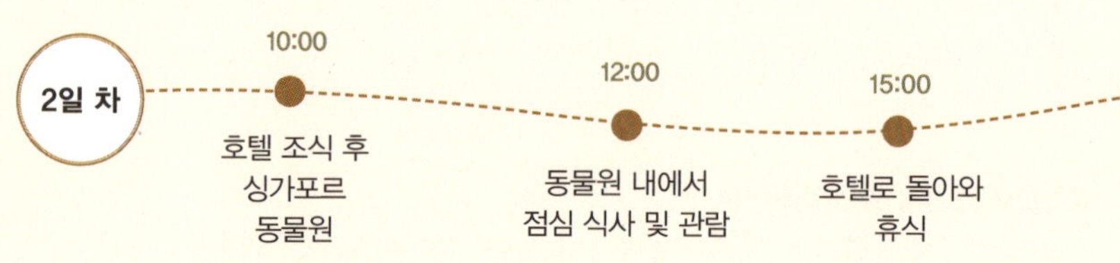

2일 차
10:00
호텔 조식 후
싱가포르
동물원
12:00
동물원 내에서
점심 식사 및 관람
15:00
호텔로 돌아와
휴식

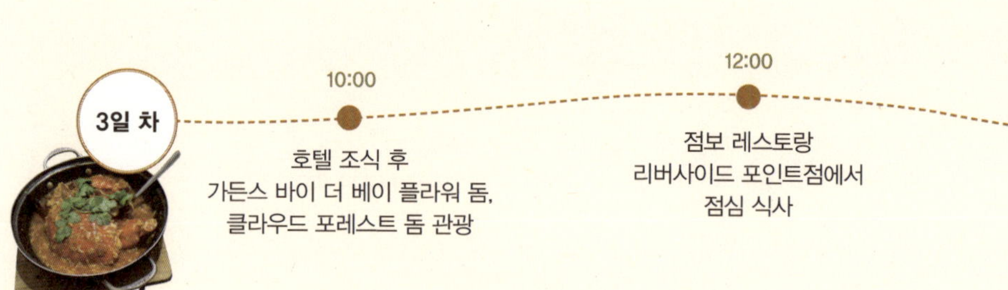

3일 차
10:00
호텔 조식 후
가든스 바이 더 베이 플라워 돔,
클라우드 포레스트 돔 관광
12:00
점보 레스토랑
리버사이드 포인트점에서
점심 식사

싱가포르 항공을 이용해 싱가포르를 경유해서 다른 나라로 갈 경우, 체류 시간이 5시간 반 이상이 된다면 무료 싱가포르 투어를 신청할 수 있다. 자세한 투어 내용과 시간, 혜택 사항은 싱가포르 항공 홈페이지(http://www.singaporeair.com/ko_KR/kr/plan-travel/privileges/free-singapore-tour)를 참고하면 된다. 또한 싱가포르 항공을 이용하는 창이 공항 환승 고객에게는 공항에서 사용 가능한 20달러 바우처도 제공하니 꼭 챙기도록 하자 (경유 시간이 4시간 이하일 때 가능하고 스톱오버는 제외).

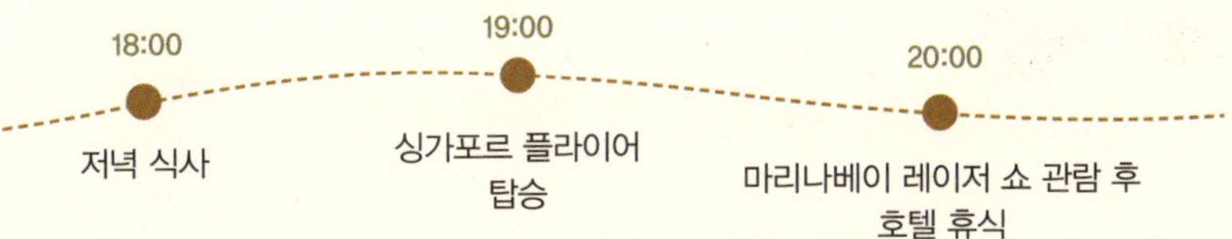

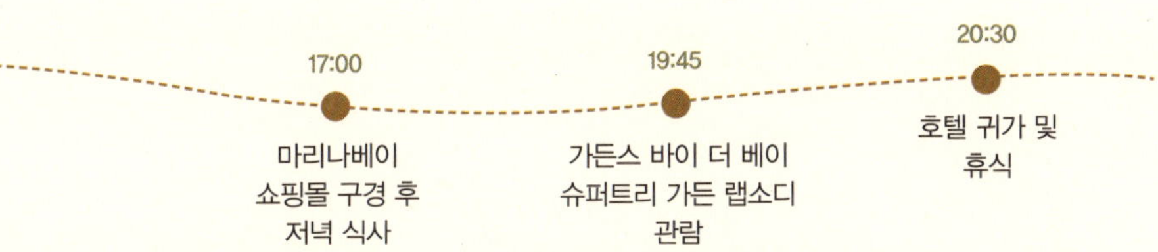

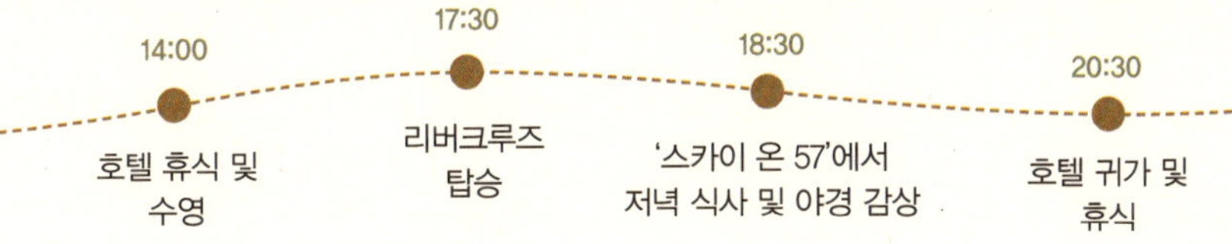

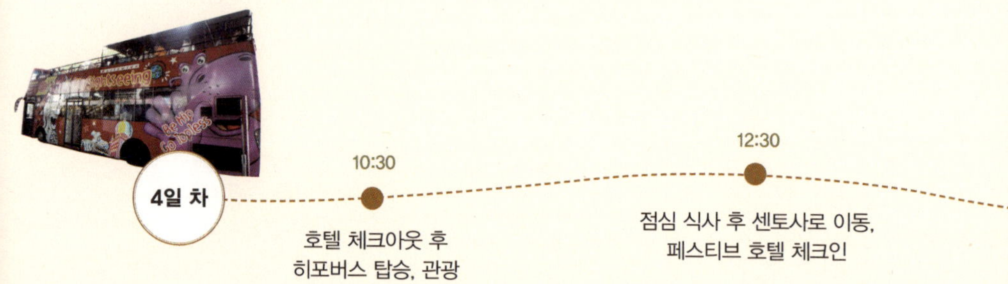

4일 차
10:30
호텔 체크아웃 후
히포버스 탑승, 관광
12:30
점심 식사 후 센토사로 이동,
페스티브 호텔 체크인

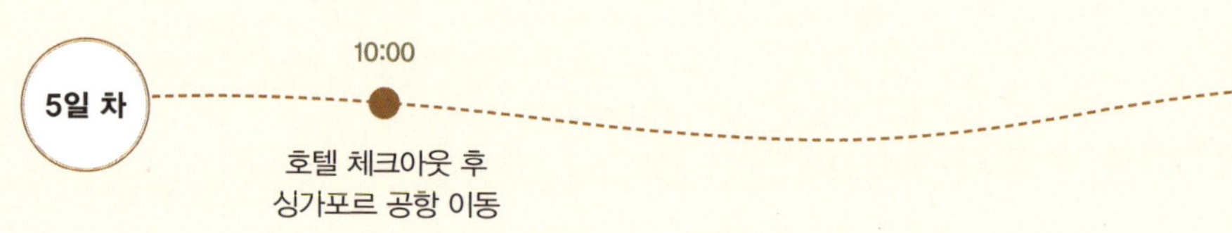

5일 차
10:00
호텔 체크아웃 후
싱가포르 공항 이동

14:00

리조트 월드 센토사
구경 및 호텔 휴식

16:30

센토사 S.E.A.
아쿠아리움
관람

18:30

저녁 식사 후
야경 감상 및
호텔 휴식

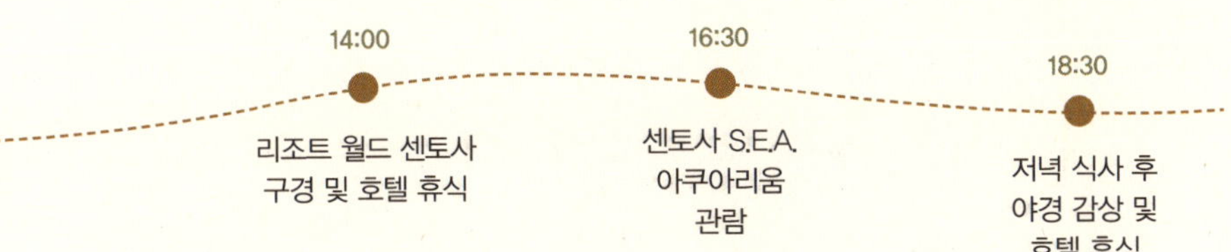

22:30

한국 도착

최종 목적지는 아니지만,
반갑다, 싱가포르!

싱가포르는 아이와 함께했던 첫 해외여행을 떠나기 전부터 차근차근 준비해왔던 조금은 특별한 여행지였다.

방콕, 파타야 때도 그랬지만 우리의 다음 여행도 아이만을 위한 여행지가 아닌, 내가 가고 싶은 곳으로 정하고 싶었다. 아이와 함께 간다고 해서 편하게 갈 수 있는 무난한 여행지를 고르고 싶지 않았다. 그 나이에 가기에 적합한 여행지가 있기는 하지만, 그게 모두에게 '정답'은 아니기 때문이다.

그래도 내 생각만 내세울 수는 없었기에 아이와 함께해도 괜찮을 여행지로 고민에 고민을 거듭하다 선택한 곳이 바로 몰디브였다. 대개 신혼여행으로 많이 가는 곳이지만, 우린 신혼여행으로 유럽을 다녀오느라 아쉽게도 못 갔던 몰디브를 아이가 24개월이 되기 전에 꼭 가야겠다는 생각이 들었다. 우리의 목적도 달성하면서 아이의 물놀이도 가능한 곳이니까! 하지만 가장 크게 걸리는 부분이 있었으니, 바로 비행시간과 여행 비용이었다. 고작 22개월 아이를 데리고 그 먼 곳까지 갈 이유가 있을까? 스스로에게 수없이 질문을 던지며 많은 생각을 했지만, 한번 꽂혀버린 '몰디브'는 이미 가슴속에서 지워지지 않는 이름이 되어 있었다. 혹시나 하는 마음에 검색을 해보니 의외로 아이와 함께 몰디브로 여행을 다녀온 사람들이 있었다. 그래서 불끈, 다시 용기를 내보기로 했다.

다행히 긴 비행시간과 비싼 비용이라는 문제를 조금이나마 해결해줄 수 있는 방법이 있었는데, 바로 항공 마일리지를 이용한 비즈니스석 발권이었다. 우리는 아시아나항공 마일리지를 주력으로 모았는데, 이것을 이용해 최종 목적지인 몰디브도 가면서 중간에 싱가포르도 들를 수 있는, 스타얼라이언스* 소속의 싱가포르항공을 타기로 했다.

몰디브만 생각했다가 싱가포르까지 덤으로 여행하게 되어 마음은 더 들떴다. 그렇게 열심히 신용카드를 긁으며 모은 마일리지는 우리에게 편안한 비행을 선물해주었다. 이런 보너스 항공권을 얻기 위해서는 비행기 탑승만으로는 마일리지를 많이 모으기가 힘드니, 평소에 마일리지가 쌓이는 신용카드를 사용해서 함께 모으면 더 좋다.

★ Tip ★

스타얼라이언스는 1997년에 만들어진 세계 최초의 항공사 동맹체로, 아시아나항공을 비롯해 루프트한자, 타이항공, 싱가포르항공 등이 소속되어 있다. 아시아나항공에 회원으로 가입되어 있다면 스타얼라이언스 소속의 다른 항공사 비행기를 이용하더라도 아시아나 마일리지로 적립할 수 있다. 물론 항공사마다 적립 기준은 다르니 별도로 확인해야 한다.

처음으로 비즈니스석을 타다

우리가 계획한 비행 스케줄은 인천공항에서 싱가포르에 도착해 3박 스톱오버* 후 싱가포르에서 몰디브로 이동해 4박을 하고, 올 때는 싱가포르를 경유해 인천공항으로 들어오는 것이었다. 한국으로 돌아올 때 쉼 없이 비행기를 바로 갈아타는 스케줄이어서 아이와 함께하기에 무리가 아닐까 걱정됐지만, 모든 구간을 비즈니스석으로 예약하고 나니 마음은 훨씬 편해졌고, 내 인생의 가장 럭셔리한 여행이 될 것이라는 기대감은 더해 갔다.

하지만 7박 9일의 나름 긴 여행 준비를 해야 했고, 가기 전 이것저것 신경 쓸 일도 많아 나는 감기몸살을 심하게 앓았다. 여행 출발 전날까지도 호전되지 않아 결국 병원에서 링거를 맞고 다음 날 오전 공항으로 향했는데, 비행기 좌석을 보자마자 싹 낫는 듯했다.(실제로 싱가포르 도착 다음 날부터 몸이 쌩쌩해지는 놀라움을 경험했다.)

역시 비즈니스석답게 탑승 후 자리에 앉자마자 웰컴 드링크를 받았는데, 종이컵이 아닌 유리잔에 나오는 오렌지 주스라니, 뭔가 대접받는 느낌이었다. 아이도 옆에 앉아 여유롭게 주스를 마시는데, 그 모습이 너무 웃기기도 했고, 마치 다 큰 아이 같아 기분이 묘했다. 이날 비즈니스석이 다행히 만석이 아니어서 승무원의 허락을 받고 아이도 한 자리 차지하고 갈 수 있었고, 덕분에 우리 셋은 편안하고 안락한 비행을 할 수 있었다.

두 다리를 있는 힘껏 쭉 뻗어도 앞에 닿지 않으니 나도 모르게 웃음이

★ **Tip** ★

스톱오버란 비행기를 갈아타는 공항에서 24시간 이상 대기 시간을 갖는 것을 말한다. 보통 저렴한 항공권을 검색하다 보면 경유지를 거치는 티켓을 발견할 수 있는데, 급한 일정이 아니라면 공항에서 지루하게 대기하기보다 경유지를 여행하는 여유를 누려보는 것도 좋다.

+

비즈니스석에 앉으니 오렌지 주스조차 예사롭게 보이지 않는다. 거만한 자세는 당연한 옵션이다.

실실 나왔고, 의자를 편안한 자세로 맞추니 잠까지 솔솔 쏟아졌다. 아이는 승무원 언니가 준 인형과 장난감을 가지고 열심히 놀기도 하고 버튼을 누르면 변신하는 의자를 보며 혼잣말하기도 하며 그렇게 인생 첫 비즈니스석을 몸소 경험하고 있었다.

아이는 새벽부터 나오느라 피곤했던 몸을 더 이상 가눌 수 없었는지 곧 잠이 들어버렸다. 아이가 잠든 걸 확인하고 나니 신기하게도 눈이 말똥말똥해졌다. 참 희한하게도 아이가 잠이 들면 피곤함이 사라지고 기운이 나기 시작한다. 남편은 영화를 즐기려는 나에게 아이가 잘 때 같이 자두는 게 좋을 거라는 의미심장한 말을 남긴 채 바로 취침에 들어갔지만, 나는 쉽사리 잠이 오지 않았다.

이런 멋진 공간에서 너무나 완벽하게 주어진 자유시간이기에 잠으로 시간을 보내기 아쉬웠고, 나는 결국 영화를 보며 즐기는 쪽을 선택했다. 그렇게 시간이 흐르고 얼마 뒤 근사한 코스의 기내식이 나왔다. 전채 요리부터 메인 요리, 디저트, 음료까지 흡사 고급 레스토랑에서 만찬을 먹는 듯한 기분이 들어 너무나 황홀했다. 비즈니스석이 처음이 아니었는데도 탈 때마다 아이처럼 흥분되고 설레는 건 어쩔 수 없나 보다.

들뜬 마음으로 근사한 식사까지 마치고 영화도 한편 봤겠다, 잠시 눈을 붙이려고 이불을 덮으며 눕는데, 아이는 또 타이밍 기가 막히게 눈을 번쩍 뜨며 고개를 든다. 아, 이때의 심정은 정말 말로 표현할 수가 없다. 잠시나마 남편의 충고를 듣지 않은 걸 후회했다.

그래도 아이를 두고 잘 수는 없으니, 승무원에게 아이가 자느라 먹지 못했던 유아식을 가져다달라고 요청해 식사를 하게 해주었다. 그리고 미리 챙겨 간 스티커북과 두들북을 꺼내 함께 붙이고 놀며 나머지 시간을 보냈다. 어느덧 6시간 반을 날아 우리의 첫 목적지인 싱가포르에 도착했다. 너무나도 순조롭게 진행된 비행이라 그런지 본격적인 여행이 시작되기도 전에 기대감이 가득 차오르기 시작했다.

물가 비싼 싱가포르에서 즐기는 공짜 레이저 쇼

7년 만에 방문한 싱가포르는 정말 많이 변해 있었다. 한낮의 뜨거운 햇살과 더위, 그리고 깔끔함은 여전했지만, 싱가포르의 랜드마크로 우뚝 선 마리나베이는 더욱 화려해진 도시의 위엄을 보여주고 있었다. 게다가 마리나베이 샌즈 호텔은 우리나라 쌍용건설이 지었다고 하여 더욱 관심이 모아진 곳인데, 실제로 그 모습을 보니 웅장함에 놀라웠다.

오후에 호텔에 도착한 후 잠시 휴식을 취한 우리는 계획했던 첫 일정을 소화하기 위해 길을 나섰다.

싱가포르는 낮에도 좋지만 밤에 더욱 할 것이 많은 도시다. 시간대별로 각종 레이저 쇼가 펼쳐지는데, 시간만 잘 맞추면 알차게 즐길 수 있어서 나는 여행 오기 전 열심히 검색해 야경 스케줄을 짜두었다. 사진으로만 봤던 멋진 레이저 쇼를 직접 볼 수 있다고 생각하니 몸살마저 싹 낫는 듯했다.

첫 번째 레이저 쇼를 보기 위해 방문한 곳은 바로 가든스 바이 더 베이의 슈퍼트리 가든 랩소디! 가든스 바이 더 베이는 싱가포르 마리나베이에 위치한 큰 공원으로, 부지만 약 100만 제곱미터에 달한다. 규모도 정말 컸지만 볼거리도 많아서 밤이고 낮이고 많은 관광객이 찾는 곳이다.

특히 매일 밤 펼쳐지는 슈퍼트리 가든 랩소디는 여행 전부터 잔뜩 기대했던 레이저 쇼였다. 게다가 입장료도 없고 시간만 잘 맞춰 즐기기만 하면 되니 이 얼마나 좋은가! 물가가 비싼 싱가포르에서 이런 무료 관람 서비스는 상당히 매력적이었다. 싱가포르에 왔다면 꼭 보길 추천한다.

영화 《아바타》의 세계 속으로 뛰어든 것만 같은 몽환적이고 화려한 느낌 가득했던 이곳. 거대한 나무, 말 그대로 여러 개의 슈퍼트리에서 웅장한 음악에 맞춰 형형색색 빛이 뿜어져 나오는데, 입이 다물어지지 않을 만큼 놀라웠고, 여기저기서 감탄사가 쏟아져 나왔다.

밤이 되니 선선한 바람이 뺨을 스쳤고, 믿을 수 없을 만큼 아름다운 쇼를 보고 있자니 과연 내가 현실세계에 존재하고 있는 게 맞나 하는 착각마저 들었다.

"와…… 진짜 너무너무 예쁘다! 장난 아니다, 그렇지?"

가든스 바이 더 베이의 슈퍼트리 가든 랩소디. 웅장한 음악에 맞춰 뿜어져 나오는 빛의
향연은 부산스러운 22개월짜리 아이도 얌전하게 만들 만큼 황홀했다.

나는 흥분을 가라앉히지 못하고 남편에게 말을 걸었는데, 남편은 행여 이 아름다운 모습을 놓칠세라 한 컷 한 컷 숨죽이며 열심히 카메라에 담고 있었다. 아이 역시 난생처음 경험하는 신기한 광경이 놀라운지 부산스럽게 움직이던 걸 멈추고 열심히 바라보고 있었다.

첫날은 그렇게 슈퍼트리 가든 랩소디의 감동을 간직한 채 호텔로 돌아와 푹 쉬었다.

더워도 너무 덥다

싱가포르 여행을 가면 본섬뿐 아니라 센토사 섬에도 들러보는 것이 좋다. 센토사 섬에는 아이와 함께 즐기기 좋은 관광지가 곳곳에 있다. 나는 이러한 곳들의 입장권을 한꺼번에 할인해서 구매하면 조금이나마 비용을 아낄 수 있다는 정보를 입수하고 미리 한국에서 가격을 비교했다. 보통 나나투어와 싱가포르 차이나타운에 있는 씨휠트래블에서 많이 구입하는데, 내가 구입했을 당시에는 씨휠트래블에서 구입하는 것이 더 저렴해서 그곳으로 가기로 결정했다.

호텔에서 조식을 먹은 후 싱가포르의 상징인 머라이언 공원을 구경하는데, 날씨가 너무 더워 숨이 턱턱 막혀온다. 등줄기로 땀이 주르륵 흐르는 게 느껴졌고, 뜨거운 햇살에 그저 그늘로만 숨고 싶은 날씨였다. 아이 역시 유모차에 앉아 다니는데도 금방 얼굴이 발갛게 달아올랐다. 우리는 더 이상은 돌아다닐 수 없을 것 같아서 MRT역 안으로 들어갔다. 시원한 아이스크림 가게에서 휴식을 취하고 나니 조금이나마 살 것 같았다. 우리는 MRT를 타고 차이나타운 역에 내려 할인 입장권을 사기 위해 씨휠트래블로 향했다. 남편이 구입하는 동안 아이는 또 사람들에게 손을 흔드느라 정신이 없다. 한참 손을 흔들며 바이바이를 즐겨 하던 시기라 보는 사람마다 손을 흔들며 눈웃음을 치는데, 다행히 직원들도 웃으며 같이 흔들어 주었다.

이건 꼭 먹어봐야 해, 크랩!

저렴하게 이런저런 입장권을 구입한 뒤 미리 예약해둔 점보 레스토랑으로 향했다. 한국에서 온라인으로 예약해두었는데, 리버사이드 포인트점은 차이나타운에서 걸어가기에도 멀지 않아 열심히 유모차를 끌며 걸었다. 원래는 입장권을 사고 차이나타운도 구경할 생각이었지만, 너무 더운 날씨에 자연스레 포기하게 되었다. 여행이 계획대로 되지 않는 게 하루이틀 일이 아닌 걸 알기에 그리 아쉽지는 않았다. 정말 가보고 싶었던 곳이 아니라면 더더욱! 사소한 것까지 다 아쉬워지는 순간, 그 여행은 그냥 아쉬움으로 끝나기 때문에 되도록이면 어떠한 상황이든 만족하려고 노력한다.

싱가포르에 가면 꼭 먹어야 할 것이 있는데, 바로 크랩이다. 그중에서 많은 체인을 갖고 있는 점보 레스토랑을 제일 많이 가는데, 메뉴는 보통 칠리크랩과 페퍼크랩 중 하나를 선택한다. 우리는 아이가 함께 먹을 것이라 칠리크랩을 선택했고, 볶음밥과 번이라는 작은 빵도 주문했다. 그런데 레스토랑으로 오는 길에 잠이 든 아이가 우리가 식사를 거의 다 할 때까지

점보 레스토랑의 칠리크랩. 싱가포르에 가면 꼭 크랩 요리를 먹어야 한다.

도 깨지 않는 것이 아닌가! 손에 온갖 양념을 다 묻혀가며 먹어야 했기에 아이가 깨어 있었더라면 아이를 챙기기 바빠 둘 중 하나는 힘들었을 텐데, 아이가 자는 덕에 우리는 편히 식사할 수 있었다. 크랩의 살은 잘 발라 따로 덜어 놓은 뒤 아이가 잠에서 깼을 때 볶음밥과 함께 먹였다. 눈을 비비며 일어난 아이는 점심시간이 훨씬 지난 터라 배가 고팠는지 맛있게 잘 먹었다. 이렇게 같은 메뉴로 함께 식사할 수 있다는 사실이 새삼 여행의 편안함을 더해주었다.

배불리 식사를 마친 우리는 호텔에 들어가 잠시 쉬다 나오기로 했다. 역시 시원한 에어컨 바람이 빵빵 나오는 호텔 방이 제일 편한 안식처였고, 여행 중 체력을 충전하기에 더할 나위 없는 장소였다. 그래서 아이와의 여행에서는 숙소의 위치가 굉장히 중요하다. 특히 휴양지가 아닌 관광을 목적으로 하는 여행지에서는 더더욱 교통이 좋은 곳이나 쇼핑몰, 마트 등이 인접한 곳이 좋다. 호텔로 돌아와 샤워를 하고, 침대에서 좀 쉬다 아까 산 할인 입장권을 쫙 펼쳐놓고 사진도 찍었다. '아낀 돈으로 맛있는 것 사 먹어야지' 하며 뿌듯해하기도 했다.

그렇게 낮잠도 자고 쉬다가 오후 일정을 소화하기 위해 호텔을 나와 MRT를 탔다. 우리가 계획한 일정은 가든스 바이 더 베이의 플라워 돔과 클라우드 포레스트 돔을 둘러본 뒤, 싱가포르 플라이어를 타고 야경을 감상하는 것이었다. 새로운 곳에 간다는 설렘과 부푼 마음을 안고 목적지에 거의 다 왔는데, 남편의 질문 한마디에 난 머리에 뭔가를 맞은 것처럼 갑자기 몽롱한 상태가 되었다.

"자기야, 입장권 잘 챙겼지?"

"응……?"

가져온 것 같기도 하고 안 가져온 것 같기도 한 이 느낌은 뭐지? 뭔가 싸하게 지나가면서 오금이 저려왔다. 식은땀이 나는 것 같기도 했고, 확실하게 대답을 못 하는 내가 참 원망스러웠다. 나는 가방을 뒤지기 시작했고, 점점 나의 직감이 맞아떨어지자 남편의 눈을 똑바로 바라볼 수 없었다.

"자기야, 망했어. 어떻게 하지?"

남편의 망연자실한 표정에 나는 너무 미안해 아무 말도 할 수 없었지만,

이 현실을 받아들일 수밖에 없었다. 다시 같이 호텔로 가서 표를 가져오자니 교통비도 더 들고, 괜히 셋이 고생하느니 한 명만 고생하는 게 나을 것 같아 남편 혼자 호텔에 다녀오기로 했다. 뒤돌아 쓸쓸하게 걸어가는 모습이 어찌나 짠해 보이던지 너무나 미안한 마음이 들었다. 더운 날씨에 고생하게 한 것이 미안한 건 물론이고, 시간까지 꼬여버려 가든스 바이 더 베이의 돔 구경은 다음 날 오전으로 미룰 수밖에 없었다.

나는 아이와 함께 싱가포르 플라이어로 먼저 가 입구에서 기다리고 있었다. 남편은 입장권을 들고 거의 1시간 뒤에야 나타났고, 온몸은 땀으로 젖어 있었다. 가뜩이나 땀도 많은데 내가 너무 고생시킨 것 같아 아무 말도 건넬 수가 없었다. 그래도 너무 궁금해 대체 어디 있었냐고 물으니 침대 위에 아주 예쁘게 쫙 펼쳐져 있었다며 어이없다는 듯 웃는 남편.

'아, 뭐하러 사진은 찍겠다고 가방에서 꺼내서는…….'

이미 후회하기엔 엎질러진 물이었다. 우직하게 뒤처리해준 남편에게 참 미안하고 고마운 순간이었다.

한 바퀴만 더 돌면 안 돼?

우리는 아무 일 없었다는 듯 싱가포르 플라이어에 몸을 실었다. 아이는 뭔가 크고 신기한 걸 타니 그저 신나서 웃으며 뛰어다녔고, 나는 같이 탄 사람들에게 민폐가 될까 봐 얼른 가방에서 꺼낸 젤리로 아이를 유혹했다. 젤리를 본 아이는 순한 양이 된 것처럼 자리에 앉아 얌전히 받아먹었으나, 젤리를 다 먹으면 또 마구 돌아다녔다. 도저히 안 되겠다 싶어 간신히 아이를 타일러 한쪽에 섰고, 함께 저녁노을이 드리우는 싱가포르

+

싱가포르 플라이어에서 내내 뛰어다니던 다은이가 어느 순간 저녁노을이 지는 풍경을
감상하고 있었다.

+

10개월 뒤 다시 싱가포르를 찾았을 때는 싱가포르 플라이어에서 아름다운 야경을 볼 수
있었다.

의 전경을 감상했다.

높이 165미터로 세계에서 가장 큰 대관람차인 싱가포르 플라이어는 28인승 캡슐이 28개가 있어 동시에 최대 780명을 태울 수 있다고 한다. 내부는 상당히 넓고 움직임도 전혀 느껴지지 않는다. 해가 지며 오렌지빛으로 물들고 있는 싱가포르의 모습을 보고 있자니 그저 감탄사만 흘러나왔다. 아이는 높은 곳에 올라가는데도 예상외로 전혀 무서워하지 않고 풍경을 즐기는 듯했다. 그렇게 30분 정도 돌고 나니 내려야 할 때가 다가왔고, 너무 아쉬워 남편에게 한마디 건넸다.

"나, 한 바퀴만 더 돌면 안 돼?"

저 여자를 어떻게 해야 하나 하는 남편의 표정에 얼른 내리긴 했지만.

계단을 오르내리며 감상한 레이저 쇼

그다음에는 마리나베이 샌즈 레이저 쇼를 즐기러 갔다. 고급스럽고 전망 좋은 레스토랑과 명품 브랜드들이 입점해 있는 쇼핑몰과 함께 마리나베이의 상징이 된 마리나베이 샌즈 호텔은 싱가포르를 방문하는 사람이라면 누구나 한 번쯤은 묵어보고 싶어 하는 곳이다. 나 역시 그랬지만, 가격이 너무 비싸 망설이다 포기했다. 싱가포르 여행에 바로 이어진 몰디브 여행만 아니었다면 욕심을 내봤겠지만, 다음 기회로 미룰 수밖에 없었다.

우리는 레이저 쇼가 가장 잘 보이는 곳으로 자리를 잡았다. 약 15분간 진행되는 이 레이저 쇼는 머라이언 공원 쪽에서 보는 걸 추천한다. 사실 어디서 봐도 예쁘긴 하지만.

높은 빌딩 숲 사이로 불빛들은 반짝거리고 하늘에는 음악에 맞춰 오색 찬란한 빛이 춤추는 이 순간이 마냥 여유롭고 행복하게 느껴졌다. 하지만 그 여유는 그리 오래가지 못했다. 아이는 어느새 유모차에서 탈출해 옆에 있는 계단을 오르고 있었고, 기분이 좋아 상당히 흥분한 상태였다.

"다은아, 어디 가! 가만히 있어!"

"까르르르."

남편과 나는 깜짝 놀라 다급하게 소리치며 쫓아갔다. 아이는 흥에 겨워 한 발 한 발 위태롭게 계단을 오르고 있었고, 아무리 안고 내려오려고 해도 강하게 거부하며 싫다고 고집을 부렸다. 아이는 화려하고 멋진 레이저 쇼 따위는 관심 없다는 듯 그저 음악에 맞춰 열심히 계단을 오르락내리락 할 뿐이었고, 우리는 할 수 없이 한 명씩 교대하며 전담 마크해야 했다.

선선한 밤에 이렇게 땀을 빼고 있자니, '이 좋은 데 와서 왜 이러고 있어야 하나' 하는 생각에 너무 어이가 없었다. 하지만 깔깔대며 해맑게 웃는 아이의 행복한 표정을 보니 순간 또 아차 싶었다. 우리가 원하는 게 아이와 같을 수 없음을 깨달으며 다음부턴 아이가 좀 더 즐겁게 놀 수 있도록 도와줘야겠다는 생각이 들었다.

아이는 그렇게 레이저 쇼가 끝날 때까지 쉼 없이 계단을 오르락내리락 했다. 하지만 남편과 나는 여행하며 얻은 소중한 깨달음 덕에 이 밤이 그리 힘들지 않게 느껴졌다.

마리나베이 샌즈의 레이저 쇼. 이 좋은 걸 계단을 오르내리며 보는 꼴이라니!
그래도 아이가 즐거워했으니 그걸로 됐다.

짧게 머물러 아쉬웠던
센토사 섬

싱가포르 본섬에서 남쪽으로 떨어져 있는 센토사 섬은 싱가포르의 유명한 휴양지다. 많은 사람의 추천으로 우리도 센토사 섬에서 1박을 하기로 결정했는데, 결론적으로 너무 짧고 아쉬운 일정이었다.

비가 와도 괜찮아, 리조트 월드 센토사!

우리는 리조트 월드 센토사에 위치한 일곱 개의 호텔 중 하나인 페스티브 호텔에 묵었는데, 아이를 동반한 가족 여행객에게 적합하다는 평을 받는 곳이었다. 우리가 예약한 디럭스 패밀리 룸은 부모와 아이의 공간이 분리되어 있었지만, 아쉽게도 22개월 아이를 혼자 재우기엔 힘든 2층 침대였다. 그래도 한번 올라가보자는 생각에 사다리에 발을 살포시 얹는데, 아이가 그 모습을 보고는 자기도 올라가겠다며 다가온다. 경사가 있

리조트 월드 센토사에서는 비가 와도 다양한 것을 보고 즐길 수 있다.

비가 내린 덕에 센토사 아쿠아리움에서 멋진 시간을 보낼 수 있었다.

어 안고 오르기는 힘들 것 같아 올라가면 안 되는 곳이라고 타일렀고, 나 역시 그 이후부터는 아예 오를 시도도 안 했다. 혹시라도 아이가 몰래 오르다 떨어질까 봐 사다리 앞을 캐리어로 막아놔야 했지만, 아이가 어느 정도 큰 후 왔더라면 아주 재미있어 했을 방이다.

리조트 월드 센토사는 복합 리조트라고 볼 수 있는데, 7개의 디자인 호텔은 물론 분위기 좋은 레스토랑과 상점, 카지노, 수족관, 유니버설 스튜디오 싱가포르까지 있어 다양한 경험을 하며 시간을 보낼 수 있는 곳이다. 일부 거리에는 아케이드가 설치되어 있어 비가 오더라도 전혀 문제가 없었다. 실제로 센토사를 떠나던 날 아쉽게도 오전부터 반나절 정도 비가 많이 내려 계획했던 비치 투어 등 외부 관광은 못 갔지만, 리조트 월드 센토사 내에 있던 S.E.A. 아쿠아리움이나 상점 등을 돌며 아이와 함께 시간을 보낼 수 있었다.

수영장에서 물 먹은 다은이, 물이 무서워!

호텔 방에서 에어컨 바람을 맞으며 더위를 식히다 밖을 내다보니, 수영장이 자꾸 눈에 들어온다. 다음 목적지인 몰디브에서 물놀이를 할 거라 싱가포르에서는 물놀이를 할 계획이 전혀 없었다. 그래서 전 호텔에서도 물놀이를 안 했는데, 지금 마땅히 할 게 없고 아이 낮잠 시간도 아니다 보니 고민이 되었다. 아이가 심심해하니 일단 수영장에 들어가는 쪽으로 남편과 합의는 보았는데, 이번엔 튜브가 문제였다. 나는 해주자는 쪽이었고, 남편은 잠깐 놀다 올 거니까 옆에서 잘 봐주면 괜찮을 거라고 했다. 남편의 말이 내키진 않았지만, 바람 넣고 빼는 것도 귀찮은 일이라 의견에

계획에 없던 물놀이도 하게 만든 페스티브 호텔의 수영장.

너무나 즐겁게 놀던 호텔 수영장에 빠져 물을 먹은 다은이는 이후 몇 달 동안 물놀이를
거부했다.

따르기로 하고, 수영복으로 갈아입고 밖으로 나갔다.

수영장으로 내려오니 깊은 메인 수영장 외에 수심이 얕은 유아 수영장도 있었고, 첨벙거리며 놀 수 있는 미니 놀이터도 있었다. 물줄기가 생각보다 차가웠지만, 싱가포르의 뜨거운 더위를 식혀주기에 충분했다. 아이는 예상대로 너무 신나서 까르르 소리를 지르며 뛰어다녔다. 여기저기서 뿜어져 나오는 물을 맞으며 좋아서 어쩔 줄 몰라 하는데, 그 모습을 보고 있자니 남편과 고민했던 시간조차 아까웠다.

제대로 놀게 해주고 싶어 아이를 데리고 유아 수영장으로 들어갔다. 수심은 22개월 아이의 허리 정도로 매우 낮았고, 우리는 아이를 돌보느라 계속 허리를 숙인 채 아이의 손을 잡아줘야만 했다. 보행기 튜브를 타고 놀게 했더라면 덜 힘들었을 텐데 하는 생각이 잠시 들었지만, 이왕 이렇게 된 거 즐겁게 놀자고 생각했다. 아이는 물을 그리 좋아하는 편은 아니었지만, 그동안 수영장을 많이 다니며 놀아봤던 터라 물에 대한 거부감은 없었다. 신나서 첨벙거리며 유아 수영장을 열심히 걸어 다니던 아이가 잡은 손을 자꾸만 뿌리친다. 다른 아이들이 혼자서도 잘 걸어 다니며 노는 모습을 보니 자기도 그러고 싶었던 모양이다. 우리는 아이가 원하는 대로 손을 놓고 가까이에서 지켜보기로 했다. 아이는 호기심 가득한 눈빛으로 조심조심 걸어 다니며 즐겁게 놀았다. 그러다 아차 하는 순간 미끄러져 물속으로 또르르 들어가버렸다.

순간 너무 놀라 외마디 비명조차 나오지 않았다. 얼른 일으켜 세웠지만, 이미 물을 많이 먹은 아이는 내 품에 안겨 콜록콜록 기침을 해댔다. 아이에게 너무 미안한 동시에 남편이 원망스러워졌다.

"그냥 내 말대로 튜브 해주자니까, 이게 뭐야!"

아이는 잠시 뒤 안정을 찾았지만, 다시 물에 들어가려고 하지 않았다. 괜찮다고 몇 번을 말해주고 안고 들어가려고 해도 싫다고 몸부림치는 아이. 재미있게 오후를 보내려다 아이에게 물 공포심만 안겨준 수영장이 원망스러웠다. 아니, 정확히 말하자면, 제대로 아이를 돌보지 못한 우리가 원망스러웠던 오후였다.

아이의 물 공포증은 다음 여행지인 몰디브는 물론, 그 후에도 몇 달 동안이나 지속되었다. 아이는 나중에 국내 어느 호텔 수영장에서 아빠의 품에 안겨 간신히 물 공포증을 이겨낼 수 있었다. 이 사건 이후로 우리는 물에 들어갈 때 절대 아이의 몸에서 튜브를 빼지 않았다.

엄마와 다시 찾은
싱가포르

아이와 싱가포르 여행을 다녀온 뒤 싱가포르의 매력에 빠져 조만간 다시 가고 싶다며 노래를 불렀는데, 나의 그 바람을 하늘에서 알아주기라도 한 듯 운 좋게 10개월 후 꿈이 이루어졌다. 이번엔 남편과 아이와 함께 가는 여행이 아니라 친정엄마와 아이와 함께하는 모녀 3대의 여행이었기에 그 느낌은 더욱 새로웠다.

아버지를 모시고 가지 못해 죄송했지만, 여자 셋이 떠날 생각에 너무 설렜다. 하지만 엄마와 아이를 내가 모두 책임져야 한다는 의무감에 부담이 되기도 했다. 아이는 그저 외할머니와 비행기 타고 여행 간다며 좋아했고, 32개월이 되니 폭발적으로 늘어난 언어로 본인의 의사를 속사포처럼 전달하기 바빴다.

아침 9시 비행기라 집에서 새벽 6시에는 나와야 했는데, 이른 시간에 나와야 할 땐 전날 밤 아이의 옷을 아예 외출복으로 갈아입히고 재우면 편하다. 그대로 안고 나오기만 하면 되니, 출발하기 전 바로 깨워서 거의 납치하듯 데리고 나왔다. 아이는 비행기에서 잘 먹고 자고 놀며 버텨줬고, 10개월 만에 다시 찾은 싱가포르는 그저 반갑기만 했다.

이번 여행에서는 친정엄마와 아이와 함께 편히 다니기 위해 택시만 이용하기로 했다. 그저 편안하게 즐기고 오자는 여행 콘셉트를 최대한 지킬 생각이었다. 공항에서 우리가 묵을 그랜드파크 시티 홀 호텔까지 30분 정도를 달려 도착했다.

거의 15년 만에 싱가포르에 온 엄마는 많은 변화를 느끼신 듯했다. 우리의 첫 관광지는 싱가포르의 아름다운 야경을 볼 수 있는 싱가포르 플라이어였다. 엄마에게 멋진 풍경을 보여드리고 싶어 그곳을 선택했고, 기가 막히게 타이밍을 맞춰 아름다운 야경을 볼 수 있었다. 여전히 반짝반짝 황홀하게 빛나고 있는 싱가포르 시내를 내려다보고 있자니 가슴이 벅차올랐다. 사랑하는 사람들과 함께여서 더욱 행복했다.

아이는 무슨 생각을 하는지 초롱초롱한 눈망울로 한참 동안 풍경을 바라보고 있었다. 확실히 10개월 전보다 많이 자라고 의젓해져 있었다. 엄마 역시 환한 미소를 보이고 계셨고, 난 그 모습에 마치 내 아이의 미소를 보는 것처럼 뿌듯하고 감사했다. 진작 이렇게 함께 여행을 올 걸, 왜 이리 오래 걸린 걸까 싶었지만, 더 늦지 않았음을 다행이라 여기기로 했다.

이 여행에서 친정엄마와 아이를 보호하면서 여행의 책임자 역할을 해야 한다는 의무감에 긴장했었는데, 하루 만에 그건 나의 기우였음을 깨달았다. 오히려 엄마가 아이를 잘 보살펴주셔서 여행에 온전히 집중할 수 있었고, 그래서 더 편하고 알찬 여행이 될 수 있었다. 친정엄마 역시 아이(딸과 손녀)와 함께하는 특별한 여행을 행복하게 즐기셨을 거라고 생각한다.

동물원에서 치타와 마주치다

　　　다음 날 오전, 서둘러 조식을 먹은 뒤 싱가포르 동물원으로 향했다. 호텔에서 택시로 30분 정도 거리다. 보통 싱가포르에 오면 주롱 새공원이나 나이트 사파리 등도 많이 가는데, 일정이 허락한다면 표를 함께 묶어서 구입하면 더 저렴해진다. 우리는 싱가포르 동물원만 둘러보기로 했는데, 여기만 보는 데도 반나절이 걸렸다.

　32개월의 아이는 열심히 걸으며 동물원을 누볐고, 다리가 아프면 알아서 유모차에 타기도 했다. 예전엔 일일이 다 안아서 태워야 했는데 이제 직접 유모차에 앉으니 다 키웠다는 말이 절로 나왔다. 나는 매표소에서 받은 지도를 보며 다양한 쇼 시간에 맞춰 동선을 짰다. 동물원이 워낙 넓어서 중간중간 이동할 때는 트램을 타 체력을 아꼈는데, 트램에서 맞는 시원한 바람이 더위를 식혀주었다.

　마침 오랑우탄 먹이 주는 시간이어서 우리는 함께 구경하며 사진도 찍었다. 좀 높은 곳에서 봐야 하는 동물들은 아이를 안아서 보여줘도 한계가 있었는데, 그럴 때면 남편의 부재가 아쉽게만 느껴진다. 함께 왔더라면 언제나 그렇듯 목말 태워 다니며 잘 보여줬을 텐데……

　어느 정도 둘러본 뒤 아이에게 더 보고 싶은 동물이 있는지 물었다.

　"기린이랑 얼룩말 보고 싶어."

아까 봤는데 너무 좋았던지 또 보고 싶다고 해서 그쪽으로 이동하는데, 날씨가 심상치 않더니 비가 내리기 시작한다. 괜찮겠지 싶어 그냥 걸어가는데, 순식간에 굵은 장대비로 변해버리는 것이 아닌가! 우린 속수무책으로 당할 수밖에 없었고, 일단 보이는 큰 나무 아래에 숨어 엄마가 가져온 양산 속으로 몸을 피했다. 우리는 그나마 덜 젖었지만 유모차는 그대로 비를 맞고 있었고, 비는 20분 정도 계속 내렸다. 비가 조금 잦아들자 우리는 비를 피하기 위해 지붕이 있는 어딘가로 향했다. 이미 그곳엔 많은 사람이 비를 피해 들어와 있었는데, 튼튼한 유리 벽으로 막혀 있는 그곳은 자세히 보니 치타를 볼 수 있는 곳이었다.

잘됐다 싶어 아이와 치타를 구경하려고 유리 벽 앞에 서 있는데, 갑자

싱가포르에서는 갑작스레 쏟아지는 비를 자주 만날 수 있다.

기 치타가 저 멀리서 유리 벽을 향해 마구 장난치며 달려온다. 나는 사진을 찍어보려고 정신없이 셔터를 눌러댔는데, 속도를 조절하지 못한 치타가 유리 벽에 꽝 하고 부딪히는 소리와 함께 아이의 비명과 울음소리가 들렸다. 유리 벽이 있어 괜찮다고 인지한 어른과 달리, 아이는 치타가 자신을 향해 달려왔다 생각하며 놀란 것이다. 결국 무방비 상태로 뒷걸음질 치며 도망치다 나자빠지고 만 아이.

"어머, 다은아! 괜찮아?"

나도 너무 놀라 소리쳤고, 아이는 그저 벌벌 떨며 울고 있었다.

"으앙, 으앙……. 엄마, 엉엉!"

너무 놀랐을 아이가 걱정되어 얼른 일으켜 안아 괜찮다고 달래주었지

싱가포르 동물원에서는 각 동물의 쇼 시간에 맞추어 동선을 짜는 것이 좋다. 사진은 아시아코끼리의 쇼 타임.

151

만, 아이는 쉽사리 울음을 그치지 못했다. 그저 치타가 신기해 지켜보느라 옆에 있는 아이를 신경 쓰지 못해 너무 미안했고, 친정엄마 역시 멀리서 뛰어오시며 '애 안 보고 뭐 했냐고' 꾸중하셨다. 옆에서 지켜보던 한국 사람들도 아이가 괜찮은지 물어봐주었고, 아이는 다행히 이내 진정되었다. 너무 순식간에 벌어진 일이라 나도 손을 쓸 수 없었지만, 아이가 놀랐을 걸 생각하니 너무 안타깝고 미안했다.

아이는 싱가포르에 다녀온 후에도 이 기억이 오래 남았는지 한동안 사람들을 만날 때마다 이렇게 말했다.

"동물원에서 호랑이가 다은이를 '앙!' 잡아먹으려고 했어."

비바람에 생명의 위협을 느끼다

안전하고 쾌적하기로 소문난 나라 싱가포르는 여자 혼자 다녀도 괜찮은 여행지다. 범죄율도 매우 낮은 편이고, 밤에 돌아다녀도 사람이 많아 전혀 무섭거나 긴장되지 않는 곳이었다. 하지만 우리는 이곳에서 생명의 위협을 느끼고 돌아왔다.

오전부터 비가 확 쏟아졌다가 그치기를 반복해 우리를 고민에 빠뜨렸다. 이날은 싱가포르의 2층 관광버스인 히포 버스를 타고 싱가포르를 구석구석 구경하고, 보타닉 가든의 근사한 식당에서 점심도 먹을 예정이었다. 비가 좀 잦아드는 것 같아 히포 버스 타는 곳으로 가 표를 구입했다. 마침 우리가 여행했던 날짜가 싱가포르 리콴유 전 총리의 국장 기간과 겹친 데다 당일엔 장례식 일정이 있었던 터라 일부 도로가 통제된다고 했다. 그래도 타겠냐고 묻기에 나는 타겠다고 했고, 어차피 보타닉 가든을 최종 목적지로 정해 다녀올 계획이었기에 개의치 않았다.

히포 버스의 노선은 총 3가지가 있는데, 각 노선별로 특색이 있고 경로가 다르면서도 겹치는 부분이 있다. 표를 구입하면 24시간 동안 마음대로 이용할 수 있는데, 관광도 하고 교통비도 절약할 수 있어 계획만 잘 짜면 여기저기 다니기에 참 괜찮다. 우리는 설레는 마음으로 버스에 올랐고, 오픈된 2층으로 올라갔다. 위에 차양이 있는 좌석은 이미 만석이어서 우리는 바로 그 앞에 자리를 잡고 앉았다. 좌석은 2-2 배열이라 친정엄마와 아이가 나란히 앉고 나는 옆쪽 자리에 혼자 앉았다. 유모차를 접어 내려놓고 혹시 몰라 아이에게 우비를 입히고 나도 우비를 입었다.

비는 분무기로 뿌리듯 살짝 내리고 있었다. 1층으로 내려갈까 잠시 고민했지만, 2층에서 즐기고 싶은 마음에 그냥 있기로 했다. 그런데 차가 서서히 움직이기 시작하는 순간, 거짓말처럼 갑자기 폭우가 쏟아지는 게 아닌가! 어쩜 타이밍도 이렇게 기가 막힌 건지.

비가 쏟아지자 앞에 앉은 외국인 세 명은 급히 아래로 뛰어 내려갔다. 우리도 무리해서라도 그 사람들을 따라 내려갔어야만 했다. 하지만 비가 갑자기 퍼붓고 버스도 움직이기 시작해 결국 기회를 놓치고 말았다.

하필 버스 진행 반대 방향으로 거센 바람까지 불어 장대같이 쏟아지는 비가 더욱 거세게 느껴졌다. 엄마는 아이를 꼭 끌어안은 채 양산으로 비를 피하고 계셨다. 비도 비지만 바람이 너무 강하게 불어, 무엇 하나로도 막지 못했던 나는 눈조차 제대로 뜰 수 없었고, 숨이 멎는 것만 같았다.(이 숨이 멎을 것 같은 느낌을 말로 표현하기가 참 어려운데, 비유하자면 커다란 선풍기를 강하게 틀어놓고 그 앞에 바짝 얼굴을 대고 앉아 있는 기분이랄까? 게다가 물까지 퍼붓고!) 진짜 이러다 죽겠구나 싶을 정도로 숨이 거칠어졌다.

히포 버스. 2층에 앉았다가 몰아치는 비바람에 죽을 뻔했다. 비가 오면 망설이지 말고 1층으로 내려가야 한다.

버스가 속력을 낼수록 바람과 비는 더욱 거세게 몰아쳤고, 나는 도저히 안 될 것 같아 엄마의 양산 밑으로 들어갔다. 일단 비 맞는 건 똑같아도 바람을 조금이나마 피할 수 있어 숨이 쉬어지니 다행이었다. 우리는 행여나 아이가 놀랄까 봐 꼭 끌어안고 버텼다. 뒤에 앉은 사람들도 어이없다는 듯 웃으며 온몸으로 비와 바람을 받아내고 있었다. 그야말로 모두 꼴이 말이 아니었다. 차양이 있든 없든 도긴개긴이었고, 다들 물에 빠진 생쥐마냥 젖고 바닥도 물로 흥건해졌다. 다음 정류장에서 무조건 뛰어내릴 생각이었기에 버스가 빨리 멈추길 바랐지만, 버스는 꽤 오랜 시간이 지나도록 멈추지 않고 달렸다. 15분 정도 그렇게 생명의 위협을 느낄 만큼 비를 맞은 우리는 비로소 마리나베이 샌즈 호텔 앞에서 내릴 수 있었다. 그 짧디짧은 시간이 악몽과도 같았다.

버스에서 내리는 순간, 우리는 안도의 한숨을 내쉬었다. 건물 안으로 들어와 서로의 몰골을 바라보니 정말 눈물이 날 지경이었다. 속옷까지 젖어 온몸은 찝찝했고, 그 모습을 보며 엄마와 나는 허탈하면서도 너무 웃겨 한참을 멍하니 서 있었다.

"이게 뭐니?"

"그러게. 진짜 운도 없어. 아, 어떻게 해!"

이 상태로는 도저히 어디도 갈 수 없을 것 같았고, 아이가 혹시 감기라도 들까 봐 서둘러 택시를 타고 호텔로 돌아왔다. 방에 들어오자마자 개운하게 샤워하고 마음을 진정시킨 후 아까 있던 일을 다시 이야기하는데 그저 웃음만 나왔다. 우리는 정말 운이 없어도 너무 없었다며 서로를 위로했다. 엄마의 양산이 없었더라면 우리 모두 더 힘들었을 텐데 그나마 불행 중 다행이었다.

나는 이 일을 통해 모든 사건은 순간의 그릇된 판단에서 시작된다는 걸 절실히 깨달았다. 비가 조금이라도 오면 애당초 가지 말았어야 했는데, 모두 내 잘못인 것 같아 엄마와 아이에게 많이 미안했다. 여행을 다녀온 후 두고두고 웃으며 말할 큰 추억거리가 생기긴 했지만, 두 번 다시 겪고 싶지 않은 경험이었다.

안녕, 싱가포르!

내가 싱가포르를 좋아하는 가장 큰 이유는 야경이 아름답고 밤에도 즐길 거리가 많기 때문이다. 남편에게도 종종 싱가포르에서 살고 싶다고 말할 정도인데, 정말 몇 년만이라도 살다 오고 싶은 바람이다.

지난 싱가포르 여행에서도 다양한 곳에서 아름다운 야경을 즐겼지만, 이번 여행에서는 더욱 특별한 계획을 세웠다. 비용이 들더라도 엄마에게 근사한 식사를 하면서 레이저 쇼 시간에 맞춰 멋진 야경을 보는 기회를 만들어드리고 싶어 분위기 좋은 레스토랑을 두 곳 예약했다.

첫날 저녁에는 싱가포르에 왔다면 꼭 먹어야 할 칠리크랩을 먹었고, 둘째 날 저녁에는 마리나베이 샌즈 호텔 57층에 위치한 '스카이온 57'이라는 레스토랑에 갔다. 이 호텔 안에는 처음 들어와봤는데, 예약 시간까지 조금 여유가 있어서 호텔 이곳저곳을 구경하고 아이와 술래잡기도 하며 시간을 보냈다. 아이는 외할머니가 함께 놀아주니 신나서 웃느라 숨이 넘어갈 지경이었다.

예약 시간인 6시 15분에 얼추 맞춰 레스토랑으로 올라가니 직원이 대기 좌석으로 안내해주고는 아이 먹으라고 감자 칩을 가져다주었다. 잠시 앉아 기다리며 주변을 살피니 야외 좌석에서 칵테일을 마시는 사람들이 보였고, 뒤쪽으로 근사한 풍경이 눈에 들어왔다. 또 같은 57층에 있는 마리나베이 샌즈 호텔의 유명한 루프 탑 인피니티 수영장이 보였다. 수영장엔 꽤 많은 사람이 있었다. 이번에는 호텔 수영장에서 시간을 보내지 못한 터라 바라보고 있자니 부럽기도 했다.

어느덧 시간이 다 되어 예약된 좌석으로 안내를 받은 우리는 스테이크와 스파게티를 주문했다. 음식이 준비되는 동안 직원들은 자주 오가며 아이에게 다가와 볼을 쓰다듬고 놀아주었고, 아이는 이제 그런 걸 즐기는 듯했다. 여행하며 자주 느끼는 거지만, 아이는 아무에게나 스스럼없이 잘 다가가는 편이고, 혹여 누가 먼저 관심이라도 가져주면 이때다 싶을 만큼 즐기곤 했다. 누굴 닮아 친화력이 이리 좋은지 모르겠지만, 긍정적으로 생각하기로 했다.

잠시 후, 식전 빵이 나와 맛있게 먹고 있는데, 아이는 테이블에 놓여 있는 리넨을 머리에 쓰려고 안간힘을 쓴다. 낑낑대는 모습이 너무 웃겨 리넨을 삼각형으로 접어 성냥팔이 소녀처럼 머리에 묶어주니 아이도 만족스러운지 계속 나와 엄마를 번갈아 보며 웃고만 있다. 사소한 것 하나라도 장난감으로 승화시켜 버리는 아이! 참 심심할 틈이 없겠다 싶었다.

근사한 음식이 준비되었고, 역시나 예상대로 맛도 좋았다. 집에서 고기 반찬 해주면 잘 안 먹던 아이인데, 스테이크를 썰어주기가 무섭게 입에 가져간다. 심지어 빨리 달라고 아우성까지 쳤다.

"엄마, 다은이 봐봐. 얘, 왜 이래?"

"애도 맛있고 좋은 건 다 안다"라며 무심한 듯 대답하는 엄마. 32개월의 아이는 어느덧 먹는 것까지 한 사람 몫을 톡톡히 하고 있었다.

식사를 마치고 나니 어느덧 밖은 어두워졌다. 우리는 테라스로 나가 마리나베이 샌즈 레이저 쇼가 시작하길 기다리며 야경을 즐겼다. 고층 건물에서 아무런 방해 없이 바라보는 싱가포르의 야경은 그야말로 화려하고 눈물 나게 아름다워 온몸에 전율이 느껴졌다. 분명 같은 곳이지만 각기 다른 장소에서 바라보는 야경은 모두 새로웠으며, 느껴지는 감정 또한 달랐다. 10개월 전에 느꼈던 감정과도 분명 달랐고.

같은 곳을 여행하더라도 사람마다 느끼는 감정이 다르듯, 어느 곳에서 본 야경이 더 좋다고 말할 수는 있겠지만 그게 정답이라고 단정 지을 수는 없을 것 같다. 어디까지나 자신이 가장 좋다고 느꼈던 곳이 제일 멋진 곳이 아닐까?

떠나기 전날 밤에는 10개월 전 묵었던 스위소텔 스탬포드 호텔 69층에

마리나베이 샌즈 호텔 57층에 위치한 '스카이온 57' 레스토랑의 테라스에서 멋진 야경
을 볼 수 있다.

'스카이온 57' 레스토랑의 테라스에서 야경을 보고 있는 다은이. 10개월 전과 현재의 다
은이는 싱가포르라는 여행지를 전혀 다른 이미지로 기억할 것이다.

위치한 '에퀴녹스' 레스토랑에 갔는데, 그곳에서 바라보는 야경 또한 장관
이었다. 좀 더 높은 곳에서 근사한 음식을 먹으며 야경을 바라보니 또 다
른 감동이 밀려왔다. 그렇게 싱가포르 여행은 마지막을 향해 달려가고 있
었다.

비록 레스토랑에서 식사하며 레이저 쇼를 보는 계획은 국장 기간이라
모든 레이저 쇼가 중단되는 바람에 실패했지만, 그래도 싱가포르는 여전
히 빛나고 있었다. 언제가 될지 모르겠지만, 나중에 다시 찾을 싱가포르
역시 지금과는 또 다른 감동을 선사해줄 것이라는 생각에 벌써부터 기대
감이 가득 차오른다.

❋ 싱가포르의 야경 명소

아이와 함께 여행하다 보면 수면 패턴 때문에 야경을 즐기기가 쉽지 않을 때도 있다. 더욱이 밤에 일찍 잠드는 아이라면 더 고민이 되기 마련이다. 그래도 시간을 잘 맞춰 동선을 짜거나 저녁 식사를 하며 야경을 보면 그리 늦은 시간까지 기다리지 않아도 된다. 아니면 유모차에 아이를 재운 뒤 부부 둘만의 시간을 가져도 좋다. 아이와 함께 야경 보기 좋은 곳을 추천한다.

1. 싱가포르 플라이어

세계 최대의 대관람차인 싱가포르 플라이어는 한 바퀴 도는 데 30분 정도 걸린다. 실제로 움직임이 거의 느껴지지 않아 무섭지도 않고, 아이와 함께하기 더없이 좋은 야경 장소다. 미리 예약할 수도 있지만 현장에서 구입해도 무방하다. 추천 탑승 시간은 저녁 7시 전후로, 이때 탑승하면 마리나베이의 마천루에 불이 켜지기 시작하는, 일명 '매직 아워'와 함께 야경을 감상할 수 있다.

- 홈페이지 http://www.singaporeflyer.com

2. 가든스 바이 더 베이 슈퍼트리 가든 랩소디

가든스 바이 더 베이는 마리나베이 샌즈에 위치한 초대형 식물원으로, 25만 종 이상의 식물을 보유하고 있다고 한다. 밤에는 무료로 진행되는 레이저 쇼인 슈퍼트리 가든 랩소디를 즐길 수 있는데, 시작 시간보다 조금 일찍 가 좋은 자리를 차지하는 게 좋다. 돗자리 같은 것이 있다면 깔고 누워서 보는 걸 가장 추천한다.

- 시간 : 저녁 7시 45분, 8시 45분
- 홈페이지 http://www.gardensbythebay.com.sg

3. 마리나베이 샌즈 레이저 쇼

마리나베이 샌즈 호텔에서 진행되는 레이저 쇼로, 웅장한 음악에 맞춰 쇼가 진행된다. 맞은편에서 보는 게 제일 좋고, 특히 머라이언 공원 쪽에서 바라보는 게 가장 멋지다는 의견이 많으니 참고할 것!

- 시간 : 일~목요일 저녁 8시, 9시 반 / 금~토요일 저녁 8시, 9시 반, 11시

4. 리버크루즈

시원한 강바람을 맞으면서 싱가포르의 도심을 유유히 지나며 야경을 감상하기 좋은데, 마리나
베이 샌즈 레이저 쇼 시간에 맞춰 타는 걸 추천한다. 요금은 조금 더 비싸지만 멋진 경험이 될
것이고, 아이도 즐거워할 것이다.

· 홈페이지 http://www.rivercruise.com.sg

5. 스카이 온 57

마리나베이 샌즈 호텔에는 많은 레스토랑이 있는
데, 가장 높은 57층에 위치한 곳으로 근사한 저녁
식사와 함께 칵테일도 즐기기 좋은 곳이다. 덤으
로 야외에서 바라보는 야경은 선물과도 같다.
http://www.marinabaysands.com에서 예
약 및 메뉴 등을 확인할 수 있으며, 레스토랑
이 부담스럽다면 같은 층에 위치한 '샌즈 스
카이파크 전망대'를 이용해도 좋다. http://
ko.marinabaysands.com/sands-skypark.
html에서 입장권 가격과 구매처 등을 확인할 수
있다.

6. 에퀴녹스

스위소텔 스탬포드 호텔 69층에 위치한 레스토
랑으로, 높은 층 덕에 한눈에 싱가포르의 전경
을 감상할 수 있다. 유리를 통해 봐야 하는 것이
아쉽긴 하나, 그마저도 단점이 되지 않는 곳. 드
레스 코드가 있는데, 스마트 캐주얼 정도면 된
다.(반바지보다 긴 바지나 치마를 입는 것이 좋
다.) 창가 자리를 희망한다면 미리 예약하고 가길
추천한다.
http://www.swissotel.com/hotels/singapore-
stamford/dining/equinox-restaurant에서 예
약 및 메뉴 등을 확인할 수 있다.

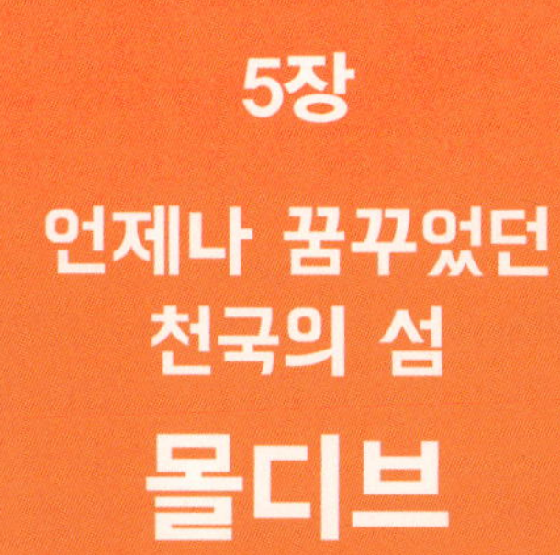

5장

언제나 꿈꾸었던
천국의 섬
몰디브

몰디브 여행 정보 한눈에 보기

여행 정보

비행시간 : 몰디브 말레 공항까지 직항은 없고, 경유를 1회 이상 하게 된다. 약 10시간 반
~11시간 소요. 대한항공, 싱가포르항공, 말레이시아항공, 에미레이트항공, 카타르항공, 캐
세이퍼시픽, 에어아시아, 중국남방항공 등이 운항하고 있다.

기후 : 1년 내내 더운 편이다. 평균적으로 가장 더운 달은 4월이고 가장 추운 달은 12월이지
만, 연교차가 크지 않다. 고온 다습한 열대성 기후로 연평균 기온은 25~30도이며, 5~10월
은 우기, 11~4월은 건기로 나뉜다.

시차 : 4시간 느리다.(우리나라가 11시일 때 몰디브는 7시.)

전압 : 220볼트로 우리나라와 같으나 플러그 모양이 다르니 멀티 어댑터를 준비한다.

화폐 : 화폐는 루피(MVR)를 사용하지만, 리조트와 수도 섬 말레에서는 미국 달러가 통용되
므로 굳이 환전을 할 필요는 없다. 팁 이외에 리조트에서 쓰는 비용은 대부분 신용카드 이
용이 가능하다.

여행 필수 준비물

보통 리조트에 들어가면 여행이 끝날 때까지 나올 일이 거의 없으므로 리조트에서 지낼 때
필요한 물품을 챙기는 게 좋다. 선크림, 선글라스, 모자, 양산 등 햇빛을 피할 수 있는 아이
템과 물놀이용 튜브, 수영복, 방수기저귀 등도 함께 챙긴다. 혹시 물갈이를 하는 아이라면
식수도 따로 챙겨 가고, 밥을 먹는 아이라면 아이의 식사가 될 만한 것도 챙긴다.

공항에서 몰디브 리조트까지 가는 방법

몰디브는 대체적으로 한 개의 섬이 하나의 리조트로 구성되어 있다. 리조트로 가기 위해서
는 크게 3가지 방법이 있는데, 위치가 어디냐에 따라 가는 방법도 달라진다. 여행사를 통해
예약할 경우, 각 리조트로 가는 교통편에 대한 요금이 포함되어 있는지 잘 살펴보고 예약하
는 것이 좋다. 포함되어 있지 않을 경우, 상당한 금액이 추가될 수 있다.

1. 스피드보트

밤늦게까지 이용할 수 있어서 밤 비행기를 타고 오는 경우라도 바로 리조트로 들어갈 수 있다는 장점이 있다. 주로 공항에서 20~40분 거리의 리조트를 이용할 때 타게 되며, 입국 심사를 한 뒤 각 리조트 부스로 가면 직원이 잘 알려준다. 선착장은 공항을 나오면 바로 있고, 약 열 명 정원에 리조트까지 한 번에 갈 수 있다. 가격은 2인 기준 왕복 50만 원 내외.

2. 수상비행기

수상비행기는 말 그대로 물 위를 활주하여 뜨고 내리는 비행기다. 밤에는 이용에 제한이 있으므로 늦게 도착하는 비행기라면 말레 시내에서 1박 후 다음 날 리조트가 있는 섬으로 들어가야 한다. 탑승 인원은 최대 20명 내외이고, 말레 공항에서 미니버스를 타고 수상비행기 터미널로 가 탑승한다. 리조트로 바로 갈 수 있어서 편리하지만, 날씨가 안 좋으면 결항이 되기도 한다.

수상비행기는 대표적인 회사가 두 곳 있는데, 몰디비안 에어택시와 트랜스 몰디비안이다. 가격은 2인 기준 왕복 100만 원 내외.

3. 국내선

말레 공항 국내선 청사에서 국내선에 탑승한 후 쿠두 공항에 내리게 된다. 마찬가지로 밤에는 이동이 어려우므로 밤 비행기로 말레에 도착하는 경우, 하루 자고 다음 날 탑승해야 한다. 쿠두 공항에 내린 뒤 리조트까지 또 스피드보트를 타고 가야 하므로 아이와 함께하기엔 힘들 수 있다. 가격은 2인 기준 왕복 100만 원 내외.

숙소 추천

몰디브의 리조트는 섬 하나를 독립적으로 사용하기 때문에 수중 환경이나 라군의 발달 등 각각의 특색이 있다. 가는 방법도 다르고 가격도 천차만별이니 잘 알아보고 신중하게 선택하는 게 좋다. 아이와 함께하는 여행이라면 말레 공항에서 가까운, 스피드보트를 이용해 갈 수 있는 리조트를 추천한다.

스피드보트로 갈 수 있는 곳 : 타지 코랄 리프, 클럽메드, 센터라 라스푸시, 벨라사루, 타지 엑조티카, 올루벨리, 코코팜 보두히티, 바로스, 포시즌 쿠다후라, 반얀트리 바빈파루, 후바펜 푸시, 주메이라 비타벨리 등

수상비행기로 갈 수 있는 곳 : 빌라멘두, 럭스몰디브, 두짓타니, 할라벨리, 앙사라 벨라바루, 무푸시, 이루푸시, 니야마, W 리트리트 & 스파, 포시즌 란다기바루 등

국내선으로 갈 수 있는 곳 : 로빈슨, 키하드, 더 레지던스, 센타라 그랜드, 주메이라 데바나푸시, 파크 하얏트 등

몰디브 여행 관련 사이트

몰디브 관광청 http://www.visitmaldives.com

이츠마이트래블 http://www.itsmytravel.co.kr

몬도몰디브 http://www.mondomaldive.com

여행아 결혼아 놀자 카페 http://cafe.naver.com/noljatw

여행 시 유의 사항

몰디브는 이슬람 문화가 지배하고 있지만 관광객들에게는 관용적인 편이다. 하지만 술이나 돼지고기를 반입할 수 없으니 주의해야 한다. 한국 면세점에서 산 주류는 세관에 맡겨두었다가 나중에 출국할 때 찾아가야 한다.

리조트를 선택할 때는 어느 부분에 중점을 둘 것인지 생각해야 하는데, 그때 많이 보이는 단어들을 미리 알아두면 좋다.

라군 : 산호로 둘러싸인 얕은 바다를 말하며, 일반적으로 라군 지역의 수심은 30~220센티미터다. 아이들과 놀기엔 라군이 발달된 곳이 좋다.

수중 환경 : 산호가 적절히 서식하고 있어 스노클링을 재미있게 즐길 수 있는 환경을 말한다.

샌드뱅크 : 드넓은 라군이 펼쳐져 있는 경우, 조수간만의 차에 의해 물이 빠질 때 바닥이 살짝살짝 드러나는 부분을 말한다.

리프 : 급격히 수심이 깊어지는 곳을 말하는데, 어느 섬이나 이 부분에는 산호가 발달해 있어 스노클링을 하기에 매우 적합하다.

BB(비앤비) : 조식만 포함

HB(하프보드) : 조식+석식

FB(풀보드) : 조식+중식+석식

AI(올 인클루시브) : 조식+중식+석식+술+음료 등 전부 무료

몰디브 4박 6일 추천 코스
말레 시내 구경을 하루 정도 해보는 것도 괜찮지만, 휴양이 목적이라면 리조트에서 쭉 보
내는 일정이 더 좋을 테니, 그곳에서 편안하게 쉬며 익스커션(excursion, 체험관광)을 즐기
는 걸 추천한다. 일단 리조트로 들어가면 식사도 다 그 안에서 해결하게 되니 따로 밖으로
나갈 일은 없다고 보면 된다.

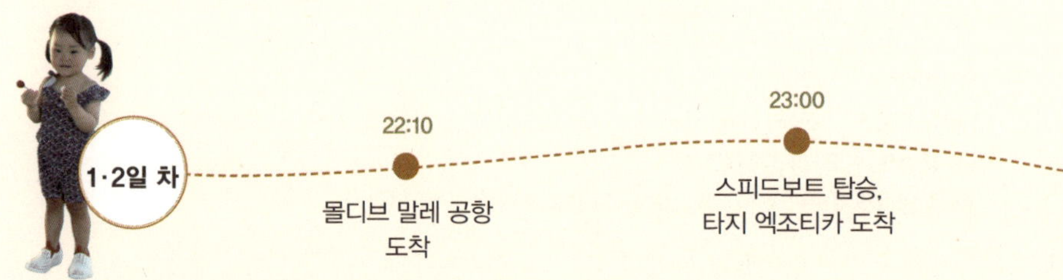
1·2일 차
22:10
몰디브 말레 공항
도착
23:00
스피드보트 탑승,
타지 엑조티카 도착

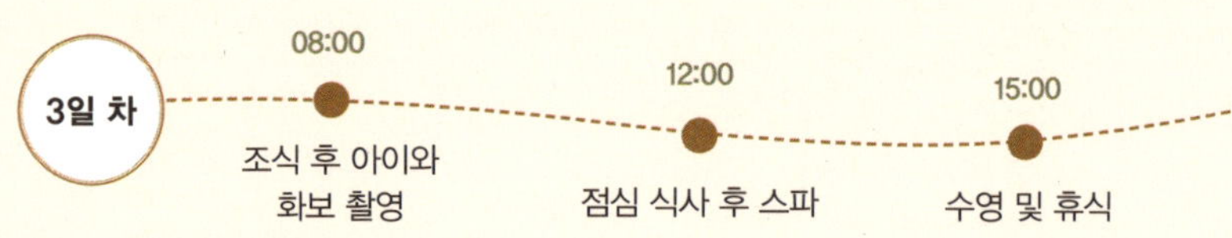
3일 차
08:00
조식 후 아이와
화보 촬영
12:00
점심 식사 후 스파
15:00
수영 및 휴식

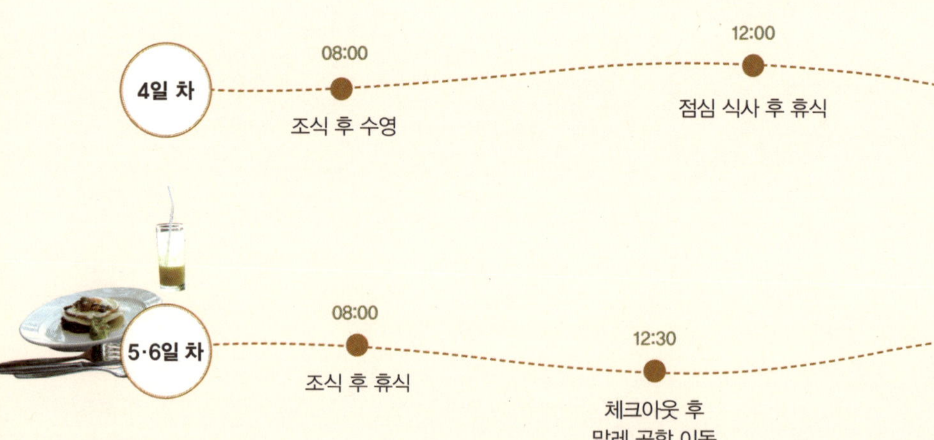
4일 차
08:00
조식 후 수영
12:00
점심 식사 후 휴식

5·6일 차
08:00
조식 후 휴식
12:30
체크아웃 후
말레 공항 이동

아이가 물을 무서워하지 않더라도 바다가 익숙하지 않은 경우는 겁을 낼 수 있다. 리조트 내 전용 풀장이 잘 되어 있는지 살펴보고, 이왕이면 돈을 더 주고 수영장이 딸린 룸을 선택해도 좋다. 베이비시터 서비스나 키즈 클럽이 있는 리조트라면 아이를 잠시 맡기고 부부만의 여가 시간을 즐겨보자.

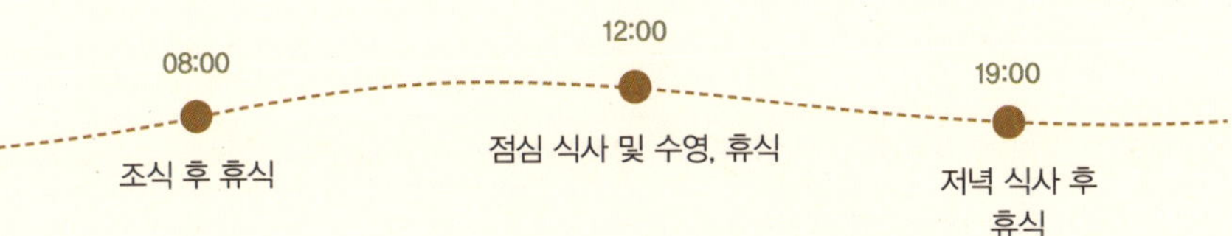

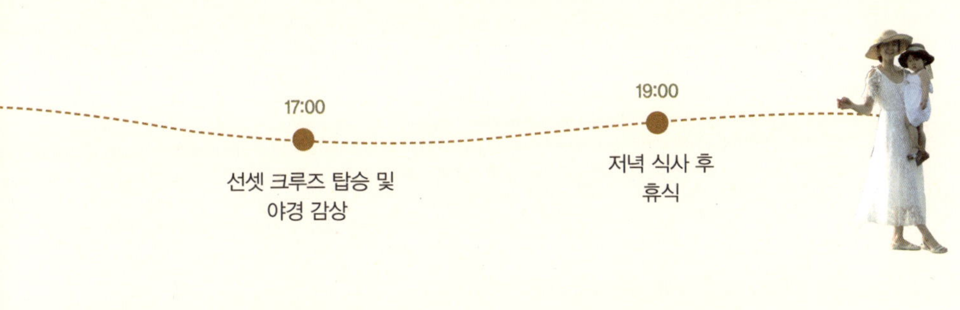

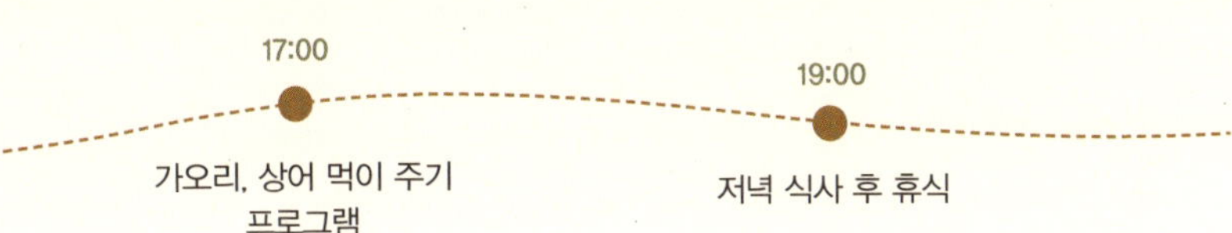

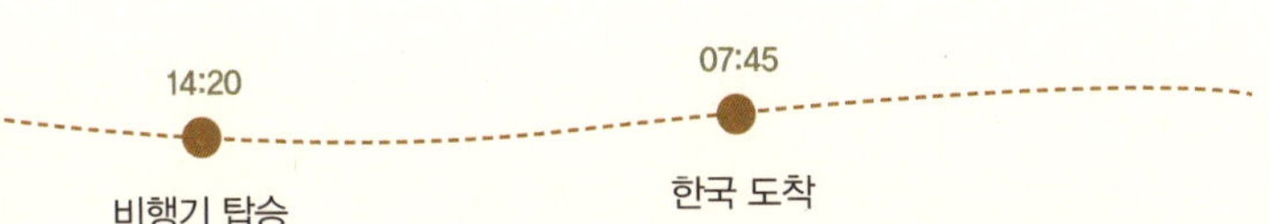

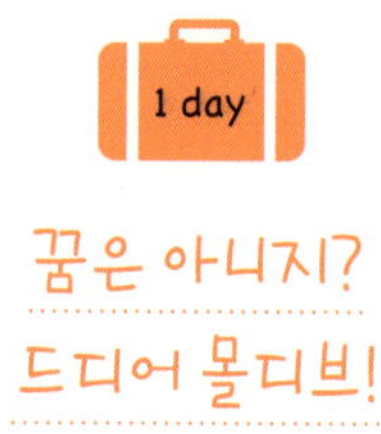

꿈은 아니지?
드디어 몰디브!

몰디브 여행을 한마디로 요약하자면, 온통 사심으로 가득 찬 여행이었다. 앞에서도 이야기했지만, 아이와 떠날 여행지를 고르면서 사심이 들어가지 않은 곳이 거의 없었다. 아이와 함께 여행할 때는 아이와 가기 편한 곳이 어쩌면 부모도 가장 편안한 여행지일 것이다. 하지만 그런 곳이 모두 100퍼센트 만족할 만한 여행지는 아니라고 생각한다.

똑같은 여행지를 가더라도 느끼는 감정은 제각각 다르기 마련이다. 그 감정은 장소뿐 아니라 여행 당시 아이의 컨디션, 부모의 마음가짐 등 여러 상황이 함께 만들어내는 복합적인 결과물이다. 아이를 위한 여행도 물론 중요하지만, 우리 입장에서는 육아와 일로 지친 심신을 잠시나마 위로하기 위해 떠나는 여행인데, 부모라는 이유만으로 모든 걸 아이에게만 맞춰야 한다는 것이 참 서글펐다. 그렇다고 아이가 가지 못할 곳을 여행하겠다는 독단적인 생각은 아니었다. 22개월이 되었으니 감당할 수 있을 만큼은

욕심과 용기를 내보자고 결심했고, 몰디브 여행 또한 그렇게 시작된 여행
이었다.

하늘 위에서 먹는 랍스터

　　　싱가포르에서 3박 4일 여행을 마친 뒤 저녁 비행기를 이용해 몰
디브 말레 공항으로 날아갔다. 아이는 졸음을 견디지 못하고 이륙 시 품에
안겨 잠이 들었고, 나는 이번에도 편안하게 아이를 옆 좌석에 눕힐 수 있
었다.

　22개월 아이를 데리고 장거리 여행을 결심할 수 있었던 것은 비즈니스
석이라는 믿을 만한 구석이 있기 때문이기도 했다. 게다가 두 돌 전이니
항공 요금도 10퍼센트만 내면 됐기에 가성비 면에서 적절하다는 판단이었
다. 그 결정은 지금 생각해도 탁월했다. 만약 그때 안 갔더라면 세 식구가
함께 몰디브를 가기는 힘들지 않았을까 싶다.

　싱가포르에서 몰디브 말레까지는 4시간 반 정도가 소요된다. 이번 비행
은 몰디브로 향한다는 설렘 외에 또 다른 설렘이 있었는데, 바로 기내식이
었다. 싱가포르항공은 '북더쿡(Book the Cook)'이라고 해서, 싱가포르에서 출
발하는 비행기에 한해 특별 기내식 주문 서비스를 제공한다. 출발 24시간
전에만 신청하면 되기에 미리 랍스터로 주문해놓았는데, 하늘 위에서 먹는
랍스터는 대체 어떤 맛일까 사뭇 궁금했다. 출발 전 검색해보니 다들 좋았
다는 평이 많아 더욱 기대가 되었다. 랍스터는 역시나 나의 기대를 만족시
킬 만한 비주얼과 맛이었다. 간이 살짝 세긴 했지만, 그 정도는 충분히 감안
하고 먹을 만했다. 그저 줄어드는 랍스터의 양이 아쉬울 뿐이었다.

+

싱가포르항공의 '북더쿡' 서비스. 하늘 위에서 먹는 랍스터는 환상적이었고, 줄어드는 양이 아쉬울 뿐이다.

아이는 여전히 편안하게 누워 꿈나라에 있었고, 나 역시 꿈을 꾸듯 근사하게 식사하고 있자니 세상 부러울 것이 없었다. 어느덧 창밖으로 불빛이 보이기 시작했고, 우리는 그렇게 꿈에 그리던 몰디브 말레에 도착했다.

비행기에서 내려 입국심사를 받는데, 에어컨을 켜지 않았는지 덥고 습한 공기가 훅 하고 들어온다. 상당히 덥고 찝찝하다는 것이 몰디브 말레 공항의 첫인상이었다.

스피드보트를 타고 도착한 리조트

입국심사를 마치고 우리가 예약한 리조트인 타지 엑조티카 부스를 찾았다. 아이와 함께할 리조트라 신중하게 고른 곳이었는데, 말레 공항에서 스피드보트를 이용해 갈 수 있는 곳이어서 밤늦게 도착해도 바로 리조트로 들어갈 수 있었다. 사실 리조트 1박의 비용이 워낙 비싸다 보니 말레 공항 근처에서 저렴하게 1박을 하고 다음 날 리조트로 들어갈까 고민도 했지만, 아이도 있고 짐을 갖고 왔다 갔다 하기도 버거울 것 같아 첫날부터 리조트행을 감행했다.

잠시 후 같은 리조트에 들어가는 사람들이 속속 도착하자 스피드보트는 힘차게 출발했다. 웰컴 워터와 시원한 물수건을 받아 들고 설레는 마음으로 아이를 꼭 안고 앉아 있는데, 칠흑 같은 어둠이 왠지 무섭게 느껴진다. 엄청난 포말을 만들며 바다를 달리는데, 사방이 암흑천지였기에 문득문득 안 좋은 생각이 들었다. 마침 한 달 전쯤 세월호 참사가 있었던 터라 나의 신경은 온통 예민해져 있었고, '만약에'라는 말이 자꾸만 머릿속을 맴돌았다.

'만약에 가다가 물에 빠지면 어떻게 하지? 아, 수영 좀 배워둘걸……'

나는 온갖 쓸데없는 걱정을 하기 시작했고, 생각할수록 공포심은 더욱 커졌다. 몸에 걸치고 있는 구명조끼조차 너무 허술하게 느껴졌다. 내 품에 폭 안겨 있는 아이도 겁에 질려 눈을 깜빡이며 '대체 무슨 상황이지?' 하는 표정을 짓고 있었다.

그렇게 30분쯤 지났을까? 드디어 우리가 묵을 리조트의 불빛이 희미하게 보였고, 나는 그제야 마음이 놓였다. 스피드보트에서 내리니 미리 나와 있던 리조트 직원들이 활기차게 반겨주며 웰컴 리스를 목에 걸어주고 폴라로이드 사진도 찍어주었다. 그 사진은 나중에 리조트를 떠날 때 액자로 선물 받았는데, 몹시 초췌하고 겁에 질린 듯한 모습이 그대로 찍혀 있어서 지금도 볼 때마다 웃게 된다.

　간단히 체크인을 마치고 버기카를 타고 객실로 이동했다. 비교적 저렴한 라군 빌라로 예약했는데, 비수기라 그런지 룸이 업그레이드되어 플런지 풀(Plunge Pool)＊까지 갖춘 디럭스 라군 빌라에서 4박을 보내게 됐다. 힘들게 몰디브까지 왔는데 업그레이드까지 되니 너무 기뻤다. 담당 직원은 리조트의 시설과 객실에 대해 설명해주고 돌아갔다. 우리는 객실 구석구석을 살피며 너무 좋다고 연신 외쳐댔고, 아이 또한 "우아, 우아" 하며 좋아했다.

　드디어 몰디브에 왔다는 사실에 가슴이 벅차올랐다. 내일부터는 아무것도 하지 않고 그저 먹고 쉬고 물놀이만 하면 되는 일정이기에 마음의 부담도 없었다. 비록 밖은 깜깜해서 아무것도 보이지 않았지만, 흥분된 마음은 사그라지지 않았다. 당장 다가올 내일 아침이 너무나 기대되는 밤이었다.

★ Tip ★

풀빌라의 풀보다 작은 규모의 풀로, 일반적으로 수영장의 크기는 가로세로 4미터를 넘지 않는다.

174

우리 가족이 4일간 묵은 숙소. 업그레이드까지 되어 기뻤지만, 몰디브인데 숙소가 어디인들 좋지 않을까?

비 오는 몰디브,
이럴 수는 없어!

몰디브는 1,000개가 넘는 섬으로 이루어진 인도양의 휴양지로, 허니문 여행지로도 인기가 많은 곳이다. '지상낙원'이라는 표현밖에 떠오르지 않는 여행지인 만큼 이곳에 오면 모두 달콤한 꿈을 꾸게 될 것이다. 나 역시 허니문 여행지로 마지막까지 고민하다가 다른 곳을 선택하는 바람에 늘 아쉬움이 남던 여행지였다. 그래서 늘 선망의 대상이었고, 언젠가는 가보고 싶었던 곳이었다.

날씨도 아이도 내 맘대로 안 되네

꿈의 여행지인 몰디브에 내가, 그것도 사랑하는 남편과 아이와 함께 왔다는 사실이 너무나도 믿기지 않았지만, 아침에 일어나 객실 문을 열어보니 바로 실감이 났다. 비록 날씨는 썩 좋지 않았지만, 에메랄드빛 바다가 끝없이 펼쳐져 있었고, 야외 데크 위에 놓인 비치의자와 플런지 풀의 모습이 한눈에 들어왔다. 아이도 어느새 내복 바람으로 나와 플런지 풀의 물을 만져보며 몰디브의 첫날을 느끼고 있었다.

우리가 머물렀던 타지 엑조티카는 넓은 라군과 맛있는 음식으로 소문난 곳이었다. 조식과 석식을 포함한 하프보드*로 예약했기 때문에 매일 푸짐한 식사를 할 수 있었는데, 상당히 만족스러웠다.

첫 조식을 먹기 위해 밖으로 나오니, 꿈에서 그리던 몰디브의 날씨와는 전혀 다르게 바람이 불고 선선하기까지 했다. 그래도 처음으로 객실 밖으로 나와 걸어보는 거라 너무 좋았고, 사진에서나 보던 쭉 뻗은 워터 방갈로 길을 직접 보니 신기하기도 했다. 여기저기 사진을 찍으며 레스토랑까지 갔는데, 바람은 더욱 심해졌고, 결국 우리는 아쉽지만 실내에서 식사를 하기로 했다. 내부를 둘러보니 커플이 많았고, 가족여행을 온 사람들도 더러 있었다. 다만 어린아이를 데리고 온 여행객은 우리뿐이었다. 그래서인지 아이는 여행 내내 직원들은 물론 함께 머무른 사람들에게도 많은 사랑을 받았다.

아이가 있는 걸 본 직원이 아이를 위한 식기며 아기의자도 모자라 니모 모양의 통에 오렌지 주스를 넣어 주었는데, 아이는 그걸 받아 들자마자 환한 웃음을 보였다. 직원은 우리가 식사하는 동안에도 자주 자리에 와서 아이와 놀아주었다.

★ Tip ★

하프보드(HB)
숙박, 조식과 더불어 중식 또는 석식을 제공하는 것. 숙박과 조식을 제공하는 것을 BB(비앤비), 숙박과 조식, 중식, 석식 모두를 제공하는 것을 FB(풀보드), 숙박과 식사는 물론 술과 음료까지 제공되는 것을 AI(올 인클루시브)라고 한다.

이곳의 조식은 뷔페가 아니라 단품 메뉴를 골라 주문하는 건데, 개수에 상관없이 마음껏 시킬 수 있었다. 팬케이크, 오믈렛, 토스트, 와플, 비빔밥, 오코노미야키, 케사디아, 베이글 샌드위치 등 정말 다양한 메뉴가 준비되어 있었다. 아침부터 이렇게 푸짐하게 먹으면 부담되지는 않을까 싶었지만, 그건 나의 기우였다. 어찌나 뱃속에 쏙쏙 잘도 들어가던지……. 역시 여행을 오면 남이 차려주는 밥이 최고로 좋다는 걸 뼈저리게 느끼게 된다.

배불리 아침을 먹고 산책을 하려는데, 하늘을 보니 먹구름이 심상치 않다. 그래도 비는 오지 않아 다행이다 생각하며 해변으로 가봤는데, 바람은 시간이 지날수록 더욱 거세게 불어왔고, 파도도 높게 일었다. 아이는 그런 바다가 무서운지 고개를 푹 숙인 채 나에게 꼭 안겨 있었고, 이 상태로는 산책이고 뭐고 도저히 안 될 것 같아 방으로 들어갔다.

날씨는 안 좋았지만, 업그레이드된 우리의 객실에는 플런지 풀이 있었다. 몰디브에서는 실컷 물놀이를 할 생각이었기에 수영복으로 갈아입고 튜브에도 바람을 넣어 준비를 마쳤다. 아이를 보행기 튜브에 태워 물에 넣으려는데, 아이는 있는 힘껏 발을 들어 올리며 강하게 거부했다.

"다은아, 왜 그래? 물에 들어가기 싫어?"

다시 한 번 아이를 들어 물에 넣으려고 하니, 울고불고 소리를 지르며 더 심하게 버둥댄다.

"싫어, 싫어!"

싱가포르에서 물에 빠졌던 일이 아직도 잊히지 않는 모양이다. 하는 수 없이 우리 부부만 수영장에 들어갔다. 아이는 수영장 밖에서 장난감 컵에 물을 담아 몸에 뿌리고 여기저기 물을 담아 옮기며 놀 뿐이었다. 아무리

워터 방갈로 길을 따라 산책 중인 남편과 다은이. 어린아이가 거의 없는 곳이라 다은이는 많은 사람의 관심을 받았다.

엄마, 아빠가 꼭 안아서 들어가준다고 해도 고개를 절레절레 흔들며 싫다고만 한다.

일단 첫날이니 무리하지 말자는 생각에 나와 남편만 물에서 놀았다. 그렇게 시간이 조금 흐르자 어느새 하늘에서 빗방울이 뚝뚝 떨어진다.

"아…… 비까지 오네."

하늘을 올려다보니 그저 스콜이겠거니 생각하기엔 먹구름이 온통 뒤덮여 있었고, 점점 어두워지기까지 한다. 나도 모르게 실망스러워 한숨이 절로 나왔다. 여기까지 힘들게 온 보람이 없는 것 같아 기운이 빠졌다.

뚝뚝 떨어지던 빗방울은 어느새 장대비가 되어 내리고 있었고, 말리려고 벗어둔 수영복은 비에 흠뻑 젖어 있었다. 하늘도 울고 나도 울던 그 순간, 아…… 수개월을 준비해서 온 몰디브인데, 정말 1분 1초가 아까운 몰디브인데 첫날부터 이렇게 비가 오다니 야속하기 그지없었다.

너무 속상해 남편에게 투정 섞인 말을 건네니 비가 오는 걸 어쩌냐며 그냥 받아들이라는 대답만 돌아왔다. 센스 없는 남편 때문에 내 마음은 더욱 우울해졌고, 우리는 그냥 방에서 낮잠이나 자기로 했다.

한숨 푹 자고 일어나 가장 먼저 날씨부터 살폈다. 여전히 비는 내리고 있었지만, 아까보다는 제법 빗줄기가 약해져 있었다. 그래도 밖에 나가 무언가를 하기엔 힘든 날씨였고, 자고 일어나니 출출하기도 해 한국에서 가져온 햇반과 김, 컵라면 등을 꺼냈다. 아이 점심용으로 조식 먹을 때 따로 챙겨 놓은 오믈렛과 소시지도 꺼내 한 끼를 해결했다. 몰디브는 리조트에서 식사하는 값도 비싼 편인데, 이런 식으로 하면 점심 밥값은 아낄 수 있어 괜찮은 듯했다. 비가 와서 그런지 타지에 나와 그런지 모르겠지만 컵라면은 그 어느 때보다 맛있었고, 아이도 배가 고픈지 밥그릇에 있던 밥을 싹싹 잘도 먹었다.

식사를 마친 후에도 비는 여전히 내리고 있었지만, 방에서 뒹굴기도 지겨워서 일단 밖으로 나갔다. 버기카를 불러서 타고 프런트 건물로 가서 직원들과 이런저런 이야기를 나누는데, 지난주에는 일주일 내내 비가 내렸다고 한다. 황금 같은 시간을 내어 몰디브까지 왔던 지난주 투숙객들은 계속 비만 보다 갔을 거라고 생각하니 우리의 여행도 혹시 그렇게 되지는 않을까 걱정됐다.

우리는 나온 김에 프런트 옆 건물에서 시간을 보내다 저녁 식사까지 하고 돌아가기로 했다. 그 건물에는 도서관 겸 인터넷을 할 수 있는 공간이 있었고, 위층에는 블록방과 포켓볼 치는 공간이 따로 마련되어 있었다. 비가 오니 몇몇 사람이 이곳에서 즐기고 있었고, 우리도 그들과 함께 어울리며 시간을 보냈다. 그중 예쁘게 생긴 중국인 투숙객이 아이를 특히 예뻐했는데, 같이 사진을 찍어도 되냐고 묻기에 흔쾌히 허락해주었다. 그 중국인과 우리는 리조트에 있는 내내 오가며 인사를 나누었고, 여행을 다니며 맺게 된 이 짧은 인연은 어느새 소중한 추억으로 남아 있다.

리조트에는 한국인 직원이 한 명 있었는데, 우리를 특히 더 살뜰히 챙겨주었다. 그는 비가 오니 방에서 즐길 수 있게 DVD 서비스를 신청해보라고 일러주었다. 저녁을 먹고 〈니모를 찾아서〉 DVD를 요청하고 방으로 오니 얼마 후 벨이 울렸다. 직원이 우리가 고른 DVD와 팝콘, 음료를 가져다주었고, 우리는 아이와 함께 팝콘을 먹으며 즐겁게 영화를 봤다. 다시 어둠이 찾아온 몰디브에는 여전히 비가 주룩주룩 내리고 있었고, 우리는 그렇게 몰디브에서의 두 번째 밤을 맞이하고 있었다. 내일은 제발 날씨가 좋길 간절히, 또 간절히 바라면서.

+

비가 내린다. 하늘도 울고 나도 울고…….

+

DVD 서비스를 신청하면 팝콘과 음료도 제공된다. 비록 비가 와서 어쩔 수 없이 보게
된 영화지만, 지금도 몰디브에서 다은이와 함께 본 〈니모를 찾아서〉를 잊지 못한다.

몰디브에서만큼은
신혼부부

딸을 가진 엄마들이 흔히 갖는 로망이 있다. 바로 예쁜 커플 룩을 입고 아이와 함께 사진을 찍는 것이다. 사실 남편과도 커플 룩을 입어본 적이 없을 만큼 커플 룩을 좋아하지 않는데, 이상하게도 아이와는 함께 입어보고 싶었다. 몰디브 여행에서 그 욕심은 더욱 커졌고, 결국 딸과의 화보 촬영을 계획하고 의상을 준비해 갔다. 남편은 워낙 사진 찍히는 걸 안 좋아했기에 우리의 모습을 사진에 담아주는 걸로 만족했지만, 나중에 기회가 된다면 셋이 함께 맞춰 입고 사진을 찍고 싶다.

혼자 즐기는 아침

새벽 5시, 이날도 시차 적응에 실패하고 일찍 눈을 떴다. 여행을 가면 항상 늦게 자고 일찍 일어나게 된다. 그리 부지런한 성격도 아닌데 여행만 가면 너무나 부지런해진다. 새벽 5시라지만 한국 시간으로는 오전 9시인 셈인데, 남편과 아이는 완벽한 시차 적응을 자랑하며 여전히 꿈나라에 있었다. 혼자 비치의자에 앉아 고요한 해변을 바라보며 커피 한 잔의 여유를 즐겼다. 황홀한 경치를 바라보며 마시는 커피 맛은 이루 설명할 수 없었다. 그냥 최고라는 말밖엔.

방으로 들어오니 남편과 아이는 여전히 자고 있었다. 나는 다시 침대에 누워도 잠이 들 것 같지 않아 옷을 갈아입고 밖으로 나갔다. 이른 시간이라 리조트는 매우 고요하고 평화로웠으며, 돌아다니는 사람조차 없어 약간 쓸쓸하기도 했다.

워터 방갈로 길을 걸으며 해변으로 향하는 중에 방갈로 데크 위로 열심히 올라오고 있는 작은 게를 봤는데, 그 모습이 너무 귀여워 나도 모르게 쪼그리고 앉아 보게 됐다. 아래쪽을 내려다보니 물속에는 물고기들이 유유히 헤엄치고 있었고, 땅 위에서는 도마뱀이 어디론가 바삐 가고 있었다. 저마다 자신의 흔적을 알리며 조용히 몰디브의 아침을 맞이하고 있었다.

가뿐하게 산책을 마치고 날씨도 체크한 뒤 방으로 들어가니 남편은 어느새 일어나 있었고, 아이도 곧이어 부스스한 모습으로 일어나 앉는다.

몰디브에서의 공식적인 첫날 하루 종일 비가 왔었기에 우리는 그저 비가 오지 않는 것에 감사해야 했다. 다행히도 그날 이후 비는 한 방울도 내리지 않았고, 날씨는 매우 쾌청했다.

　　아이와의 화보 촬영을 위해 흰 원피스로 갈아입고 비치모자를 눌러쓴 채 준비해 간 조화 꽃다발을 들고 밖으로 나갔다.

　몰디브 하면 연상되는 쭉 뻗은 워터 방갈로 길에서 아이를 안고 걸으며 사진을 찍는데, 한 팔로 안은 아이의 무게가 점점 느껴지기 시작한다. 안 그래도 워낙 잘 먹어 또래보다 무거운 아이인데, 사진 좀 찍겠다고 할리우드 맘 따라 하며 한 팔로 아이를 안으니 그 무게는 배가되었다. 그래도 무겁지 않은 듯 여유로운 포즈를 취하며 미소를 지었고, 다행히 아이도 웃지는 않았지만 잘 협조해주었다.

　아이를 오래 안고 있다 보니 팔이 너무 아프고 땀도 나 땅에 내려놓으려는데, 아이는 샌들 안으로 들어오는 모래가 싫은지 자꾸 안기려고 했다. 남편에게 넘겨주려고 하니 두 팔로 있는 힘껏 나의 목을 잡고 놔주지 않는다.(유독 나에게만 안겨 있으려고 했던 시기가 있었는데, 바로 이때가 그랬다.)

　'그래, 이 정도는 감수해야지.'

　몸은 천근만근 무거웠지만, 다시 마음을 가다듬고 아이를 번쩍 안아 해변으로 향했다. 바람이 좀 불어 파도가 치고 있었는데, 아이는 눈앞에 보이는 바다가 무서운지 이번엔 울기까지 한다. 눈물을 뚝뚝 흘리며 고개를 절레절레 흔들기에 이건 아니다 싶어 바다를 등지고 다른 쪽으로 향했다.

　여행 오기 전엔 그저 아이와 행복하게 웃으며 예쁜 곳에서 사진을 찍는다는 기대감에 부풀어 있었는데, 예상과는 다르게 이런 상황이 연출되니 너무 답답했다. 하지만 아침에 일어나자마자 상황 설명도 없이 눈곱만 떼고 옷 갈아입히고 끌고 나와 이러고 있는 것도 참 미안했기에 욱하는 마음을 잘 추스르고 아이를 어르고 달랬다.

시간이 좀 지나니 아이는 기분이 풀려 사진 찍을 때 아빠가 웃겨주면 웃기도 했고, 조금씩 이 상황에 적응하는 듯 보였다. 그리고 마지막이라는 생각으로 땅에 내려놨는데, 어라? 아이가 울지 않는다. 그래도 아직은 뭔가 무서운지 내 치맛자락을 두 손으로 꼭 잡고는 멀뚱멀뚱 땅을 내려다보는데, 무슨 생각을 하나 싶어 궁금했다. 나중에 자세히 보니 아이는 지나가는 개미를 보며 한참을 서 있었다.

리조트 구석구석 예쁜 곳들을 봐뒀던 터라, 옷 입은 김에 사진을 좀 더 찍고 싶어 욕심을 냈다. 하지만 아이를 안고 계속 걸으려니 나의 걸음은 점점 팔자걸음이 되었고, 남편은 그 흔적을 고스란히 남겨놓았다. 나중에 카메라에 찍힌 사진을 같이 보던 남편이 왜 점점 팔자걸음이 되냐고 웃으며 묻기에 간결하게 대답했다.

"애를 안고 중심을 잡으려면 다리를 벌릴 수밖에 없어!"

남편은 너무나도 어이없어했지만, 난 진심이었다. 그래서 더 서글펐다.

아이와의 화보 촬영은 예상외로 힘들었지만, 사진을 보니 이렇게라도 찍길 잘했다는 생각이 들 만큼 너무 잘 나왔다. 언제 또 이렇게 멋진 곳에서 사진을 찍어보겠는가 싶은 마음에 더욱 욕심이 났지만, 아이의 컨디션이 그다지 좋지 않아 더 찍지 못하고 객실로 돌아왔다. 아이는 시원한 에어컨 바람을 맞으니 기분이 좋은지 씩 웃는다. 그동안 더워서 기분이 좋지 않았던 걸까? 잠시 후 아이는 야외 데크로 나가자고 했고, 아이가 원하는 대로 선베드에 함께 앉아 두들북을 칠했다. 아이도 고생했으니 뭔가 보상해줘야겠다는 생각에 두말없이 아이가 시키는 대로 열심히 붓칠을 해줬고, 그렇게 한 권을 다 끝내고 나서야 비로소 조식을 먹으러 갈 수 있었다.

우리는 이른 아침부터 쏟았던 에너지를 거하게 조식으로 보충했고, 방

+
마지막 날까지 열심히 화보 사진을 찍었다. 남는 건 사진밖에 없지 않은가?

으로 돌아오는 길에 또 예쁜 곳이 보이면 사진을 찍었다. 몰디브에서 한 일이라고는 그렇게 먹고 자고 수영하고 사진 찍고 노는 것이 전부였는데, 그 휴식마저 참 달콤하고 특별했다.

우리의 화보 촬영은 다음 날도 그다음 날도 계속되었다. 사진을 왜 그렇게 열심히 찍느냐고 묻는다면 남는 건 사진뿐이고, 이 순간은 내 인생에서 가장 젊은 때이니 그 이유만으로도 충분하다고 답하고 싶다.

가짜 청첩장으로 받은 허니문 특전

　　어느덧 결혼 3년 차였던 우리 부부는 몰디브에서만큼은 신혼부부였다. 몰디브는 워낙 허니문으로 많이 오는 곳이다 보니 리조트마다 허니문 특전이 준비되어 있는데, 몰디브에 다녀온 지인들의 말에 따르면 가짜 청첩장을 만들어서 보여줘도 이용할 수 있다고 했다. 여행 준비를 하며 여러 여행사에서 리조트 견적을 받아보고, 많은 비교와 고민 끝에 한 여행사를 선택했는데, 이곳에서는 다른 여행사에서 불가능하다고 한 허니문 특전을 받을 수 있는 방법을 먼저 제시해주었다. 아이도 있는데 이 방법이 과연 통할까 의구심이 들었지만, 괜찮다며 용기를 주는 여행사를 믿고 진행해보기로 했다.

　　타지 엑조티카 리조트의 허니문 특전은 커플 스파와 선셋 크루즈였다. 거짓말하는 건 내키지 않았지만, 같은 돈 내고 이런 서비스를 더 받을 수 있다면 이용할 수 있는 만큼 최대한 이용하는 게 현명하다고 생각했다.

　　프런트에 가서 직원에게 커플 스파와 선셋 크루즈 허니문 특전을 이용하려 한다고 말하자, 역시나 리조트 측에서는 아이가 있어서 당연히 허니문이 아니라고 생각하고 있었다. 나는 예상했던 터라 당황하지 않고 이렇게 말했다.

　　"아이를 낳고 살다가 뒤늦게 결혼식을 올리게 되었어요."

　　"아, 그러셨군요? 그럼 혹시 청첩장 가져오셨어요?"

　　"네, 여기요."

　　청첩장을 건네며 거짓말하는 내가 뻔뻔하기 짝이 없었지만, 여행지에서의 서비스는 어떻게든 받아내고 말겠다는 아줌마 정신을 제대로 발휘했다. 우리는 그렇게 한 번의 뻔뻔함으로 몰디브 여행 내내 속도위반 커플이 되었고, 몰디브는 우리의 가족여행지 겸 신혼여행지로 둔갑하게 되었다.

커플 스파를 예약하기 위해 스파 건물로 이동했다. 우리 방에서 조금만 걸어가면 따로 스파 구역이 있는데, 몰디브 타지 엑조티카 리조트에는 지바 그랜드 스파가 들어와 있었다. 이곳은 세계적으로 인정받는 인도식 스파로, 시설도 서비스도 너무나 훌륭했다.

예약을 마치고 다음 날 커플 스파를 받으러 이곳을 다시 찾았고, 커플 룸으로 안내를 받았다. 아이를 혼자 둘 수 없어 우리가 스파를 받는 옆에서 〈뽀로로〉를 보고 있게 했다.

남편과 나는 마사지 침대에 나란히 누워 60분 동안 아로마테라피를 받았다. 몸이 노근노근해지는 게 그냥 무장해제되는 느낌이었다. 아이는 누가 자꾸 엄마, 아빠의 몸을 만지고 누르니 이상하다는 듯 와서 작은 손으로 내 머리를 쓰다듬는다. 그 보드라운 촉감에 더욱 나른해졌고, 60분이 참 짧게만 느껴졌다.

생각해보니 남편과 함께 받는 커플 스파는 처음이었다. 게다가 그 처음이 이렇게나 멋진 장소라니, 정말 신혼여행 온 기분이 절로 들었다. 비록 아이와 함께하느라 몰디브에서 못 하고 돌아온 액티비티도 많았지만, 좋게 생각하면 아이가 잘 버텨준 덕분에 커플 스파도 받을 수 있었으니 뭐든 마음의 문제겠지 싶다. 스파가 끝나자마자 잘 기다려준 아이를 안아주며 뽀뽀를 했다.

"고마워, 다은아. 엄마 너무 시원해."

"시원해?"

내가 웃으니 마주 보던 아이도 함께 웃는데, 이 순간이 참 행복하게 느껴졌다. 일상에서도 엄마가 행복해야 즐거운 육아를 할 수 있듯 여행도 마

+

이 아름다운 해변을 남편과 함께 걷노라니 진짜 신혼부부가 된 듯했다.

+

남편과 내가 스파를 받는 동안 다은이는 〈뽀로로〉와 함께 즐거운 시간을 보냈다.

찬가지다. 내가 기분이 좋으니 아이가 무슨 짓을 해도 마냥 예뻐 보였고, 특별히 뭔가를 하지 않아도 여행 자체가 즐거웠다. 엄마의 행복한 휴식은 아이를 위해서도 정말 필요하다.

시원하게 스파를 받고 나와 아이를 유모차에 태우고 리조트 안을 산책했다. 다행히 날씨가 너무 좋았고, 아이는 졸렸는지 얼마 후 잠이 들었다. 모든 게 맞아떨어진 이 순간, 나는 남편과 오랜만에 손을 잡고 신혼 분위기를 내며 해변을 거닐었다. 시원하게 부서지는 파도 소리와 함께 그동안 쌓였던 피로도 싹 사라졌다. 둘이 함께 끝없이 펼쳐지는 아름다운 에메랄드빛 바다를 말없이 바라보고 있는데, 감동이 해일처럼 밀려온다.

믿기지 않을 정도로 너무나도 근사한 이곳. 아마 이때만큼은 거짓 신혼부부가 아닌 진짜 신혼부부처럼 느꼈던 것 같다.

가오리와 아기상어를
만나다!

22개월의 아이와 함께 몰디브를 즐기는 방법은 물놀이와 모래놀이 등 평범한 휴양지에서 즐기는 것과 똑같았다. 몰디브 여행을 예약할 당시에는 이 시기의 아이들이라면 이 모든 걸 다 좋아할 것이라고 착각했었다. 하지만 육아는 늘 보기 좋게 나의 예상을 빗나갔고, 아이의 성향에 따라 크게 달라질 수 있음을 깨달았다.

키즈클럽이 아쉬워

아이는 물을 그다지 좋아하지는 않았지만, 수영장에 들어가지 않을 만큼 싫어하지도 않았다. 그러나 몰디브에 오기 전 싱가포르에서 물에 살짝 빠졌던 게 충격이었는지 그 뒤로 물에 대해 심한 공포심을 느꼈다. 아이와의 몰디브 여행을 생각할 때마다 곱디고운 백사장에서 함께 모래놀이를 하고 에메랄드빛 바다에서 물놀이를 하는 장면을 꿈꿨었는데, 그런 나의 바람은 첫날부터 산산조각이 나버렸다. 아이는 수심이 얕은 유아 수영장에도 아예 발을 들이지 않았고, 객실의 플런지 풀조차 우리 부부 전용 수영장으로 쓸 수밖에 없었다.

아이는 물에는 들어가지 못하고, 그 앞에서 장난감을 이용해 물을 퍼서 몸에 뿌리거나 옆에 있는 큰 통에 모으며 자기만의 방식으로 즐길 뿐이었다. 물에 들어가자고 몇 번이나 말해봤지만 아이는 격렬하게 거부했고, 더 큰 거부감만 생길 것 같아 그냥 놔둘 수밖에 없었다. 몰디브까지 와서 이렇게 놀아야 하나 하는 안타까운 내 마음과는 달리, 아이는 물에 들어가지 않고도 즐겁게 노는 방법을 찾은 듯했다.

아이와 함께 온 여행이니 아이를 위해 더 즐거운 시간을 만들어주고 싶었는데, 이 리조트에는 아쉽게도 키즈클럽이 없었다. 아이와 함께하는 여행이다 보니 리조트를 선택할 때 이런저런 고민을 많이 했는데, 키즈클럽은 없어도 상관없겠지 싶었다. 자칫 잘못했다간 몰디브까지 와서 키즈클럽에 처박혀 시간을 보낼 수 있으니 차라리 없는 게 낫다는 생각에 키즈클럽이 없는 이 리조트를 선택했는데, 막상 몰디브에 와서 비가 오는 것도 경험하고 이런 예상치 못한 일도 겪게 되니 키즈클럽이 없는 것이 너무 아쉬웠다.

역시 뭐든 경험해봐야 결론을 내릴 수 있는 법! 아이와 여행하면서 끊임없이 깨닫고 또 깨달으며 나만의 소중한 여행 팁이 축적되는 듯하다.(다음 여행부터는 휴양지에 키즈클럽이 있는지부터 살폈다.)

다은이는 물에 들어가는 걸 거부하고 물을 뿌리며 노는 데만 만족했다. 덕분에 플런지
풀은 우리 부부의 전용 수영장이 됐다.

아이와 몰디브의 노을을 보다

아이와 함께 어떻게 시간을 보내야 할까 고민하던 차에 가오리와 아기상어 먹이 주기 체험 프로그램이 있다는 걸 알았고, 아이와 함께 해보기로 했다.

매일 오후 5시쯤 지정된 장소에서 진행되는데, 직접 해볼 수 있는 건 아니고 직원이 하는 걸 보는 것이었다. 우리는 시간이 되기 전에 미리 도착해 몰디브의 해변도 감상하고 사진도 찍으며 기다렸는데, 아이는 낮잠을 잘 자서 그런지 컨디션이 매우 좋아 보였다.

곧 가오리 먹이 주는 시간이 다가왔고, 가오리 몇 마리가 해변으로 모여든다. 반복된 학습의 결과일까? 시간을 어찌 그리 딱 알고 찾아오는지 보면서도 너무나 신기했다. 직원이 먹이가 든 통을 들고 나타나 가오리에게 골고루 먹이를 넣어준다. 입 속에 직접 손을 넣어 먹여주는 모습이 너무 신기해 아이와 함께 숨죽이고 바라보았다. 매번 아쿠아리움에 가면 웃으며 반겨주는 듯한 가오리를 이렇게 실제로 바닷가에서 본 것도 처음이었고, 먹이 주는 모습 또한 처음이었기에 아이도 많이 신기했던 모양이다.

아이는 뭔가에 집중하면 미간에 주름이 생길 정도로 얼굴을 찡그리는데, 이때도 역시나 다르지 않았다. 슬며시 아이의 미간을 펴줬지만, 얼마 지나지 않아 다시 찡그리기 시작한다.

가오리 먹이 주기 체험이 끝나고, 곧바로 이어지는 아기상어 먹이 주기 체험을 보기 위해 자리를 옮겼다. 이미 많은 사람이 모여 있었고 우리도 자리를 잡고 앉는데, 옆의 외국인 부부가 인사를 건넨다. 아이와 여행을 다니다 보면 특히 관심을 더 많이 받게 되는데, 기분이 그리 나쁘진 않다. 아이에게 보는 사람마다 "헬로"라고 인사를 건네니 나중에는 아이가 먼저 외국인을 만났을 때 "엘로"라고 말을 건네기도 했다. 머리색과 피부색은 달라도 자기를 예뻐한다는 걸 알고 거부감 없이 다가서는 것이다.

상어 먹이 주는 시간이 되니 여기저기서 물고기가 모여든다. 직원이 먹이를 물속으로 던져주니 물고기들이 서로 먹으려고 난리를 치는 바람에 물이 사방으로 튀기도 하고 시야가 흐려져 잘 보이지 않을 때도 있었지만, 아이는 아빠의 무릎에 얌전히 앉아 열심히 집중하며 보고 있다. 역시나 자연스레 미간을 찌푸린 채.

아기상어 먹이 주기 프로그램이라 상어를 많이 볼 수 있을 것이라고 기대했는데, 시간이 흘러도 한두 마리밖에 안 보여 왜 그런지 물어보니, 잡힐까 두려워 물이 얕은 쪽으로는 잘 안 온다고 한다. 아이에게 아기상어를 많이 보여주지 못해 아쉬웠지만, 아이는 물속에서 물고기들이 돌아다니며 먹이를 먹는 것만으로도 너무 좋은지 "우아, 우아" 하며 감탄사만 내뱉고 있었다.

그동안 유리 벽에 갇힌, 또는 책에서나 접했던 가오리와 상어, 그 밖의 물고기들을 이렇게 직접 보니 아이도 많이 신기했던 모양이다. 아이가 너무 좋아해서 나 역시 덩달아 즐거웠던 시간이었다.

어느덧 몰디브의 하루가 또 가고 있었다. 해가 뉘엿뉘엿 지며 바람까지 시원하게 불어오니 한낮의 뜨겁고 쨍했던 모습과는 다르게 점점 로맨틱한 분위기로 바뀌었다. 우리는 체험 프로그램이 끝난 뒤에도 한참을 앉아서 멍하니 노을을 감상했다. 해가 바닷속으로 쏙 사라진 후에야 자리에서 일어났는데, 생각해보니 아이와 함께 바닷가에 앉아 해가 지는 모습을 보는 것이 처음이었다. 이 추억은 정말 오래오래 기억될 것 같다.

먹이를 먹으러 몰려드는 가오리떼. 눈앞에서 가오리를 직접 보니 신기했다.

해가 완전히 바닷속으로 사라질 때까지 노을을 감상했다. 아이와 바닷가에서 해가 지는 모습을 보는 것은 처음이었다.

아름다운 몰디브,
안녕!

사람들은 흔히 몰디브를 '마치 천국처럼 아름다운 곳'이라고 한다. 천국을 가보지는 못했지만 뭔가 고통 없이 몽환적이고 편안하고 아름답다는 상징적인 의미가 담긴 것일 텐데, 대체 몰디브가 어떻기에 그런 말을 하는지 궁금했다. 실제로 몰디브에 와서 며칠 있어보니 나 역시 정말 천국과도 같다고 말하고 다닐 수 있을 것 같았다. 모든 것이 눈부시게 반짝거리고 아름다운, 정말 한마디로 정의 내릴 수 없는 곳이 바로 몰디브였다.

마지막 날의 여유

몰디브에서의 아쉬운 마지막 날이 밝았다. 나는 가는 날까지 시차 적응을 못 하고 일찍 잠에서 깼다. 전날 밤, 아쉬움에 쉽사리 잠을 이루지 못했는데도 제일 먼저 눈을 떴고, 아이와 남편 역시 마지막 날이라 그런지 얼마 후 일어났다. 우리는 누가 먼저랄 것도 없이 일어나면 제일 먼저 향하는 그곳으로 갔다. 침실과 연결된 문을 열면 바로 나오는 야외 데크로 가면 몰디브의 푸른 바다가 한눈에 펼쳐진다. 이렇게 아름다운 곳에서 4박을 했다는 게 그저 꿈만 같다.

나와 남편은 커피를, 아이는 한국에서 가져온 멸균우유를 들고 '짠!'을 외쳤다. 다른 날과 별반 다르지 않게 몰골은 부스스하고 우스꽝스러웠지만, 이런 아침도 마지막이라는 사실에 너무 아쉬웠다.

날씨는 다행히 첫날 외에는 쭉 좋았는데, 이날은 떠나는 날이라 그런지 최상의 날씨였다. 더군다나 아이는 아픈 곳 하나 없이 싱가포르를 시작으로 몰디브까지 이어진 9일간의 여행을 잘도 해냈다. 이번 여행은 아이와 함께하는 여행 중 가장 긴 여정이었는데, 바리바리 싸 온 상비약이 무색할 정도로 건강하게 여행을 마무리해줘서 고마웠다.

야외에서 먹는 마지막 아침 식사 또한 지상낙원이라는 표현이 어울릴 만큼 환상적이었다. 몰디브 하면 떠오르는 풍경을 여실히 보여주고 있었으며, 그냥 이대로 시간이 멈춰버렸으면 좋겠다는 생각이 들었다. 눈부신 백사장과 에메랄드빛 바다, 환상적인 바닷속의 산호 정원까지 이보다 더 완벽할 수는 없었다.

체크아웃 전 마지막 물놀이를 즐기기 위해 옷을 갈아입었다. 그동안 열심히 선크림을 발랐는데도 햇볕에 많이 탔는지 어깨 부분이 쓰라렸다. 한국 가면 고생 좀 하겠구나 싶었지만, 지금 이순간은 전혀 개의치 않았다. 일단 시간이 얼마 없으니 열심히 즐기는 게 우선이었다.

아이는 여전히 플런지 풀 밖에 앉아 있었고, 장난감을 주니 물을 퍼 옮기며 잘 놀았다. 놀아달라고 칭얼대지 않는 아이 덕에 우리 부부는 수영장

야외에서 즐기는 마지막 조식. 몰디브의 바다와 함께 너도 그리울 거야.

객실에 딸린 플런지 풀에서 즐긴 마지막 수영. 몰디브의 바다를 기억 속에 넣기 위해 한참을 물에서 나오지 않았다.

에 들어가 몸을 시원하게 적셨고, 끝없이 펼쳐진 해변을 바라보며 한참을 그렇게 있었다. 뭉게구름 가득한 파란 하늘, 초록색과 파란색을 섞은 물감을 풀어놓은 듯한 바다, 뜨거운 태양을 온몸으로 느끼면서……

남편은 무슨 생각을 했을까 궁금하기도 했지만, 회사 스트레스에서 벗어나 잠시나마 휴식을 취했겠거니 싶어 마음이 놓인다. 너무 바빠 주말에도 일하느라 힘들어 보일 때가 많았는데, 이렇게 휴식을 즐길 수 있으니 얼마나 다행인가.

아이가 몰디브를 온전히 즐기지 못한 것 같아 아쉬움이 조금 남았지만, 그나마 플런지 풀이 딸린 객실로 업그레이드되어 함께 물놀이를 즐길 수 있었다는 것이 작게나마 위안이 되었다. 수영장에서 나와 데크에 연결된 사다리를 타고 내려가면 바다로 바로 들어갈 수 있는데, 난 이곳에 걸터앉아 유유히 헤엄치는 물고기를 보며 마지막 인사를 건넸다.

꼭 다시 돌아올게

돌아가는 비행기는 낮 비행기였기에 물놀이 후 부지런히 짐을 챙겨 체크아웃을 했다. 스피드보트를 타고 다시 말레 공항으로 가야 했기에 잠시 프런트에서 대기하며 함께 공항으로 갈 사람들을 기다렸다. 그 짧은 시간도 아까워 나는 아이를 남편에게 맡기고 혼자 밖으로 나가보았다. 이제 좀 익숙해졌는데 떠나야 한다는 것이 눈물 나게 아쉬웠다. 게다가 몰디브에 있던 4박 5일 동안 짧게나마 잿빛 바다를 경험해봤기에 이 아름답고 영롱한 에메랄드빛 바다가 얼마나 소중한 것인지 더욱 절실하게 느껴졌다.

시간이 다 되어 스피드보트를 타기 위해 선착장으로 가는데, 발걸음이 무겁다. 자꾸만 뭘 두고 온 것처럼 뒤를 돌아보며 꼭 다시 오겠다고 수없이 다짐한 것 같다. 아이 역시 직원들과 인사를 나누며 또 다른 헤어짐을 맞이한다.

리조트에 들어올 때와 달리 나갈 때는 환한 낮이라 그런지 스피드보트도 무섭지 않았다. 한 번 타봤다고 시간도 짧게 느껴졌고, 못다 한 액티비티를 하는 느낌마저 들었다.

아이를 꼭 끌어안고 시원한 바람을 맞으며 공항에 도착했다. 스피드보트에서 내려 마지막으로 몰디브의 풍경을 쓱 둘러보고 공항으로 들어간 뒤 이제 더 이상 몰디브의 환상적인 모습을 볼 수 없겠구나 싶었는데, 비행기에 탑승한 후 또 한 번의 기회가 찾아왔다. 밤에는 못 봤던 몰디브 섬들이 한눈에 보이는데, 처음 보는 광경에 입이 떡 벌어졌다. 주위를 둘러보니 모두 약속이나 한 듯 창밖에 시선을 고정한 채 아쉬운 마음으로 몰디브에 작별을 고하고 있었다.

'잘 있어, 몰디브! 가라앉기 전에 꼭 다시 올게!'

+
스피드보트 선착장으로 가는 길. 아름다운 풍경을 뒤로하고 집으로 향했다.

+
비행기에서 보이는 몰디브. 다시 돌아올게, 기다려!

6장

낭만적인
휴양 도시

다낭

여행 정보

비행시간 : 약 4시간 반~5시간 소요(직항 기준). 대한항공, 아시아나항공, 제주항공, 진에어, 베트남항공 등이 운항하고 있다.

기후 : 연평균 최고 기온은 35도, 최저 기온은 20도 정도로 나름 계절이 있는 기후다. 3월 중순에서 5월이 여행하기 가장 좋은 시기이며, 6~8월은 높은 습도와 함께 한낮이면 35도 이상 올라가기도 한다. 9~10월은 우기와 태풍 시기, 12~2월은 건기이지만 온도가 1년 중 가장 낮은 때다. 겨울에 가면 기온이 낮아 수영을 못 할 수 있으니 참고하자.

시차 : 2시간 느리다.(우리나라가 11시일 때 다낭은 9시.)

전압 : 220볼트로 우리나라와 같다.

화폐 : 동(VND). 1,000원=약 2만 동. 단위가 커서 복잡할 수 있지만, 대략 나누기 20으로 계산하면 된다. 환전은 우리나라에서 달러로 환전한 후 베트남 현지에서 동으로 환전하는 게 유리하다. 현재 1달러가 약 2만 2,300동에 해당하는데, 공항, 은행, 리조트, 시내 곳곳에서 환전이 가능하며, 공항에서 일정 금액을 환전한 뒤 나머지는 다른 곳에서 하는 것이 좋다.

베트남에서 현재 주화는 사용하지 않으며, 200, 500, 1천, 2천, 5천, 1만, 2만, 5만, 10만 동 등 아홉 종의 지폐가 있다. 베트남에서는 한화는 물론이고 여행자수표도 사용할 수 없으니 참고할 것!

여행 필수 준비물

여행하는 시기에 따라 옷차림을 달리해야겠지만, 기본적으로 반소매 옷은 필수다. 야외는 덥지만 실내는 에어컨으로 인해 추우니 얇은 카디건이나 점퍼를 준비하고, 호텔에서 잘 때도 마찬가지로 에어컨 때문에 추울 수 있으니 아이를 위해 얇은 긴소매 내복을 준비하는 게 좋다.

선크림, 선글라스, 모자, 양산 등 햇빛을 피할 수 있는 아이템과 물놀이용 튜브, 수영복, 방수기저귀 등도 함께 챙긴다.

공항에서 다낭 시내까지 가는 방법

다낭 국제공항에서 각 리조트까지 가려면 주로 택시를 타고 이동하거나 현지 여행사 픽업 서비스, 호텔 유료 픽업 서비스 등을 이용하게 된다. 다낭 공항 자체가 워낙 작고 복잡하지 않으니 차량을 탈 때도 어렵지 않다.

1. 택시

공항에서 짐을 찾고 길을 건너면 택시가 쭉 늘어서 있다. 보통 다낭에서 택시를 탈 때는 마일린(Mai Linh, 초록색 택시), 띠엔사(Tien Sa, 노란색 택시), 비나선(Vina Sun, 흰색 택시)을 이용하는 것이 좋다. 잔돈을 잘 안 거슬러 주기도 하니 미리 잔돈을 준비하는 것도 잊지 말자. 다낭 시내는 거의 미터기를 켜고 다니기 때문에 바가지 쓸 일은 없으니 너무 겁먹지 않아도 된다.

택시 승강장에는 다낭 시내 각 목적지(리조트)별 5인승과 8인승 요금이 적힌 표가 붙어 있으니 미터기를 보고 참고해서 가면 된다. 우리 가족이 머물렀던 빈펄 리조트를 예로 들면, 8인승 편도 19만 2,400동으로 한화로 1만 원도 안 되는 금액이다. 공항에서 바로 호이안이나 바나힐, 후에 등으로 장거리 이동을 해야 한다면 표에 적힌 금액을 참고해 미리 흥정하고 가는 편이 좋다.

2. 현지 여행사 픽업 서비스

공항에서 나와 택시 잡는 게 어려울 것 같다면 현지 여행사 픽업 서비스를 미리 예약해두자. 편도로도 예약이 가능하니 우리처럼 갈 때만 이용하고 올 때는 택시를 타고 나와도 좋다. 보통 인원과 차량, 리조트 거리에 따라 다르긴 하지만, 공항에서 편도 20~40달러 정도의 가격이다. 택시에 비해 비싸지만, 인원이 많거나 밤늦게 도착하는 경우, 상황에 따라 이용하면 좋다.

3. 호텔 유료 픽업 서비스

다낭의 리조트는 대부분 유료 픽업 서비스를 제공하고 있다. 비교적 편리한 반면, 가격이 비싼 게 흠이다. 빈펄 리조트의 경우 편도 50달러 정도에 해당하니 그다지 추천하는 방법은 아니지만, 이런 서비스도 있다는 걸 참고하도록 하자.

추천 숙소

다낭은 시내와 길게 쭉 뻗은 해변을 중심으로 호텔과 리조트가 늘어서 있고 다양한 관광 인프라를 갖추고 있는, 동남아 신흥 명소로 떠오르고 있는 여행지다. 여행 목적에 관광도 포함되어 있다면 시내 쪽 호텔과 섞어서 예약해도 좋겠지만, 휴양만을 목적으로 한다면 해변 근처의 리조트를 고르는 것이 좋다.

빈펄 럭셔리 다낭 리조트, 하얏트 리젠시 다낭 리조트, 남하이 리조트, 인터콘티넨털 다낭 선 페닌슐라 리조트, 나만 리트리트, 푸라마 리조트 다낭, 퓨전 마이아 리조트, 풀만 다낭 리조트, 올라라니 리조트 & 콘도텔 등

빈펄 럭셔리 다낭 리조트

다낭 여행 관련 사이트

베트남 관광청 http://www.travelvietnam.co.kr
다낭 보물창고 카페 http://cafe.naver.com/grownman
아이러브베트남 카페 http://cafe.naver.com/xxdkdk
베트남 여행 싸게 가기 카페 http://cafe.naver.com/bys2536

다낭 3박 5일 추천 코스
다낭 여행은 휴양이 목적이긴 하지만, 관광도 얼마든지 할 수 있다. 유명한 관광지로는 선휠, 바나힐, 마블마운틴, 호이안 등이 있다. 휴양을 중심으로 하되 한두 군데 정도 골라 다녀와도 좋을 것이다. 한낮엔 기온이 높아 다니기 힘드니 수영장에서 놀거나 휴식을 취하는 게 좋고, 관광은 오전이나 저녁 일정으로 잡는 것이 아이에게도 무리가 없다.

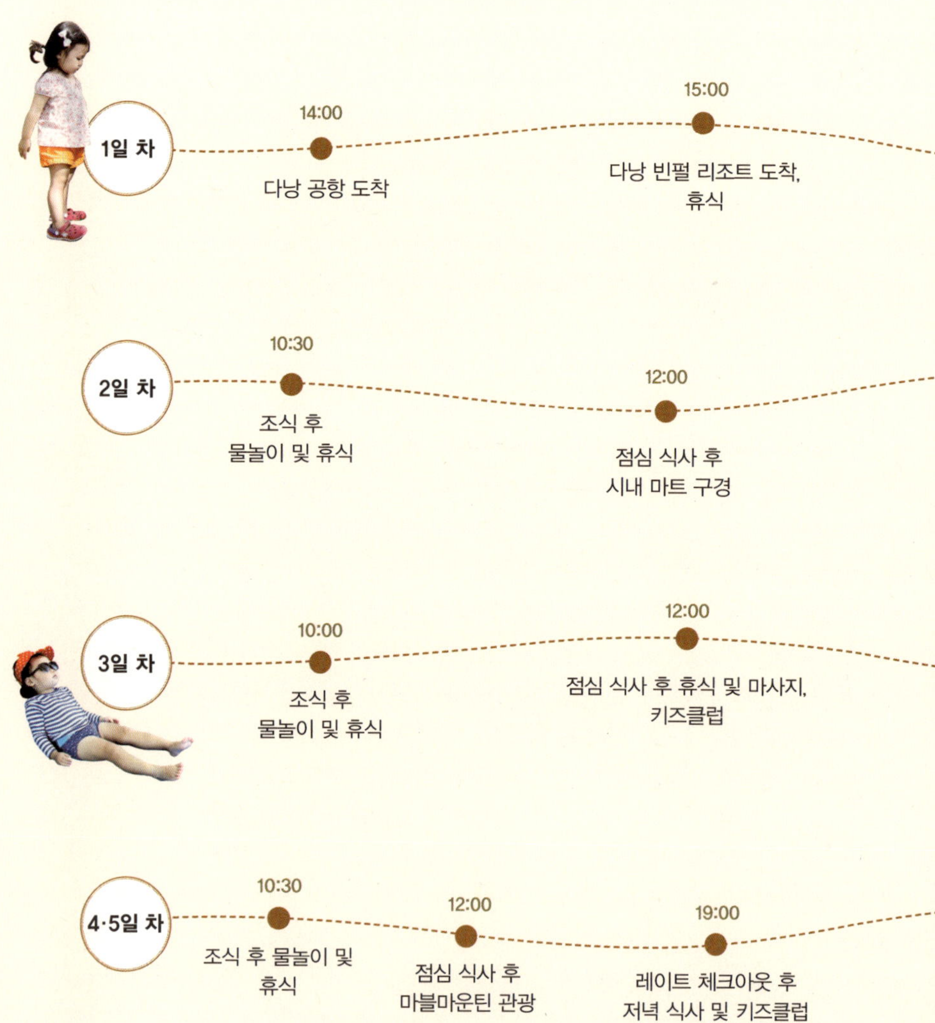
1일 차
14:00
다낭 공항 도착
15:00
다낭 빈펄 리조트 도착,
휴식

2일 차
10:30
조식 후
물놀이 및 휴식
12:00
점심 식사 후
시내 마트 구경

3일 차
10:00
조식 후
물놀이 및 휴식
12:00
점심 식사 후 휴식 및 마사지,
키즈클럽

4·5일 차
10:30
조식 후 물놀이 및
휴식
12:00
점심 식사 후
마블마운틴 관광
19:00
레이트 체크아웃 후
저녁 식사 및 키즈클럽

아이와 함께 다낭에 간다면 휴양을 목적으로 해야 하므로 야외 수영장에서 저녁까지 물놀이를 해도 부담이 되지 않는 계절에 떠나는 것이 좋다. 12~2월에도 물놀이가 가능하지만 날씨가 안 좋은 날에는 추워서 물놀이를 못할 수도 있으니 아이들이 잘 놀 수 있는 4~9월에 떠나는 것이 가장 좋다.

18:00
논누옥 해변 산책 및
저녁 식사 후 휴식

15:00
리조트 수영장에서 휴식

18:00
저녁 식사 후 휴식

16:30
호이안 관광 및
저녁 식사

20:30
리조트 휴식

20:30
다낭 공항 도착

00:05
비행기 탑승

06:25
한국 도착

며느리 해방!
추석 연휴에 떠나다

꿈만 같았던 몰디브 여행의 여운이 채 가시기도 전에 우리는 또 다른 여행을 준비했다. 추석 연휴에 시어머니 환갑을 기념하는 해외여행을 가기로 한 것이다. 명절에 여행을 간다니 이게 웬 떡인가 싶었다. 물론 시부모님과의 여행이 처음이라 걱정 반 설렘 반이긴 했지만.

여자들이 결혼 후 자신의 처지가 달라졌다는 것을 절감하게 되는 때가 바로 명절일 것이다. 물론 명절에도 해외여행을 다니는 복 받은 사람도 많지만, 대체로 주위를 보면 거의 시댁과 친정에서 명절을 보내기 때문에 결혼 후 명절이 그리 달갑지만은 않다. 일이 많고 적음을 떠나 심리적으로 그렇다, 며느리는. 우리 시댁은 식구도 많지 않고 제사도 없지만, 명절에는 어머님이 음식 하시는 걸 도와야 하니 따로 여행을 가겠다고 말씀드릴 처지는 아니었다. 그래서 추석 연휴에 여행을 가자는 남편이 고마웠고, 명절에 떠날 수 있는 제사 없는 시댁 환경에도 감사할 뿐이었다.

황금 같은 명절 연휴에 처음으로 시부모님과 함께하는 여행이기에 여행지 선택에 고민이 많았다. 남편과 끊임없이 이야기 나누고 검색하며 어디를 갈까 고민하다 결국 우리는 베트남 다낭을 선택했다. 지금이야 다낭 가는 비행기도 많이 생겼고 많은 사람이 찾는 유명한 곳이 되었지만, 당시엔 서서히 인기를 얻고 있는 중이었다. 다행히 주변에 다녀온 사람들이 몇 있었기에 정보도 얻을 수 있었고, 베트남이라는 나라가 물가도 저렴해 준비하는 데 그리 부담이 되지는 않았다.

드디어 소아 요금을 내고 타다

기다리고 기다리던 추석 연휴가 시작되던 날, 나는 다른 며느리들의 부러움을 한 몸에 받으며 공항으로 향했다. 인천공항에 가보니 인파가 정말 말도 안 되게 어마어마했다.

"와, 이 사람들이 다 놀러 나가는 거야? 장난 아니다!"

매번 뉴스에서나 보던 명절 해외여행객 신기록 갱신 현장에 이번엔 나도 처음으로 껴본 것이다. 살면서 거의 비수기에만 여행을 다녔지, 명절 같은 성수기에 여행을 가본 적이 없기에 다른 여행과 다르게 기분이 들떴고, 공항에 가서도 실감이 나지 않았다.

시부모님과 함께 수속을 밟고 면세구역 안으로 들어갔다. 아이도 할아버지, 할머니와 여행을 간다며 신이 났고, 시부모님도 컨디션이 좋아 보였다. 워낙 건강하고 활동적인 분들이라 휴양지로의 여행이 다소 심심하지 않을까 하는 우려도 있었지만, 그래도 연휴에 맛있는 음식 먹고 푹 쉬고 오자는 의견에 그렇게 결정을 내린 것이다.

+

만 24개월이 넘어 소아 요금을 내고 탄 첫 비행. 너도 이제 비행기에서 당당하게 한 자리 차지하니 여행 가는 값 제대로 해야 한다!

오전 비행기였기에 아침부터 서둘렀더니 배가 고파 간단히 요기를 하고 게이트 근처에서 시간을 보냈다. 아이는 할머니와 사랑스러운 눈 맞춤을 하며 연신 미소를 띠고 있었다. 매번 남편과 아이와 셋이 여행을 다니다 시부모님과 함께하니 뭔가 북적거리는 느낌이었고, 아이를 돌볼 수 있는 사람이 늘어난 셈이니 마음이 안정되고 여유로워졌다.

우리는 설레는 마음 한가득 안고 다낭행 비행기에 올랐다. 베트남 다낭까지는 4시간 반 정도 걸리는데, 그사이 아이는 잠도 좀 자고 놀기도 했으며 기내식 시간엔 절묘하게 일어나 밥도 챙겨 먹었다. 비행기를 여러 번 타봐 이 시스템에 어느 정도 적응이 된 건지, 아니면 개월 수가 좀 되니 그러는 건지 모르겠지만, 비행기에서도 아주 얌전히 잘 있어주었다.

이번 여행은 아이가 처음으로 소아 요금을 내고 비행기를 탄 여행이었다. 24개월이 지나 항공료의 많은 부분을 내고 탑승해야 하니 솔직히 아깝기도 했지만, 이제 당당하게 자리 하나를 차지하고 가는 것이다. 새삼 아이가 많이 컸다는 사실이 느껴졌다.

오토바이의 물결을 뚫고 리조트로!

다낭 공항에 내려 수하물을 찾기 위해 기다리는데, 아이는 신이 나서 여기저기 뛰어다닌다. 짐 나오길 기다리는 아빠에게 가서 까꿍 놀이를 하지 않나, 저쪽으로 가서 할아버지와 장난을 치질 않나, 정말 에너자이저가 따로 없었다. 공항은 작고 소박했지만 생각보다 쾌적했고, 가족 모두 안전하게 도착했음에 감사했다.

리조트까지는 보통 택시를 타고 이동하는데, 우리는 미리 픽업 차량을 예약했다. 공항을 나오니 내 이름이 적힌 피켓을 들고 서 있는 남자가 있었고, 우리는 그의 안내에 따라 짐을 맡기고 차에 올랐다. 넓고 쾌적하게 가기 위해 16인승을 예약했는데, 가격은 훨씬 비쌌지만 시부모님과 아이와 함께하는 여행이기에 편안함을 우선으로 생각했다. 여행을 마치고 공항으로 돌아올 때는 리조트에서 불러준 택시를 이용했다.

픽업 차량을 타고 리조트로 향하는데, 창밖으로 보이는 거리의 모습에 우리는 꽤나 충격을 받았다. 무질서하고 혼잡하게 보이는 수많은 오토바이 물결에 입이 다물어지지 않았고, 달리는 차 안에서마저 위협이 느껴질 정도였다. 우리는 마치 곡예하듯 운전하는 기사에게 모든 걸 맡긴 채 안전하게 리조트에 도착하기만을 바랄 수밖에 없었다. 이렇게 베트남에 대한 첫인상은 썩 좋지 않았으나, 리조트에 들어서는 순간, 그 마음은 180도 달라졌다!

휴양지로 제격인 다낭

우리 가족이 떠났던 2014년만 해도 다낭이라는 곳을 잘 모르는 사람이 많았다. 베트남 하면 하노이, 호치민 등이 워낙 유명한 관광지였기에 다낭은 생소한 곳이었지만, 해안선을 따라 계속 생겨나는 고급 리조트들 덕에 관광객이 폭발적으로 증가했고, 지금은 명실상부 꼭 가고 싶은 휴양지로 손꼽히게 되었다. 게다가 베트남인이 가장 살고 싶어 하는 도시로 '베트남의 숨겨진 진주'라고 불릴 정도라니 가기 전부터 기대가 컸다.

공항에서 리조트까지는 차로 20분 거리였다. 우리가 빈펄 럭셔리 다낭 리조트를 선택한 이유는 딱 하나, 우리가 여행하는 날짜부터 세 끼 식사를 포함한 가격이 너무 좋았기 때문이다. 우리끼리 여행을 간다면 점심 식사 정도는 대충 햇반이나 컵라면 같은 걸 먹어도 되겠지만, 시부모님을 모시고 가니 식사 문제가 정말 신경이 쓰였다. 매번 레스토랑을 찾아다니는 것도 쉽지 않을 것 같아 고민했는데, 운 좋게도 리조트에서 모든 식사를 해결할 수 있었다.

다낭은 휴양지로 유명한 곳이지만, 관광을 하고 싶다면 얼마든지 바쁘게 돌아다닐 수 있는 곳이기도 하다. 여행의 목적을 어떻게 세우느냐에 따라 일정이 달라지는데, 우리는 처음부터 휴양을 목적으로 했다. 여행을 준비하면서 이런저런 관광지를 사진으로 보긴 했지만 가슴에 확 와 닿을 정도로 매력적인 곳이 없기도 했고, 그냥 좋은 리조트에서 물놀이하고 바닷가 산책도 하며 보내는 게 나을 것 같다는 생각이 들었다.

시부모님과 우리 부부는 바로 옆은 아니지만 비교적 가까운 객실을 배정받았고, 1층인 풀 액세스 룸이라 발코니에서 문을 열면 코앞에 수영장이 있는 곳이었다. 방에서 수영복으로 갈아입고 바로 수영장으로 갈 수 있어 참 편리한데, 아이가 어리다면 이런 객실을 선택하는 것이 좋다. 물론 고층에서 볼 수 있는, 시원하게 한눈에 들어오는 멋진 전망은 포기해야겠지만,

빈펄 럭셔리 다낭 리조트의 전경. 이 여행의 목적은 단 하나, 아무 생각 없이 저 풍경을 즐기며 쉬었다 가는 거다.

우리가 3일간 머문 객실. 카펫이 아닌 마룻바닥이라 더 좋았다.

쉬운 이동과 편리함만 따진다면 개인적으로 휴양지 리조트는 1층이 좋다.

객실은 호텔 후기에서 봤던 것처럼 꽤 넓었고, 침대도 널찍하고 폭신해 세 식구가 함께 지내기에 안성맞춤이었다. 바닥도 먼지 폴폴 날리는 카펫이 아닌 마룻바닥이라 더욱 좋았고, 화장실도 넓어서 여기에 이불을 깔고 자도 되겠다며 우스갯소리를 하기도 했다.

불과 몇 달 전 몰디브로 여행을 다녀왔던 터라 쓸데없이 눈만 높아져 이곳이 만족스럽지 않으면 어쩌나 걱정했는데, 이곳은 이곳만의 매력을 지니고 있었다.

논누옥 해변을 거닐다

여행 첫날이고 아침부터 이동하느라 조금 피곤했기에 각자 방에서 잠시 쉬다가 바닷가 산책을 나가기로 했다. 아이는 이미 할머니, 할아버지 방에서 논다며 시부모님 방에 있었고, 나와 남편은 오랜만에 단둘이 쉬며 여유를 즐길 수 있었다.

짧은 휴식을 마친 우리 부부는 수영장 위치도 파악해두고, 레스토랑이 어디 있는지도 미리 살펴보았다. 아침 겸 점심으로 기내식을 먹었지만 썩 맛있지는 않아서 꽤 남겼는데, 그 뒤로 아무것도 먹지 못해 모두 배가 고팠다. 하지만 저녁 식사 시간이 되려면 아직 시간이 남아 있었기에 그때까지 해변에서 시간을 보내기로 했다.

해변으로 가는 길에 양쪽으로 할머니, 할아버지의 손을 각각 잡은 아이는 씩씩하게 잘도 걸었다. 걸으면서도 양쪽을 번갈아 쳐다보며 신나게 뭐라고 종알거렸다. 아이는 할머니, 할아버지와 함께 여행을 와서 기분이 더 좋은 듯했다. 그도 그럴 것이 아이의 입장에서는 여기가 어딘지가 아니라 누구와 함께 있느냐가 더 중요했을 것이다. 세상에 태어난 순간부터 자기를 가장 아끼고 사랑해주는 사람들이 모두 함께 있으니 더 이상 바랄 것이 무엇이 있겠는가!

해변에 다다르니 시원한 바람과 넘실대는 파도가 우리를 반긴다. 이곳은 논누옥 해변으로, 다낭에서 가장 아름다운 해변 중 한 곳이다. 바다를 한참 보고 있자니 비로소 휴양지에 왔다는 것이 실감 났다. 한낮엔 무척 더웠을 테지만 저녁때가 되어 더위는 한풀 꺾였고, 산책하기에 딱 적절했던 날씨 덕분에 다낭에 온 첫날부터 예감이 좋았다. 바다에서 물놀이를 하며 시간을 보내는 사람들도 있었고, 이제 막 걸음마를 시작한 듯한 아이의 손을 잡고 바닷물에 한 발 한 발 내딛게 해주는 부모의 모습을 보며 나도 모르게 미소가 지어졌다. 이런 풍경을 여행하면서 꽤나 많이 봐왔는데, 신기하게도 볼 때마다 느낌이 새롭다. 특히 아이와 함께 여행을 다니기 시작한 뒤로는 많은 부분을 부모의 입장에서 느끼게 되니 말로 설명하기 어려울 만큼 감정이 벅차오를 때가 있는데, 이번에도 역시 그러했다.

나도 저 부모처럼 아이에게 바다를 느끼게 해주고 싶어 혹시나 하며 시도해보는데, 아이는 아직 바다가 무서운 모양이다. 할아버지 품에 찰싹 안겨 좀처럼 떨어질 기미가 보이지 않았고, 잠시라도 물에 내려놓으려 하면 발을 동동 구르고 난리가 났다.

'그래, 괜히 욕심내지 말자. 때가 되면 다 하겠지'라는 생각으로 그 뒤론 강요하지 않았다.

다행히 수영장에서의 물 공포는 사라졌지만, 바다는 여전히 아이에게 무서운 곳이었나 보다. 그저 할아버지, 할머니 품에 번갈아 안기며 호기심과 함께 공포심 또한 가득한 눈으로 바라보고 있을 뿐이었다.

잔잔한 파도가 치고 저녁노을이 드리워지는 해변은 그야말로 예술이었다. 오렌지빛 노을이 아닌 진한 분홍빛이 오묘하게 섞인 노을은 어떤 곳에서도 볼 수 없을 만큼 장관이었다.

가볍게 바닷가 산책을 마치고 레스토랑으로 자리를 옮겼다. 뷔페식 레스토랑이라 테이블을 안내받은 후 음식을 가지러 갔다. 베트남 음식이 주를 이루고 있었지만, 다양한 나라의 사람들이 찾는 곳이라 그에 맞는 음식들도 준비되어 있었고, 김치도 눈에 띄었다.

배가 너무 고팠던 우리는 퍼 온 음식을 게걸스럽게 먹으며 허기진 배를 채웠다. 리조트에서의 첫 식사였기에 모든 것이 새로웠고 맛도 좋았다. 우리는 맥주를 주문하고, 시부모님과 아이와 함께하는 3대 가족의 안전하고 즐거운 여행을 위해 건배했다.

"나도 나도!"

주스 잔을 들고 함께 '짠!'을 하자며 외치는 아이. 아이 덕분에 웃음이 끊이지 않았다.

몇 접시를 먹었는지 모를 정도로 맛있게 식사한 뒤 디저트로 망고스틴을 쌓아놓고 원 없이 먹으니 더없이 행복했다. 또 마침 테이블마다 돌아다니며 음악을 연주하는 분들 덕에 소중한 선물을 받은 듯했다. 한국 가요를 연주하며 노래를 불러주기도 했는데, 아이는 그 노래에 맞춰 춤을 춘다. 워낙 흥이 많아 평소에도 노래며 춤을 좋아하는데, 밖에서도 예외는 아니었다. 수줍은 듯하면서도 적극적으로 엉덩이를 흔드는데, 그 모습은 몇 번을 봐도 질리지 않는다. 아이를 키우면서 포기해야 하는 것들도 생기지만 그보다 훨씬 많은 행복을 안겨주니, 새삼 아이의 존재가 고맙게 느껴졌다.

논누옥 해변 산책 중 할아버지 품에 안겨 있는 다은이. 작은 수영장이 아닌 거대한 바다에 들어가기가 아직은
무서운가 보다.

다낭에 온 첫날 본 노을. 이렇게 아름다운 풍경을 사랑하는 가족과 함께 볼 수 있어서 행복했다.

하루 종일 수영장,
또 수영장

이른 아침 곤히 자고 있는데 누군가 문을 똑똑 두드린다. 문을 열어보니 어머님이시다.

"다은아, 일어났니?"

아침에 워낙 일찍 일어나시다 보니 아이가 보고 싶으셨는지 직접 찾아오신 어머니. 아이는 할머니 목소리를 듣자마자 기다렸다는 듯 잠에서 깨어 좋다며 따라나선다. 집에서는 좀처럼 볼 수 없던 빠른 행동이라 놀랍기도 하고 살짝 배신감이 들기도 했지만, 그렇게 시부모님 방으로 간 아이 덕에 우리 부부는 좀 더 편안하게 쉴 수 있었다. 우리끼리 여행을 왔다면 아이가 일어나면 우리도 반강제적으로 같이 일어나야 하고, 은연중에 누가 아이를 볼 것인가 서로 눈치를 보며 아이의 행동에 따라 움직이게 되었을 것이다. 돌봐줄 사람이 더 있다 보니 확실히 마음에 여유도 생기고 모든 게 수월했다. 아이 없이 남편과 둘이 누워 있자니 빈자리가 느껴지고 왠지 어색하긴 했지만, 그 느낌이 그리 나쁘지만은 않았다.

여행을 오면 아침마다 확인하는 게 있는데, 바로 날씨다. 예전에 여행을 다닐 땐 이렇게까지 날씨에 연연하지 않았는데, 아이와 여행을 다니다 보니 날씨가 아이의 컨디션만큼이나 중요한 부분을 차지하기에 굉장히 집착하게 된다. 가끔 여행의 성패가 갈리기도 할 만큼 중요한 문제지만, 노력한다고 달라지는 게 아니고 순전히 운에 맡겨야 했기에 더 그랬는지도 모른다. 특히 우리가 갔던 시기가 우기가 시작될 때였기에 출발 전부터 걱정을 많이 했는데, 다행히 여행 기간 내내 비는 오지 않았다. 새벽에 잠깐 내린 적은 있지만, 오히려 다음 날 아침 상쾌함을 선물해줬을 뿐, 여행에 전혀 걸림돌이 되지 않았다.

수영장에선 아이가 왕!

레스토랑에서 조식을 먹은 후 수영장에 갈 준비를 했다. 아이는 드디어 물놀이를 한다며 너무 좋아했고, 튜브와 장난감 등을 챙기고 선글라스를 끼며 맘껏 뽐냈다. 우리는 메인 수영장으로 가서 선베드에 자리를 잡고 누웠다. 추석 연휴라 사람이 많아 붐비면 어쩌나 했는데, 의외로 수영장은 한산했다. 물속에서 노는 사람보다 시원하게 차양이 드리워진 선베드에 누워 책을 읽거나 휴식을 취하는 사람이 더 많았다.

오전 시간인데도 해가 쨍쨍 내리쬐다 보니 벌써 더워지기 시작한다. 모자나 선글라스 없이는 눈도 뜨기 힘든 날씨였다. 아이는 날씨는 아랑곳하지 않고 물을 보자마자 들어가겠다고 했다. 나는 아이를 보행기 튜브에 태운 후, 선글라스와 선캡을 씌우고 튜브에 차양까지 달아 무장하고 조심스

+
리조트의 메인 수영장. 수영을 못 하면 어떠랴. 선베드에 누워서 바라보기만 해도 힐링이 된다.

레 물속에 들어갔다. 몇 달 만의 물놀이라 살짝 상기된 모습이었지만, 할 아버지와 아빠와 함께 있으니 다행히 겁내지 않았다. 싱가포르에서 생겼던 물 공포증을 얼마 전 다행히 이겨낸 덕에 이곳에서는 자연스럽게 물속으로 들어갈 수 있었다.

아이가 수영장에서 신나게 노는 동안 어머님은 또 다른 곳에서 휴식을 취하셨고, 나는 수영장 이곳저곳을 걸으며 예쁜 모습을 사진으로 남기기 바빴다.

빈펄 리조트에는 총 5개의 야외수영장이 있는데, 잔디와 함께 쭉 뻗은 야자수와 수많은 식물에 둘러싸여 있어 분위기가 상당히 싱그러웠다. 강

224

렬한 햇살 덕에 수영장의 물은 눈부시게 반짝반짝 빛나고 있었고, 물 위로 비친 리조트의 모습이 더해져 너무나 아름다운 모습이었다.

메인 수영장 중앙으로 가기 위해 맨발로 바닥을 디디는데, "앗, 뜨거워!" 하는 소리가 절로 나왔다. 아침부터 뜨거운 날씨로 인해 바닥이 데워져서 도저히 걸을 수가 없었다. 마치 열 오른 철판 위에 놓여 있는 듯한 느낌이었기에 이대로 걷다간 발바닥이 익어버릴 것 같아 다시 슬리퍼를 신었다.

중앙으로 오니 수영장부터 바다, 그리고 하늘까지 경계선 구분이 안 될 정도로 끝없이 펼쳐진 인피니티 수영장의 모습을 제대로 볼 수 있었다. 그 모습이 너무 황홀해 더운 날씨 속에서도 그냥 그렇게 멍하니 한참을 바라보았다. 사진에서 보던 것보다 훨씬 아름다웠고, 맑은 날씨 덕분에 눈과 마음이 호강하고 있었다.

'한국에 있었더라면 어머님과 음식 준비를 하고 있었을 텐데, 이번 추석에는 이렇게 아름다운 곳에서 행복한 시간을 보내고 있구나' 생각하니 흥분이 가라앉지 않았고, 조금 더 욕심을 내 매년 추석에 이렇게 여행을 하면 어떨까 하는 상상까지 해보았다.

구석구석 둘러보고 오니 아이는 여전히 할아버지와 아빠와 함께 물속에서 신나게 놀고 있었다. 이내 나를 발견하고는 방긋 웃으며 들어오라고 손짓하는 아이를 외면할 수 없어 물속으로 들어갔는데, 더운 곳에 있다 시원한 물속으로 들어가니 뼛속까지 상쾌한 느낌이었다. 좁디좁은 건물 속 수영장이 아닌 자연이 함께하는 넓은 수영장에서 아이와 함께 놀고 있자니 세상 부러울 것이 없었다. 아이도 신나는 마음을 주체하지 못했고, 아이의 눈높이에 맞춰 잘 놀아주시는 할아버지 덕분에 물놀이가 한층 더 즐거운

뜨거운 태양 아래에선 보행기 튜브 차양도 필수. 온 식구가 돌아가며 너 하나를 위해 몸
을 바쳤다.

물놀이 후에는 아이스크림을 먹어줘야 제맛이죠!

듯했다.

　내리쬐는 태양 아래 실컷 물놀이를 즐기고 간간이 선베드에 누워 휴식을 취하며 나른한 오후를 맞이했다. 한참을 놀다 보니 아이의 얼굴이 발갛게 달아올라 있었다. 아이도 쉬게 할 겸, 한쪽에 있는 바에 가 아이스크림을 주문하니 얼마 후 직원이 우리 자리로 가져다주었다. 할머니가 아이스크림을 퍼서 주니 아이는 잘도 받아먹는다.

　선글라스 낀 채 편안하게 앉아 아이스크림을 받아먹고 있는 모습을 보니 정말 상전이 따로 없다는 말이 계속 나왔고, 아이의 상전 노릇은 여행 내내 계속되었다. 하지만 다행히도 그에 상응하는 애교와 즐거움을 주었기에 충분히 '보필할' 만한 가치는 있었다.

　점심 식사를 한 뒤 우리는 다시 수영장으로 돌아왔다. 리조트 밖을 나가지 않는 이상 이곳에서 할 수 있는 일은 오로지 휴양뿐이었다. 눈에 보이는 건 수영장과 해변이 전부였기에 방에 누워 쉬지 않는 한 할 일은 물놀이밖에 없었다. 3일 동안 수영장을 이곳저곳 옮겨 다니며 놀아보고 각 수영장의 장점을 파악한 후, 나중에는 방에서 제일 가까운 곳에서 오랜 시간 즐겼다. 한쪽에는 유아 수영장도 작게 마련되어 있어 아이가 놀기 좋았는데, 아이는 발이 땅에 닿으니 안심이 되는지 다른 곳보다 더 신나게 즐겼다. 남편은 아이와 놀아주느라 넋이 나간 표정이었다.

　아이는 한번 물에 들어가면 나올 생각을 안 했기에 먹을 것을 준다고 꾀어서 데리고 나와야 했는데, 덕분에 리조트에 있는 동안 우리의 래시가드는 마를 틈이 없었다.

아이와 나의 동상이몽, 호이안

여행 오기 전 여행기를 검색하다가 '호이안'이라는 곳을 발견했다. 베트남 중부의 보석과 같은 도시 호이안은 다낭에서 비교적 가까웠기 때문에 한 번쯤 가보고 싶었다. 세계문화유산으로 등재된 도시이자 베트남에서 유일하게 훼손되지 않은 도시이며, 밤에는 하나둘 켜지는 등불로 형형색색의 은은한 빛이 골목을 밝혀준다는 그곳! 베트남의 작고 예쁜 강변도시 호이안 정도면 아이를 데리고 관광하기에 괜찮을 것이라는 생각이 들었다.

리조트에서는 호이안으로 가는 무료 셔틀버스를 운영하고 있었는데, 사람이 많다 보니 미리 예약을 해야 했다. 한낮에는 너무 더우니 보통 오후에 나가서 저녁 식사를 하며 야경을 즐기고 돌아오는 시간대를 많이 선호한다. 사실 그때가 호이안의 매력을 가장 잘 느낄 수 있는 때이기에 우리도 주저 없이 저녁 시간으로 예약했다.

　　리조트에서 호이안까지는 버스로 30분 정도 거리였다. 처음으로 리조트 밖으로 나온 우리는 버스에서도 창밖을 구경하기 바빴다. 어느새 우리는 호이안에 도착했고, 버스에서 내려 아이를 유모차에 태운 후 호이안 입구 쪽으로 걸어갔다. 역시나 무질서한 오토바이 무리와 매캐한 매연, 거기에 짙은 향냄새까지 더해져 가는 길은 처음부터 조금 힘이 들었다. 그저 이곳을 빨리 빠져나가고 싶다는 생각만 들 정도였다.

　또 입구에서 굉장히 기분 나쁜 일도 겪었다. 여행 오기 전 몇몇 글에서 보긴 했는데, 실제로 그 상황을 맞닥뜨리니 기분이 썩 좋지는 않았다. 호이안 입구에는 매표소가 있는데, 실제로 관광지에 들어가 구경하지 않고 거리만 걸어 다니거나 식사를 하는 정도면 표를 사지 않아도 된다고 했다. 하지만 반강제적으로 표를 구입하게 하고 길을 막고 서서 위협하는 경우가 있는데, 유독 한국인을 포함한 동양인들만 잡아 세우니, 그럴 경우 되돌아 나와 다른 골목으로 가면 그냥 들어갈 수도 있다는 것이었다. 우린 이 상황이 닥치면 어떻게 해야 하나 걱정했는데, 역시나 길을 막아선다. 정말 사람들의 말처럼 유독 동양인만 잡아 세우고 있었다. 아니 대체 왜!

　그것도 굉장히 기분 나쁘게, 무전기를 들고 자기들끼리 뭔가 이야기를 하면서 큰 소리로 표를 사야 한다고 외쳐대기만 할 뿐, 정확한 이유를 설명하지도 않았다. 정말 어이가 없고 기분이 나빴지만, 시부모님과 아이도 동행한 여행이기에 더 이상 얼굴 붉히기 싫어 입장권을 반강제적으로 구입했다. 입장권을 사야 한다면 모두 사는 것이 맞을 텐데, 우리만 부당하게 당하는 듯해 상당히 불쾌했다. 지금도 호이안 입장권에 관한 글을 찾아보면 여전히 문제가 되고 있던데, 과연 언제까지 그럴지 참 의심스럽다.

이런 일이 겹치면서, 호이안에 대한 첫인상은 다낭 공항에서 리조트로 향하는 차 안에서 느꼈던 마음과 별반 다를 바가 없었다. 그래도 이왕 왔으니 좋게 생각하자며 마음을 풀었다. 안 풀면 어쩌겠는가!

평온한 사람들 속, 우리는 전쟁 중

우여곡절 끝에 호이안 안으로 들어가니 주말 저녁이라 그런지 사람들로 붐볐다. 구시가지 거리에는 자전거와 시클로(자전거 인력거)만 다닐 수 있어 오토바이의 매연은 느껴지지 않았지만, 그에 맞먹는 갖가지 향냄새로 가득했다. 거리에는 베트남의 전통의상 아오자이를 입고 농(고깔모자)을 쓴 여성이 많이 보였고, 꽝 가인(Quang Ganh)* 에 팔 물건들을 가득 싣고 다니며 흥정하는 사람도 눈에 띄었다. 골목골목 돌아다니며 베트남스러움이 물씬 풍기는 정겨운 모습들을 보니 거리의 옛 모습과 어울려 그 자체가 그림이었다. 입구에서 기분이 좀 나빴지만 그래도 오길 잘했다는 생각도 들었다. 아이가 또 다른 복병이 되기 전까지는 말이다.

아담한 호이안의 구시가지를 찾은 우리는 산책하듯 천천히 걸으며 마을을 둘러보았다. 시부모님도 리조트에만 있다 밖으로 나오니 기분이 더 좋아 보였고, 아이도 얌전히 유모차에 앉아 있어 모든 게 순탄한 듯했다. 그러다 예쁜 꽃나무가 드리워진 골목길 어귀에서 사진을 찍기 위해 아이를 유모차에서 내리게 했는데, 이때부터 재앙이 시작된 걸까? 아이는 할머니

★ Tip ★
대나무 장대 양 끝에 광주리를 매달고, 그 안에 물건을 담아 운반하는 베트남식 전통 지게.

호이안 시내를 질주하는 오토바이 행렬. 구시가지에는 자전거와 시클로만 다닐 수 있어서 오토바이 매연을 피할 수 있다.

울음보가 터진 다은이. 너와 옥신각신하는 우리도 힘들지만, 네 마음 몰라주는 어른들 때문에 너도 많이 답답하지?

품에 안겨 사진을 찍은 뒤로 다시 유모차에 타려고 하지 않았다. 그냥 얌전히 걸어주면 좋겠지만 그건 어디까지나 나의 바람일 뿐, 아이는 여기저기 신기한 것들이 많으니 계속 가다 서기를 반복했고, 유모차를 직접 끌겠다고 고집을 부리기도 했다.

인내심의 한계를 느끼기 시작한 순간, 한술 더 떠 갑자기 안아달라며 손을 쭉 뻗는다. 결국 할머니에게 안겨 가다가 할아버지에게 안기고, 그다음엔 나와 남편에게 번갈아 안겼다. 도저히 이대로는 안 되겠다 싶어 내려놓자 드디어 울음보가 터졌다. 힘들어 걷기 싫다면서 유모차에도 안 타겠다고 울고불고 떼를 쓰니 어쩔 수 없이 또 안아주었는데, 날이 너무 더워 땀도 많이 나는 데다 아이를 안은 팔이 욱신거려 더 이상 다닐 수가 없을 것 같았다.

그렇게 길 한가운데에서 아이와 옥신각신하며 서 있는데, 우리를 제외한 사람들은 모두 다른 세상에 있는 것처럼 여유롭고 평온해 보인다. 거리는 서서히 어두워지며 등불이 하나둘 켜지고 있었고, 그토록 보고 싶었던 호이안의 마법 같은 시간이 다가왔다. 누군가는 그 분위기에 취해 한껏 포즈를 취하며 사진을 찍고 있었고, 누군가는 강가에 등불을 띄우며 소원을 빌기도 했다. 노천카페와 레스토랑은 저녁 식사 시간에 맞춰 활기를 띠고 있었다. 그렇게 거리는 낭만적으로 변하고 있건만, 우리는 모두 지쳐가고 있었다.

향냄새 때문에 이젠 머리까지 아파올 지경이었고, 근사한 저녁을 먹고 싶다는 생각보다 일단 어디든 시원한 곳을 찾아 쉬고 싶었다. 호이안에 온 지 1시간쯤 되었을까? 제대로 구경도 못 한 채 눈에 보이는 카페로 들어갔다. 시원한 음료와 아이스크림을 주문하고 자리에 앉으니 아이는 그제야 싱글벙글 웃기 시작한다. 나 역시 시원한 곳에 앉아 쉬며 음료를 마시니 한결 살 것 같았다.

"다은아, 맛있어?"

열심히 아이스크림을 먹는 아이에게 아버님이 묻자 "아니, 맛없어"라며 누가 뺏어 먹기라도 할까 봐 아이스크림을 앞으로 쭉 당겨놓고 빠르게 숟가락질하는 아이를 보고는 다들 또 한바탕 웃었다. 할아버지가 뺏어 먹을까 봐 맛없다고 말하는 아이의 센스에 기가 막힐 노릇이었고, 이 조그만 머릿속에 대체 뭐가 들었나 궁금하기도 했다. 오늘도 나는 아이 때문에 힘들기도 했지만, 아이로 인해 또 피곤함이 녹는 듯하다.

시원하게 더위를 식힌 뒤 우리는 고민하다 그냥 그곳을 빠져나왔고, 낮보다 훨씬 아름답다는 호이안의 밤을 제대로 즐겨보지도 못한 채 택시를 잡아타고 리조트로 돌아왔다. 많은 사람이 너무 아름답다며 칭찬 일색이었던 호이안이지만, 우리에게는 힘들고 안 좋은 기억이 더 많았기 때문에 또 가고 싶다는 생각은 들지 않는다. 아이가 아주 큰 후라면 또 모를까. 같은 곳에서 다른 꿈을 꾼 듯한 느낌, 그렇게 호이안은 나와 아이에게 동상이몽이었다.

세계문화유산으로 등재된 아름다운 도시 호이안. 옛 모습이 많이 보존되어 있다.

밤이 되면 하나둘 켜지기 시작하는 등불. 더위에 지친 도시는 밤이 되면 다시 활기를 되
찾았다.

휴양의 조건,
키즈클럽과 수영장

아이와의 여행에서 호텔이나 리조트를 선택할 때 각자 중요하게 생각하는 조건이 있을 것이다. 나는 키즈클럽이 있는지 없는지를 따지는 편이다. 몰디브 여행 중 비가 왔던 날, 아이와 제대로 놀아줄 공간이 없어 아쉬웠을 때, 만약 키즈클럽이 있는 리조트였다면 어땠을까 생각했었다. 관광을 할 수 있는 곳이라면 비가 오더라도 쇼핑센터나 다른 실내 관광지를 돌아보면 되지만, 휴양지 여행은 상황이 달랐다. 그래서 이번 여행에서는 리조트를 고를 때 키즈클럽이 있는 곳을 우선순위로 두었다.

휴양지 리조트에서 빛나는 키즈클럽

하루는 조식을 먹고 바로 수영장으로 가지 않고 키즈클럽으로 향했다. 비록 날씨는 화창했지만, 아이를 위한 선물이라 생각하며 잠깐이라도 장난감을 갖고 놀게 해주고 싶었다. 빈펄 리조트의 키즈클럽은 야외는 잔디가 깔린 놀이터로 되어 있었고, 실내에는 장난감이 가득 놓여 있었다. 아이는 놀이터를 보자마자 본능적으로 미끄럼틀로 다가갔다. 할아버지의 도움을 받아 열심히 미끄럼틀과 그네를 타며 마치 물 만난 고기처럼 바쁘게 움직였다.

날도 더운데 여기저기 뛰어다니니 금세 이마에 땀이 맺혀 실내로 데리고 들어갔다. 문을 연 순간, 시원한 에어컨 바람이 상쾌하게 맞아주었다. 내부의 벽에는 온갖 디즈니 캐릭터 그림이 그려져 있었다. 주방놀이며 탈 것, 예쁜 침대, 장난감 등이 종류별로 준비되어 있었는데, 어른인 내가 봐도 탐나는 물건이 많았다. 아이는 눈이 휘둥그레지며 이리저리 탐색하기 바빴고, 이내 마음에 드는 장난감 쪽으로 총총 걸음을 옮겼다. 역시 여자아이답게 주방놀이로 직행했고, 집에서 하던 것처럼 신나게 요리를 한다.

"할머니, '아' 해봐."

"할아버지, 이거 먹어."

혼자 달그락거리며 흉내를 내고, 이것저것 접시에 담아 바닥에 한 상 가득 차려주고 먹여주기까지 하니 맞장구를 안 쳐줄 수가 없다.

"음, 맛있다. 다은아, 이건 무슨 요리야?"

"응, 물고기 요리야."

아이가 차려준 밥상을 보며 귀여워 웃음이 나왔지만, 진지하게 먹는 시늉을 하며 호응해주었다.

다른 방으로 가보니 볼 수영장도 보이고, 예쁜 자동차 침대도 보였다. 곳곳에 작은 테이블이 놓여 있었고, 이런저런 체험을 할 수 있는 프로그램도 준비되어 있었다. 하지만 그것까지 하기엔 아이가 어리기도 했고, 이곳에서 시간을 오래 할애하기엔 바깥 날씨가 너무 환상적이었기에 적당히 놀고 데리고 나왔다. 아이가 안 나가려고 하면 어쩌나 걱정했지만, 다행히 물놀이하러 가자니 순순히 따라나섰다.

그 뒤로는 키즈클럽에 갈 일이 없을 줄 알았는데, 리조트에서의 마지막 날 저녁, 우리는 그곳에서 또 시간을 보내게 되었다.

한국행 비행기가 새벽에 있었기에 우리는 방 하나를 레이트 체크아웃으로 요청해 저녁 7시까지 객실에 머물렀다. 우리는 짐을 다 챙겨놓고 키즈클럽으로 가 시간을 보냈다. 저녁 8시까지 운영하기에 1시간 정도는 놀 수 있었는데, 저녁때라 그런지 아이들이 한 명도 없었다. 아이도 이곳에 우리 밖에 없다는 걸 알고는 더 신나서 여기저기 돌아다녔다. 지난번에 못 놀았던 장난감을 갖고 놀기도 했고, 예쁜 침대에 누워 사진을 찍어달라고 하기도 했다. 이젠 제법 말을 잘하니 사진 찍어달라고 먼저 요청하기도 하고, 카메라를 들이대면 손으로 브이를 그리며 포즈를 취해주고 있었다.

그동안 물놀이도 하고 재미있게 놀아줬다 생각했는데, 아이는 그래도 장난감이 더 좋은지 한참을 그렇게 잘 놀았다. 체크아웃 후 비행기 타기까지 시간이 꽤 남아 걱정했는데, 이렇게 키즈클럽에서 시간을 때울 수 있으니 새삼 키즈클럽 있는 리조트로 오길 잘했다는 생각이 들었다. 아이를 낳기 전까지는 전혀 개의치 않았던 조건들이 하나둘 늘어가고 있었지만, 그게 우리도 편한 길이기에 앞으로도 휴양지로 여행을 갈 때면 나는 또 주저 없이 키즈클럽이 있는 곳을 선택할 것이다.

우리는 그렇게 신나게 키즈클럽에서 마지막을 불태우다 마감시간이 다 되어 나와야 했고, 함께 놀았던 장난감들과 아쉬운 작별을 해야만 했다.

리조트 내의 키즈클럽. 야외 잔디밭에는 놀이터가, 실내에는 아이가 좋아하는 장난감이 가득하다. 뜨거운 햇볕 아래의 물놀이에 지쳤다면 이렇게 리조트의 키즈클럽을 이용해도 좋다.

모두가 행복했던 부모님과의 여행

이른 아침마다 찾아와 아이를 데려가 우리 부부를 조금이라도 더 쉬게 해주신 어머님, 몸살 나실까 걱정될 정도로 아이의 눈높이에 맞춰 남편보다 더 잘 놀아주신 아버님 덕에 이번 여행은 우리 부부가 특혜를 본 것 같았다. 3대가 함께한 가족여행은 이번이 처음이었는데, 결론부터 말하자면 나는 너무 만족스러웠다. 까다롭지 않은 시부모님 덕분에 몸도 마음도 편했던 여행이었다.

물론 가까이에서 제일 많이 신경 쓰고 도와준 건 남편이었다. 하루는 어머님과 마사지를 받기 위해 아이의 낮잠 시간을 선택해 예약했는데, 잘 때 유독 엄마를 찾았던 시기라 걱정이 많았다. 그렇다고 아이를 데리고 마사지를 받으러 갈 수도 없어 고민하는데, 남편이 아이를 재워보겠다고 했다. 남편의 말에 나는 점심 식사를 한 뒤 어머님과 함께 마사지를 받으러 갔다. 전신 아로마 마사지로 60분을 예약하고 편안하게 마사지를 받았는데, 추석 연휴에 이렇게 팔자 좋게 누워 있어도 되나 하는 생각에 절로 웃음이 나왔다. 1시간 동안 아이 걱정은 하지 않고 오로지 나 자신을 위한 시간을 보냈고, 그 순간에 감사했다.

마사지를 마치고 나온 어머님과 나는 너무 만족스러워 기분이 좋았고, 얼른 아이가 있는 방으로 향했다.

"다은이, 자고 있을까요?"

"글쎄?"

"똑똑."

혹시 몰라 조심스레 문을 두드리니 남편이 어두컴컴한 방에서 슬며시 나온다. 커튼을 죄다 쳐놓고 어둡게 해놓은 뒤 함께 놀다가 아이는 지쳐 잠이 든 모양이다. 조심조심 걸어가 보니 침대 위에서 대자로 누워 색색거리며 자고 있다. 그동안 물놀이를 열심히 하느라 햇볕에 많이 그을려 래시가드를 입었던 곳과 발바닥만 제외하고는 새카맣게 타 있었다. 그 모습을 보니 안쓰럽기도 하면서 웃음이 나왔지만, 자고 있는 아이를 보고 있자니 또 마냥 예쁘고 행복하다. 역시 잘 때가 제일 예뻐!

아이는 그렇게 한참을 잔 뒤 일어났고, 우리는 또 일상처럼 수영장에 뛰어들었다. 객실 앞에 있는 수영장은 나무와 풀이 우거져 다른 곳보다 더 싱그러운 느낌이었는데, 수심이 다양해 놀기에도 좋았다. 아이는 얕은 곳에서 걸으며 할머니와 장난을 치기도 했고, 한쪽에서 할아버지가 누우니 따라 하려고 안간힘을 쓴다. 매일 노는 수영장이 지겨울 법도 한데 아이는 늘 새로운 곳에 온 듯 신나게 놀았다. 물론 재미있게 놀아주는 할아버지, 할머니가 곁에 있어서 더 그랬을지도 모른다.

나는 혼자 그늘이 드리워진 선베드에 누워 솔솔 불어오는 바람을 맞으며 또 한 번 여유를 즐겼다. 그러다 아이는 시부모님께 잠시 맡겨두고 남편과 함께 바닷가 산책에 나섰다.

눈부시게 화창한 날씨 덕에 하늘과 바다는 온통 파랬고, 고운 모래사장 위로 작은 게들도 간간이 보였다. 아침마다 아버님이 게를 잡아 물통에 넣어 아이에게 선물하곤 했는데, 아이는 지금도 가끔 "할아버지가 집게게 잡아줬었지?"라고 말하며 그 기억을 되새기고 있다. 커가면서 어릴 적 기억은 차츰차츰 없어지겠지만, 그래도 행복했던 순간은 아이도 잊지 않고 있다는 사실에 놀라움을 감출 수가 없다. 그래서 더 많은 세상을 보여주고 더 많은 경험을 하게 해주고 싶어 자꾸 데리고 다니고 싶은 건지도 모르겠다.

할아버지, 할머니와 함께해서 더욱 행복한 여행이었을 다은이. 3대가 함께한 여행에서 아이는 '나는 세상에서 가장 사랑받는 아이'라고 느꼈을 것이다.

여행을 다녀온 뒤 3대가 함께한 여행은 어땠는지, 아니 직설적으로 시부모님과의 여행이 어땠는지 주변에서 많이 물어본다. 한마디로 이야기하자면, 나는 너무나 편안하고 감사했던 여행이다. 나에게는 여유를 즐길 시간이 더 많이 주어졌고, 아이 역시 할아버지, 할머니와 함께여서 좋았을 테니까.

날씨도 좋았고, 가족 모두 건강하게 잘 지냈으며, 무엇보다 추석 연휴에 떠났던 여행이기에 두고두고 잊히지 않을 여행이 될 것이다.

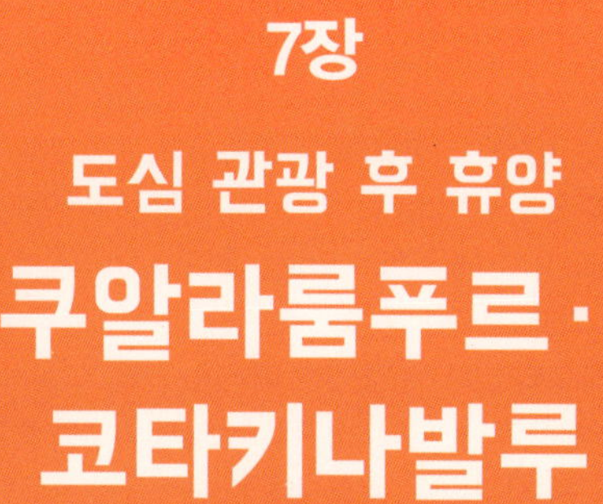
7장

도심 관광 후 휴양

쿠알라룸푸르·
코타키나발루

여행 정보

비행시간 : 인천에서 쿠알라룸푸르까지 6시간 30분 정도 소요(직항 기준)되며, 대한항공, 말레이시아항공, 에어아시아 엑스 등이 운항하고 있다.

인천에서 코타키나발루까지 5시간 정도 소요(직항 기준)되며, 대한항공, 아시아나항공, 이스타항공, 말레이시아항공, 에어아시아, 진에어 등이 운항하고 있다.

쿠알라룸푸르와 코타키나발루는 에어아시아를 이용하면 저렴하다.

기후 : 말레이시아는 전형적인 열대우림형 기후로 1년 내내 고온다습하며, 연평균 최고 기온은 34도, 최저 기온은 25도 정도다. 쿠알라룸푸르의 우기는 10~12월과 3~5월, 건기는 1~2월과 6~9월이고, 코타키나발루의 우기는 11~2월, 건기는 3~10월이다.

시차 : 1시간 느리다.(우리나라가 11시일 때 말레이시아는 10시.)

전압 : 220~240볼트지만 3소켓의 플러그를 사용하니 멀티 어댑터를 준비한다.

화폐 : 링깃(MYR). 1링깃=약 300원. 우리나라에서 링깃을 취급하는 곳이 많지 않으므로 환전은 현지에서 하는 것이 좋은데, 우리나라 돈을 현지에서 바로 환전할 수 있으며, 5만 원권 등 단위가 큰 것이 환전 시 유리하다. 공항에서 일정 부분을 환전한 뒤 나머지는 시내에서 하는 것이 좋다.

여행 필수 준비물

1년 내내 더운 곳이므로 기본적으로 반소매 옷은 필수다. 실내엔 에어컨으로 인해 추울 수 있으니 얇은 카디건이나 점퍼를 준비한다.

선크림, 선글라스, 모자, 양산 등 햇빛을 피할 수 있는 아이템과 물놀이용 튜브, 수영복, 방수기저귀, 비상 약과 우산 등도 함께 챙기고, 동굴투어 등을 할 경우, 모기약이나 벌레퇴치제도 준비하는 것이 좋다.

쿠알라룸푸르 공항에서 시내까지 가는 방법

쿠알라룸푸르 공항(KLIA)에서 시내까지는 주로 택시를 타고 이동하거나 KLIA 익스프레스, 버스 등을 이용한다. 아이와 함께 간다면 호텔 바로 앞까지 택시를 타고 가는 게 제일 편하겠지만, 비용을 고려한다면 버스가 가장 저렴하다.

1. 택시

택시에는 쿠폰택시와 미터택시가 있다. 쿠폰택시는 미터에 상관없이 요금제 측정기로 금액을 매기고 인원이나 짐에 따라 금액이 추가되는데, 따로 흥정할 필요도 없고 바가지요금 걱정할 필요도 없으니 편하게 쿠폰택시 타는 것을 추천한다. 보통 택시를 타고 시내 중심지인 KL 센트럴까지 가는 데 80~150링깃 정도(일반택시와 고급택시 요금 차이도 있음)이며, 1시간 정도 걸린다. 출퇴근 시간이 겹치면 시간이 더 걸리기도 한다.

2. KLIA 익스프레스

공항에서 KL 센트럴까지 가는 초고속 열차로, 터미널에 따라 제1터미널은 28분, 제2터미널은 33분 소요된다. 가장 빠르게 갈 수 있지만, 호텔 위치에 따라 다시 LRT(지하철)나 모노레일, 택시 등을 이용해야 하는 경우도 있으므로 두 명 이상일 경우엔 택시가 더 낫다. 가격과 스케줄에 관한 자세한 사항은 사이트(https://www.kliaekspres.com)를 참고하면 된다.
- 요금 : 편도 기준, 어른 55링깃, 아이(2~12세) 25링깃 / 왕복 기준, 어른 100링깃, 아이 45링깃

3. 버스

공항에서 KL 센트럴까지 가는 리무진 버스로, 많은 사람이 이용하는 가장 저렴한 방법이다. 대략 1시간 정도 소요되며, KLIA 익스프레스와 마찬가지로 KL 센트럴에서 내려 숙소까지 다른 교통수단을 이용해 이동해야 한다. 저렴하게 이용할 목적이라면 버스를 추천한다.
• 요금 : 11링깃. 배차 간격은 30분 정도다.

코타키나발루 공항에서 시내까지 가는 방법

공항에서 시내까지는 멀지 않으므로 택시나 호텔 셔틀버스를 이용하면 된다. 택시는 택시 쿠폰을 구입한 후 이용할 수 있다. 비용은 샹그릴라 탄중아루까지 30링깃 정도 나오니 참고할 것!

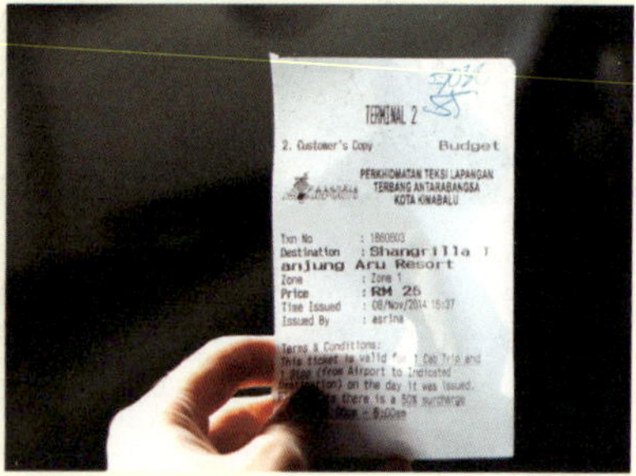

추천 숙소

쿠알라룸푸르는 페트로나스 트윈 타워가 가까이 있는 시티 센터 근처나 교통의 중심지인 KL 센트럴 근처에 잡는 걸 추천한다. 휴양도 즐길 수 있지만 대부분 관광이나 쇼핑 일정으로 잡게 되므로 이동이 편한 곳이 좋다.

코타키나발루는 관광보다 휴양 위주의 여행을 추천하는데, 아이와 함께하기 좋은 수영장이나 키즈클럽이 있는지 잘 살펴보는 게 좋다. 대부분 공항에서 멀지 않은 곳에 있어 이동은 쉬운 편이다. 일정이 길다면 해변 쪽과 시내 쪽을 섞어서 예약해도 좋다.

쿠알라룸푸르 : 트레이더스 호텔 쿠알라룸푸르, 그랜드 하얏트 쿠알라룸푸르, 샹그릴라 호텔 쿠알라룸푸르, 힐튼 쿠알라룸푸르, 만다린 오리엔탈 쿠알라룸푸르, 인비토 호텔 스위트, 르 메르디앙 쿠알라룸푸르, 더블트리 바이 힐튼 쿠알라룸푸르, JW 메리어트 호텔 쿠알라룸푸르, 알로포트 쿠알라룸푸르 센트럴 등

코타키나발루 : 수트라하버 리조트, 샹그릴라 탄중아루 리조트, 샹그릴라 라사리아 리조트, 가야 아일랜드 리조트, 르메르디안 호텔, 하얏트 리젠시 키나발루, 그랜디스 호텔, 프롬나드 호텔 등

쿠알라룸푸르 트레이더스 호텔의 객실

코타키나발루의 샹그릴라 탄중아루 리조트의 객실

쿠알라룸푸르 · 코타키나발루 여행 관련 사이트

하이말레이시아 카페 http://cafe.naver.com/multiroader

투어말레이시아 카페 http://cafe.naver.com/worldmcpe

코타키나발루 자유여행 전문 코타포유 카페 http://cafe.naver.com/speedplanner

에어아시아 타고 가는 쿠알라룸푸르 여행 카페 http://cafe.naver.com/airasiatour

쿠알라룸푸르 · 코타키나발루 5박 7일 추천 코스

쿠알라룸푸르와 코타키나발루의 경우 여행 목적을 달리해 다녀오면 좋은데, 쿠알라룸푸르에서 관광 및 쇼핑 등을 즐기고, 코타키나발루로 휴양 여행을 떠나면 안성맞춤! 물론 날씨와 상황에 따라 여행 코스는 달라질 수 있으니 참고하도록 하자. 코타키나발루의 경우, 시내 관광은 솔직히 그리 볼 것이 없다는 평이 많다. 아이와의 여행이니 무리하지 말고 휴양 위주로 즐기되, 여건이 된다면 다른 섬 투어 등을 신청해 떠나봐도 좋을 것이다.

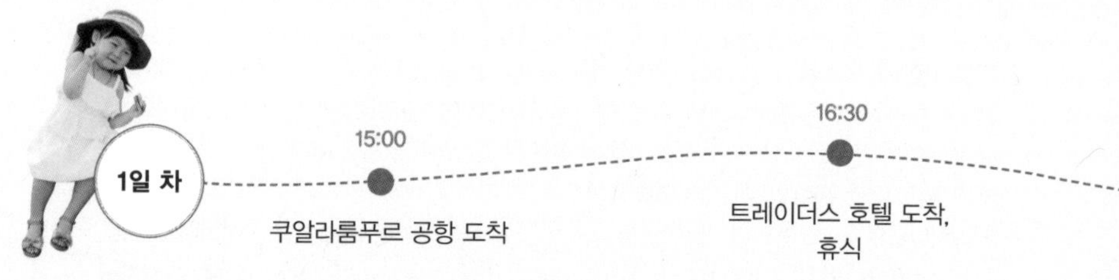

1일 차
15:00
쿠알라룸푸르 공항 도착
16:30
트레이더스 호텔 도착, 휴식

2일 차
10:30
조식 후 부킷 빈탕 둘러보기
12:30
파빌리온 쇼핑몰에서 점심 식사
14:00
메르데카 광장, KL 시티 갤러리

3일 차
10:00
조식 후 체크아웃, 공항 이동
15:30
코타키나발루 공항 도착

4일 차
10:30
조식 후 물놀이 및 휴식
13:00
점심 식사 후 물놀이 및 낮잠 (엄마는 스파 받기)

248

쿠알라룸푸르의 페트로나스 트윈타워 전망대의 경우, 가고자 하는 날의 일몰 시간을 알아
본 후 해질 무렵부터 야경까지 볼 수 있는 시간대로 예약하는 것이 좋다.
코타키나발루의 야경을 즐길 경우에는 리조트에서도 잘 볼 수 있는 곳이라면 좋겠지만 시
내로 나가 해변 근처 카페나 레스토랑 등에서 식사를 즐기며 감상해도 좋다.

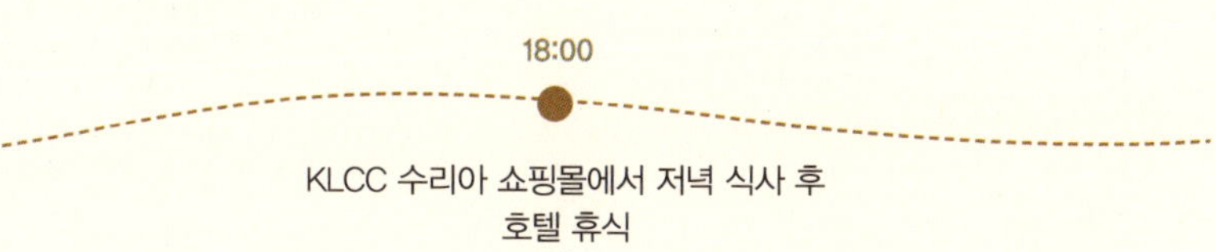

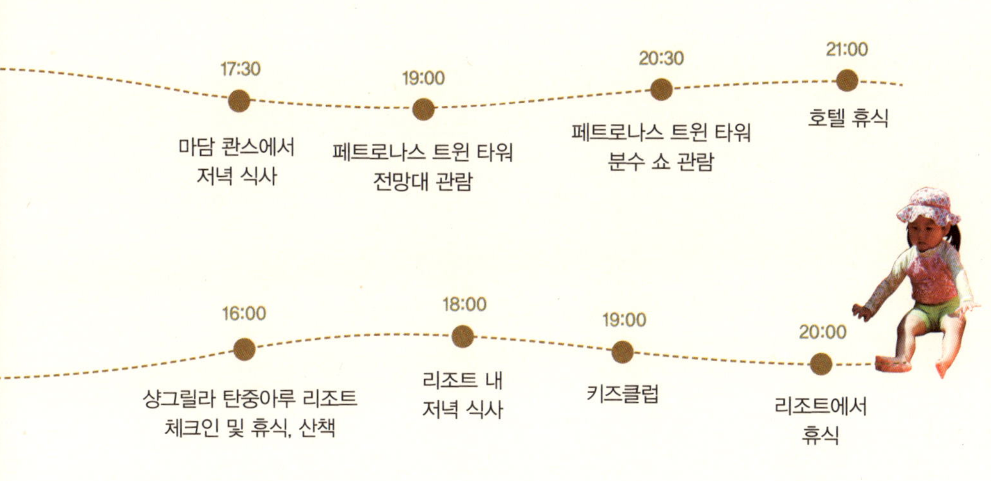

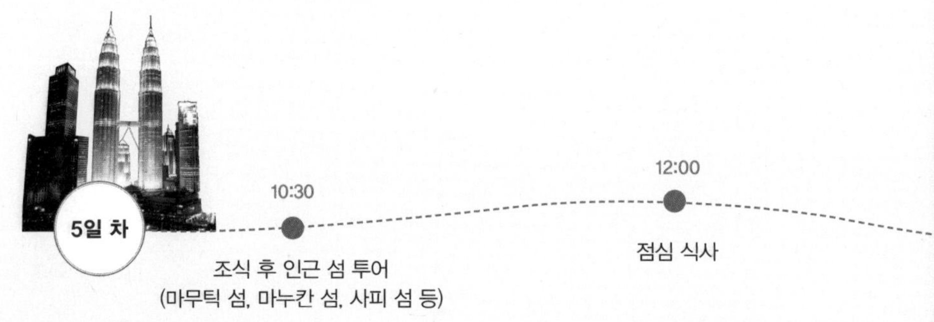

5일 차
10:30
조식 후 인근 섬 투어
(마무틱 섬, 마누칸 섬, 사피 섬 등)
12:00
점심 식사

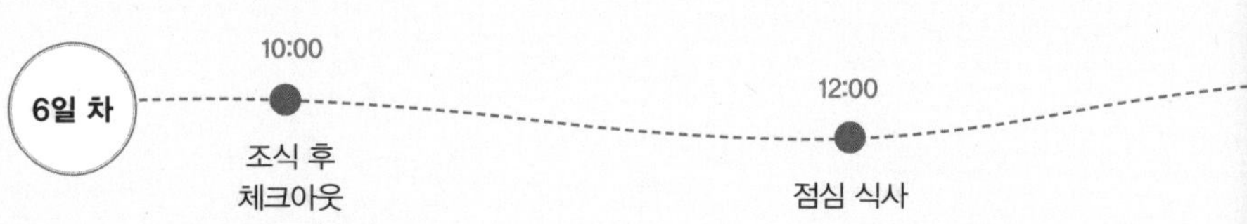

6일 차
10:00
조식 후
체크아웃
12:00
점심 식사

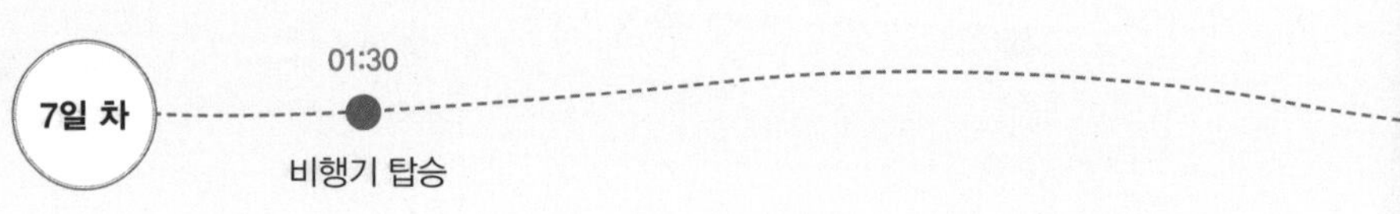

7일 차
01:30
비행기 탑승

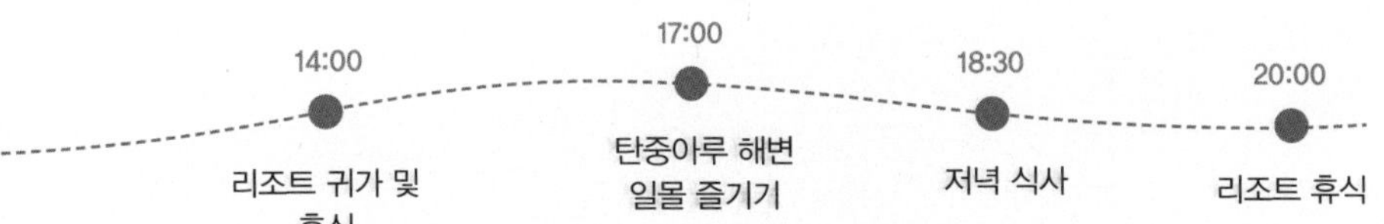

14:00
리조트 귀가 및
휴식

17:00
탄중아루 해변
일몰 즐기기

18:30
저녁 식사

20:00
리조트 휴식

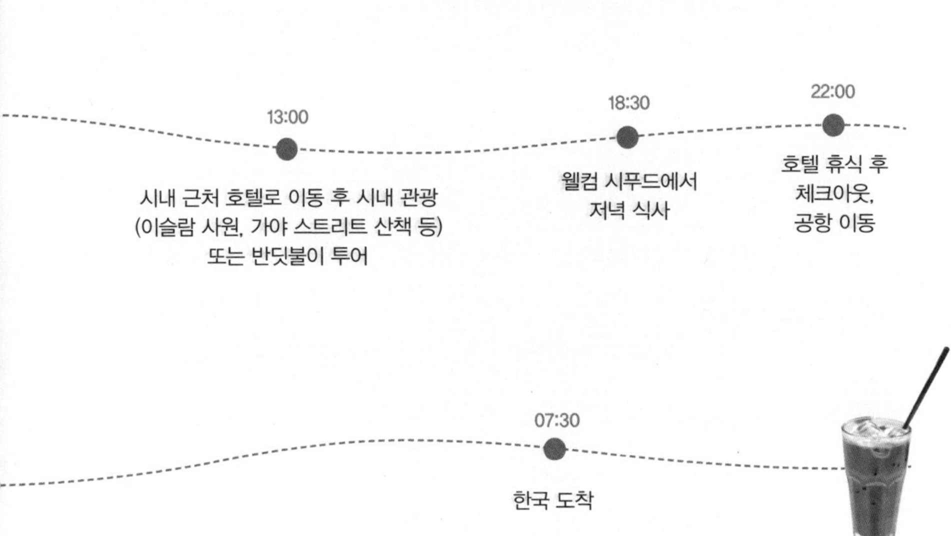

13:00
시내 근처 호텔로 이동 후 시내 관광
(이슬람 사원, 가야 스트리트 산책 등)
또는 반딧불이 투어

18:30
웰컴 시푸드에서
저녁 식사

22:00
호텔 휴식 후
체크아웃,
공항 이동

07:30
한국 도착

남편의 생일 선물을
빙자한 여행

유난히도 안 가본 곳으로의 여행을 계획했던 그해, 우리의 마지막 여행지는 말레이시아였다. 딱히 꼭 가야지 했던 건 아니었고, 아이를 낳고 키우는 동안 여행을 못 다녔던 나 스스로에게 보상이라도 하듯 항공권 특가 프로모션이 뜰 때마다 항공권을 구입하곤 했는데, 그중 한 곳이었다.

에어아시아는 공격적인 마케팅을 하면서 많은 특가 상품을 내놓았는데, 쿠알라룸푸르 국제공항에 본사를 두고 있기 때문에 일단 그쪽에 관심이 갔다. 쿠알라룸푸르를 다녀온 사람들의 여행기를 보다 그곳의 랜드마크인 페트로나스 트윈 타워를 알게 되었고, 이곳을 거쳐 그동안 가보고 싶었던 코타키나발루까지 함께 묶어서 다녀오면 좋겠다는 생각이 들었다.

그래서 에어아시아 특가가 떴을 때 인천에서 쿠알라룸푸르까지 가는 표를 예매해놓고, 다음 특가가 떴을 때 쿠알라룸푸르에서 코타키나발루까지 가는 국내선을 따로 예약했다. 둘 다 매우 저렴하게 했기에 상당히 만족스러웠으나, 돌아올 때가 문제였다. 아이가 있으니 웬만하면 직항으로 오고 싶었기에 편도 표를 알아봤는데, 가격이 너무 비싸 가지고 있던 마일리지를 이용하기로 했다. 아시아나항공 마일리지로 코타키나발루에서 인천까지 직항 항공권을 예약했는데, 차근차근 스케줄을 완성해놓으니 뿌듯하기 그지없었다. 이게 나중에 큰 후회를 안겨주긴 했지만.

또 하나의 선물, 비즈니스석 업그레이드

여행 준비에 박차를 가하고 있을 즈음, 반가운 메일 한 통이 선물처럼 다가왔다. 예전에 '옵션타운'이라는 곳에 신청해놓은 에어아시아 프리미엄 좌석으로 업그레이드가 됐다는 소식이었다. 옵션타운은 빈자리가 있을 경우 해당 업체가 딜을 해서 저렴한 가격에 좌석을 업그레이드해주는 서비스로, 수수료 명목의 가입비만 내고 신청하면 된다. 우린 운 좋게 당첨되어 아주 적은 금액만 추가해(원가의 71퍼센트 정도 저렴하게) 비즈니스석을 이용할 수 있었다.

출발하기 3일 전 이 사실을 알게 되어 너무 기뻤고, 시작부터 운이 좋다는 생각에 여행 전부터 설렘 지수가 폭발했다. 저가항공 이코노미석에서 힘겹게 비행할 줄 알았다가 편안하게 두 다리 뻗고 하늘을 나니, 역시 비즈니스석이 좋긴 좋다는 생각이 들었다. 대형항공사의 비즈니스석 같은 풀 서비스 케어링은 없었지만, 이 가격에 편안하게 다리 쭉 펴고 갈 수 있다는 것만으로도 너무 감사했다. 게다가 오늘은 남편의 생일! 늘 생일이나 기념일에는 서로에게 주는 선물 대신 어디론가 여행을 가려고 노력하는데, 이번엔 남편에게도 근사한 생일 선물이 된 것 같아 기분이 좋았다.

시작부터 좋았던 쿠알라룸푸르 여행. 하지만 비행기에서 내려 캐리어와 유모차를 기다리는데, 뭔가 착오가 생겨 1시간을 공항에서 허비하게 되었다. 설상가상으로 캐리어 바퀴에도 문제가 생겼다. 짜증이 나려 했지만, 여행에서 충분히 있을 수 있는 일이니 긍정적으로 생각하기로 했다. 화를 낸다고 해서 달라지는 건 하나도 없으니까.

여행 첫날은 긴 비행에 공항에서 숙소까지 또 이동할 것을 생각하며 무리한 일정을 넣지 않는데, 이번에도 호텔에 도착하면 다른 일정 없이 쉴 계획이었다. 택시를 타고 공항을 빠져나와 예약해둔 호텔로 가는데, 정말 계획대로 쉬라는 계시인지 거센 비와 함께 천둥 번개까지 요란하게 친다. 아이는 무서운지 내 옆에 바싹 붙어 앉았고, 나는 아이를 꼭 끌어안아주었다. 사실 나도 너무 큰 천둥소리가 무서워 아이에게 의지하고 있었는지도 모르지만.

비도 오는데 퇴근 시간까지 겹쳐 호텔까지 예상보다 시간이 많이 걸렸다. 비행기에서라도 편안하게 있다 오지 않았더라면 셋 다 심신이 굉장히 피곤했겠구나 싶었다.

쿠알라룸푸르에서 2박을 지내게 될 곳은 트레이더스 호텔로, 페트로나스 트윈 타워가 한눈에 보이는 곳이었다. 일부러 돈을 더 추가해 페트로나스 트윈 타워가 잘 보이는 방으로 선택했는데, 정말 두고두고 후회하지 않을 선택이었다. 2박 3일 내내 지겹도록 멋진 광경을 볼 수 있었고, 밤에는 반짝반짝 빛나는 건물 덕에 일부러 밖에 나가 야경을 구경하지 않아도 됐을 정도였다. 아이도 호텔 창을 통해 보이는 전망이 마음에 드는지 연신 "우아, 우아" 하며 외쳐댔다.

객실 창밖으로 보이는 페트로나스 트윈 타워. 도착한 날부터 비가 내리기 시작했다.

페트로나스 트윈 타워의 야경. 이곳에 머무는 내내 이 야경을 구경할 수 있었다.

비가 올 땐 역시
쇼핑몰

일어나자마자 가장 먼저 달려간 곳은 창가였다. 큰 창문을 통해 보이는 바깥 풍경은 예상대로 비였다. 나는 절망과 탄식이 섞인 짧은 한숨을 내쉬었고, '오늘은 어디 갈까'가 아닌 '비 안 맞고 놀 수 있는 곳이 어디일까'를 생각할 수밖에 없었다.

아이와의 여행에서 아이 컨디션과 더불어 중요한 걸 꼽으라면 단연코 날씨라고 말하고 싶다. 아이와의 여행이 아니라도 여행지에서의 날씨는 정말 큰 몫을 차지하는데, 아쉽게도 쿠알라룸푸르에 있는 동안 거의 내내 비가 내렸다. 아주 잠시 해가 비추긴 했지만 채 반나절도 되지 않았고, '어디 밖으로 관광을 가볼까' 생각했을 땐 또다시 비가 많이 내리고 있어 포기할 수밖에 없었다.

비가 오니 실내에서 놀자

조식을 먹고 어디를 갈까 고민하다 일단 망가진 캐리어를 수리하기 위해 근처 쇼핑몰에 매장이 있나 검색해보았다. 다행히도 캐리어 매장이 호텔에서 멀지 않은 파빌리온 쇼핑몰에 있었고, 전화를 해보니 그곳에서 AS가 가능하다고 해 쇼핑몰로 향했다. 우리 호텔이 있던 KLCC에서 파빌리온 쇼핑몰까지 연결된 스카이 워크는 에어컨이 빵빵하게 나오고 있어서 걷는 내내 쾌적하고 시원했다.

다행히 캐리어 수리는 금방 끝났고, 우리는 쇼핑센터 구경을 하며 환전도 마저 하고 디저트 집으로 향했다. 홍콩에서 유명한 허유산이 있기에 들러 간단히 디저트를 즐기는데, 아이는 그곳에 있던 종이와 연필을 가지고 열심히 뭔가를 그렸다. 테이블 위에 조식 레스토랑에서 가져온 빨간 사과를 올려놓고 또 혼자만의 놀이에 빠져 있는 것이다.

"다은아, 뭐 그려?"

"응, 나 조개껍데기."

전혀 조개껍데기 같아 보이지 않았지만, 아이가 그렇다니 그렇게 보이기도 했다. 다낭 여행에서 할머니가 자주 불러줬던 "조개껍질 묶어 그녀의 목에 걸고" 하는 노래를 배워 집에서도 자주 흥얼거렸는데, 여행 와서도 이따금씩 부르곤 했다. 그러다 책에서 보던 조개껍데기를 생각하며 그림도 그리고……. 두 돌 이후 갑자기 늘어난 언어와 노래, 춤에 몇 번이나 뒤로 넘어질 뻔했는데, 여행을 와서도 아이는 자라고 있었다.

다 먹고 나와야 하는데도 아이는 연필과 종이를 손에서 놓지 못했고, 결국 주인에게 양해를 구하고 가지고 나오게 되었다. 아이 장난감을 챙겨 나오지 않은 나의 실수였지만, 다행히 좋은 주인을 만나 아이는 새로운 장난감을 하나 더 얻을 수 있었다.

쿠알라룸푸르에 가면 몇 가지 먹어보고 싶은 게 있었는데, 그중 하나가 올드타운 화이트커피였다. 말레이시아에서 일명 '별다방', '콩다방'보다 인기 있는 로컬 커피숍 브랜드로, 커피와 설탕, 크림을 황금비율로 섞은 달고 부드러운 커피를 파는 곳이었다. 남편은 이런 커피를 좋아하지 않지만 나는 평소에도 달콤한 믹스커피를 즐겨 먹는 터라 꼭 맛보고 싶었다. 마침 쇼핑몰을 돌다 눈앞에 그 카페가 나타났고, 우린 그곳에서 또 잠시 쉬기로 했다. 커피와 카야 토스트를 주문하고 아이를 앉혀놓았는데, 자꾸 돌아다니고 싶어 하는 눈치다. 일단 주문한 메뉴가 나오기 전 손잡고 한 바퀴 돌며 구경을 시켜주고, 자리로 돌아와서는 막대사탕을 하나 입에 물려주었다. 아이와의 여행에서는 늘 아이를 진정시킬 수 있는 물건들이 필요한데, 젤리와 막대사탕이 큰 역할을 한다. 엄마, 아빠와 함께 여행에 따라와주는 것이니 일종의 보상을 해주자는 심리로 평소보다 많이 주긴 하지만, 도움이 되는 건 사실이다.

간식을 줄 때도 난 그냥 주지 않고 아이의 애교를 한 번이라도 더 보고 싶어 "예쁜 짓" 하고 외치는데, 그러면 아이는 볼에 구멍이 날 만큼 손가락으로 콕 찌르며 고개를 한쪽으로 갸우뚱한다. 그리고 곰 젤리나 막대사탕을 주면 입이 귀에 걸릴 만큼 웃는다. 여행에서 이런 일이 잦다 보니 아이가 일상에서도 스스로 예쁜 짓을 하며 무언가를 요구하기도 하지만, 아이의 애교는 언제 봐도 행복하다. 이때 아니면 또 언제 볼 수 있겠는가? 귀엽고 사랑스러운 지금 이 시간이 참 소중하다.

디저트 집에서 열심히 낙서 중인 다은이. 연필과 종이를 놓지 못해 결국 가지고 나오고
말았다.

쿠알라룸푸르에서 가장 유명한
올드타운 화이트커피에서 마신
커피. 달콤한 커피를 좋아하는
내 입맛에 딱 맞다.

혼자만의 쇼핑을 즐기다

점심을 먹으러 나가려는데 얄궂게 또 비가 내리기 시작한다. 일기예보에 계속 비로 표시되어 있었기에 포기하긴 했지만, 오전에 잠깐 비춘 해를 보며 혹시나 하는 희망을 가졌었다. 하지만 아쉽게도 비는 우리가 여행을 마치고 공항으로 돌아갈 때까지 내리다 멈추기를 반복했다.

유모차를 끌고 우산을 쓴 채 외부 관광을 나가기는 힘들 것이라는 판단에 우리는 짧은 쿠알라룸푸르 여행을 쇼핑몰과 근처 공원을 돌아보는 것으로 만족하기로 했다. 호텔 지하와도 연결되어 오가기 편했던 KLCC 수리아 쇼핑몰은 페트로나스 트윈 타워 내에 위치한 최신 시설의 쇼핑센터다. 시내 중심에 위치해 있고 LRT KLCC 역과도 연결되어 있어 늘 사람들로 북적거렸다. 점심을 먹고 아이에게 아이스크림을 하나 사 준 뒤 유모차에 앉혀놓은 채 쇼핑몰을 구경하며 돌아다녔다. 아이가 잠들면 쿠알라룸푸르에 오면 다들 사 간다는 로컬 매장에 들어가 편안하게 신발을 구경하겠다는 소박한 계획을 세웠는데, 아이는 도무지 잘 생각이 없어 보였다.

그때 남편이 내 마음을 읽은 듯 아이랑 놀고 있을 테니 들어가서 구경하고 오라며 배려해준다. 잠시 망설이다 얼른 다녀오겠다고 말하고 매장으로 들어갔고, 수많은 인파를 뚫고 마음에 드는 신발을 하나 골라 신속하게 쇼핑을 마치고 나왔다. 사실 더 오래 구경하고 이것저것 다 신어보고 싶었지만, 사람도 너무 많고 아이와 함께 있는 남편이 신경 쓰여 빨리 나올 수밖에 없었다. 그렇게 쇼핑몰을 둘러본 후 우리는 잠시 쉴 겸 호텔로 다시 들어왔다. 호텔 위치가 좋다 보니 바깥에서 구경하다 힘들면 들어와 쉬기 좋았고, 심심하면 또 쇼핑센터로 가 놀다 오곤 했는데, 역시 도심에서 호텔을 잡을 땐 위치나 교통이 참 중요하다는 걸 또 한 번 느꼈다.

쉬면서 아까 사 온 신발을 꺼내 신어보는데, 아이가 자기도 신어보겠다고 한다. "엄마, 이거 예쁘다" 하며 그 작은 발을 큰 신발에 슬며시 넣는데, 그 모습이 너무 귀여워 또 한 번 웃고 말았다. 아이도 큰 신발을 신은 모습이 우스운지 그걸 신고 까르르 웃으며 호텔 방 안을 이리저리 걸어 다닌다. 여자아이라 그런지 확실히 옷이나 신발에 관심이 많았고, 예쁜 물건에 대한 욕심도 많았다. 어린이집에 갈 때도 그렇게 옷을 고르려고 해 아침마다 전쟁을 치르기 시작하던 때였는데, 지금도 그 전쟁은 진행 중이라 가끔 힘들긴 하지만, 나름 본인의 호불호를 표현하는 거니 잘 자라고 있다는 증거로 받아들이는 중이다.

시간이 흘러도 창밖에는 비가 하염없이 내리고 있었다. 외부 관광은 포기해야 했지만, 아이는 호텔 방에 들어와 잠시 쉬는 이 시간이 더 즐거워 보였다. 그러다가 배가 고프면 쇼핑몰로 나가 밥을 먹기도 하면서 우리는 나름 지루하지 않게 시간을 잘 보냈는데, 그것만으로도 감사할 수밖에 없던 상황이었다.

폭우로 얼룩진 전망대

2박 3일의 일정이지만 첫날도 오후 늦게 도착했고 떠나는 날인 내일도 낮 비행기로 코타키나발루로 향해야 했기에 온전하게 하루를 즐길 수 있는 날은 오늘뿐이었다.

쿠알라룸푸르에서는 페트로나스 트윈 타워를 보는 게 가장 큰 목적이었기에 나는 저렴하지 않은 금액임에도 주저 없이 한국에서 미리 전망대를 예약해두었다.* 현장 예매도 가능하지만 아침부터 줄이 길다는 후기가 많아 미리 예약하고 갔던 것이다. 시간은 화려한 쿠알라룸푸르의 야경을 볼 수 있는 저녁 7시로 정했다. 호텔에서 지겹도록 바라보는 페트로나스 트윈 타워지만, 높은 곳에서 보면 더욱 색다른 느낌일 것이라는 생각에 이번 여행 중 가장 기대하고 있던 일정이었다.

전망대에 가기 전 저녁을 먹고 갈 계획이었기에 호텔에서 조금 일찍 나왔다. 나오기 전 역시나 창을 통해 날씨를 보는데, 비는 조금 그친 것 같았지만 페트로나스 트윈 타워 위쪽으로 안개가 자욱했다.

"자기야, 저것 봐. 건물 위쪽이 없어졌어."

남편도 바깥 상황을 보고는 그저 웃었다. 오늘 전망대에서 뭘 제대로 볼 수나 있을까 싶었지만, 마지막까지 희망의 끈을 놓고 싶지 않았다.

수리아 쇼핑몰에 있는 마담 콴스에 들러 저녁을 먹고 전망대로 향했다. 예약 시간 30분 전에 미리 가 티켓을 교환해야 했기에 서둘렀는데, 생각보다 일찍 도착해 근처를 구경하며 돌아다녔다. 에어컨 때문에 너무 추워서 얼른 가방에서 긴소매 점퍼를 꺼내 아이에게 입혔다. 더운 지역이지만 실내는 추운 곳이 많아 늘 갖고 다녔는데, 그렇게 준비한 것이 빛을 발하는 순간이었다.

우리는 선물 가게로 가 아이 스티커도 사고, 마트에 들러 아이에게 오렌지 주스도 사 주며 시간을 보냈다. 드디어 전망대에 오를 시간이 되었고, 간단한 소지품 검사를 하고 유모차를 맡긴 뒤 입장할 수 있었다. 남편과 나는 방문자 확인증을 받아 목에 걸었고, 아이는 확인증 대신 가슴에 예쁜

★ Tip ★

전망대 온라인 예약 http://www.petronastwintowers.com

스티커를 붙였다. 색깔별로 그룹이 나뉘어 함께 움직이게 되는데, 우리는 파란색 팀이었다.

첫 번째 코스는 엘리베이터를 타고 트윈 타워를 잇는 스카이브리지까지 올라가는 것인데, 페트로나스 트윈 타워가 지어진 과정이 연도별로 화면에 표시되었다.

페트로나스 트윈 타워는 명실상부한 쿠알라룸푸르의 상징이다. 이 쌍둥이 건물이 한국에도 유명한 이유가 있는데, 바로 건설에 우리나라가 참여했기 때문이다. 건물 하나는 우리나라가, 하나는 일본이 건설했는데, 우리나라가 일본보다 35일 늦게 착공했지만 최종 완공은 6일을 앞섰다고 한다. 유치하긴 하지만, 그래도 일본을 이긴 것 같아 은근히 기분이 좋다. 그렇게 약 7년 만에 완공된 페트로나스 트윈 타워는 452미터에 이르는 88층 건물로, 세계에서 가장 높은 건물 9위를 기록하고 있다.

화면을 감상한 뒤 두 타워를 이어주며 지탱해주고 있는 스카이브리지로 올라갔다. 지상 170미터 높이에 있는 41~42층에 위치하고 있는데, 예전에는 관람이 허용되지 않았지만, 지금은 일정 시간 관광객에게 개방하고 있었다.

그곳까지 고속 엘리베이터를 타고 올라가는데, 서서히 귀가 먹먹해진다. 엘리베이터가 좁아 같이 올라가는 사람들의 숨소리마저 느껴졌다. 엘리베이터는 눈 깜짝할 사이에 올라갔고, 직원이 마중 나와 스카이브리지에 관해 설명해준다. 그사이 스카이브리지에서는 다른 팀이 야경을 즐기고 있었고, 그 팀의 관람이 끝난 뒤엔 우리가 들어가 볼 수 있었다.

스카이브리지로 들어가기 전까지 바깥 날씨가 어떤지 너무 궁금했다. 오후에 나와 쇼핑몰 안에서 밥 먹고 놀다 전망대로 바로 오다 보니 바깥 날씨를 전혀 알 길이 없었기 때문이다. 안개는 걷혔을까? 비는 그쳤을까? 온갖 상상을 다 하며 창문을 바라보는데…… 역시나 비가 주룩주룩 내리고 있다. 보슬비도 아니고 거의 폭우 상태의 비를 보자 여기저기서 아쉬운 탄식이 들려온다. 모두 나와 같은 생각이겠거니 싶었지만, 위로가 되지는 못했다. 전망대에서 보는 노을과 야경이 멋지다는 후기를 보며 엄청 기대했는데, 날을 잡아도 참 잘못 잡았다. 아니, 운이 없었던 것일까?

여기를 봐도 저기를 봐도 창문엔 온통 빗물 자국뿐이었고, 야경은 제대로 볼 수도 없었다. 남편은 그래도 뭔가를 보여주고 싶어 아이를 안고 바깥을 보여주는데, 아이도 아쉬운지 한마디한다.

"아빠, 비 온다."

"그래, 비가 오네……."

스카이브리지에서 15분 정도 시간을 보낸 뒤 다시 한 번 엘리베이터를 탔다. 진짜 전망대가 위치한 86층까지 또 한 번에 고속으로 올라갔고, 이곳은 나름 볼거리가 많았다. 게다가 높은 곳으로 올라오니 맞은편에 있는 건물의 꼭대기와 첨탑이 한눈에 보였는데, 가까이에서 보니 생각보다 웅장하고 신기한 모습에 입이 다물어지지 않았다. 외벽을 스테인리스와 유리로 장식했다고 하는데, 그래서인지 강하게 내리는 빗줄기 속에서도 유난히 반짝거렸고, 마치 미래에 와 있는 듯한 착각마저 들었다.

"다은아, 저것 봐. 신기하지?"

아이는 무슨 생각을 하는지 혼자 열심히 바라보고 있었다. 비록 여기가 어딘지 알지는 못할 테지만, 뭔가 또 신기한 게 눈앞에 있구나 생각했을 것이다. 잠시였지만 마치 현실세계와 동떨어진 곳에 와 있는 느낌이었다. 비록 비도 많이 오고 나중엔 안개 탓에 잘 보이지도 않았지만, 그래도 멀

스카이브리지에서 다들 비 내리는 창밖을 바라보고 있다. 하필 비 내리는 날의 전망대라니, 운도 참 없다.

"아빠, 비 온다." "그래, 비가 오네……."

리서만 바라보던 페트로나스 트윈 타워에 오길 잘했다는 생각이 들었다. 쿠알라룸푸르에 와서 이거라도 해서 다행이라는 생각이었을까?

전망대에서 내려와 건물 바깥으로 나오니 거짓말처럼 비가 잦아들고 있었다. 그 틈을 타 페트로나스 트윈 타워의 모습을 담아보고, 쇼핑몰에서 간식거리를 사 호텔로 향했다.

호텔로 들어와 맥주 한잔하며 창문에 기대어 트윈 타워를 바라보는데, 마침 분수 쇼를 하고 있었다. 아, 이런 걸 두고 호사라고 하는 걸까? 굳이 밖에 나가 구경하지 않아도 될 만큼 근사한 전망을 볼 수 있었으니, 두고 두고 느끼는 거지만 호텔 하나는 정말 기가 막히게 잘 잡았다는 생각이 들었다.

비록 여행 내내 비가 와 마른 땅을 밟아보지도 못하고 떠나야 해 아쉬웠지만, 쿠알라룸푸르에 다시 와야 할 이유가 추가된 셈이니 좋게 생각하기로 했다. 그때는 부디 날씨가 화창하기를!

코타키나발루,
맑음

온종일 비가 내렸던 쿠알라룸푸르에서의 짧은 여행을 뒤로한 채 우리는 또 다른 희망을 안고 코타키나발루로 향했다. 외국 공항에서 인천공항이 아닌 다른 여행지로 향한다는 것에 기분이 좋았고, 목적이 다른 여행지 두 곳을 붙여서 계획해놓으니 시간도 절약되는 느낌이었다.

쿠알라룸푸르에서 에어아시아 국내선을 타고 대략 2시간 반이 걸리는데, 아이는 비행기 안이 좁은데도 잘도 잔다. 우리는 코타키나발루 공항에 내려 간단히 늦은 점심을 먹고 택시 승강장으로 가 택시 쿠폰을 구입했다. 우리가 갈 샹그릴라 탄중아루 리조트는 공항에서 매우 가까워 엉덩이를 붙이자마자 내린 느낌이었다.

　　　3박을 하게 될 코타키나발루 샹그릴라 탄중아루에 들어서니 직원들이 반갑게 맞이해주었다. 우리는 시원한 웰컴 주스와 물수건으로 잠시나마 더위를 식혔다. 체크인을 하고 객실로 가는 길, 마치 자연 속에 들어온 듯한 느낌이라 너무 좋았다. 문을 열기가 무섭게 아이는 방으로 뛰어들어갔고, 새로운 집에 왔다며 "꺅꺅" 돌고래 소리를 냈다. 그러다가 어느새 테이블 위에 놓인 웰컴 과일을 집어 들고 또 열심히 갖고 놀고 있다. 사진을 찍어달라며 포즈를 취하기도 하고.

　밖을 내다보니 여전히 비가 부슬부슬 내린다. 여기까지 와서도 비만 보다 가게 되는 건 아닌가 하는 생각에 걱정스러웠는데, 다행히 다음 날부터 날씨가 좋아졌고, 우리가 그리 박복한 사람들은 아니구나 싶었다.

　우리는 이번에도 1층 객실을 배정받아 테라스 쪽 입구를 통해 바깥으로 드나들었다. 바로 이어지는 널찍한 푸른 잔디 위엔 싱그러운 나무가 가득했고, 편히 쉴 수 있는 의자들도 놓여 있었으며, 아침마다 모닝콜을 해주는 새소리는 옵션이었다. 자연 속에서 푹 쉬는 느낌이라 쿠알라룸푸르 도심 여행 후 코타키나발루 휴양 여행으로 마무리하길 잘했다는 생각이 들었다. 게다가 리조트 바로 앞에는 멋진 일몰을 볼 수 있다는 탄중아루 해변이 있었다.

　코타키나발루는 보르네오 섬에 위치한 말레이시아의 대표적인 휴양지로, 2000년 유네스코 세계자연유산으로 지정된 키나발루 산과 에메랄드빛 바다로 둘러싸여 있는 곳이다. 연중 따뜻한 기후에 '바람 아래의 땅'이라는 별명처럼 태풍 궤도 아래쪽에 위치하고 있다 보니 지진이나 태풍 등 자연재해가 거의 없는 곳으로 유명하다. 어디 그뿐인가? '세계 3대 일몰'로도 유명하기에 아이와 꼭 한 번 가보고 싶은 곳이었다.

몰디브 여행을 위해 싱가포르를 잠시 거쳤던 것처럼 이번 여행도 코타키나발루를 위해 쿠알라룸푸르를 거쳐 왔다 해도 과언이 아니었다. 여행지를 선택할 때 사람 많은 시끌벅적한 곳으로의 관광이 그립기도 한 반면, 녹음이 우거진 야자수 아래에서 느긋하게 즐기는 여유 또한 놓치고 싶지 않은데, 두 목적을 적절히 섞어 계획을 짠다면 아이도 부모도 모두 만족할 만한 여행이 될 것이다. 컨디션 조절에도 도움이 되고 말이다.

리조트 산책길에는 하늘 위로 쭉쭉 뻗은 야자수들이 자리 잡고 있었다. 우리는 아침에 일어나면 아이와 함께 그곳을 산책하곤 했다. 함께 바다를 바라보며 맞이하는 아침은 근사하기 짝이 없었고, 아이도 우리 부부도 너무 평온하고 행복했다.

코타키나발루에 있는 동안 매일 널찍한 침대에서 세 식구 꼭 붙어 자고, 함께 식사하고, 바쁘게 시간 맞춰 가야 할 스케줄 없이 물놀이를 즐기며 아이에게 집중할 수 있어 좋았다. 아이에게는 세 번째 휴양 여행이었는데, 아이는 조금 커서 그랬는지 이곳에서 가장 재미있게 놀았던 것 같다.

+

리조트와 연결된 탄중아루 해변에서 멋진 일몰을 볼 수 있다.

+

아침이면 야자수 사이를 따라 산책하고, 바다를 보며 하루를 시작했다. 바쁘게 시간 맞춰 움직여야 할 스케줄이 없으니 오롯이 아이에게만 집중할 수 있었다.

수영장 슬라이드
100번 타기

빼놓을 수 없는 스케줄, 수영장

코타키나발루 여행을 계획하며 리조트 고민을 많이 했는데, 샹그리라 탄중아루 리조트를 선택한 이유는 바로 수영장 시설 때문이었다. 다녀온 사람들도 아이와 함께 간다면 이곳이 최고라고 주저 없이 추천해주었고, 마침 키즈클럽도 있었기에 더 고민할 필요가 없었다. 아이들이 놀기 좋은 야트막한 유아 수영장도 있었고, 인공 해변을 본떠 만든 듯 들어갈수록 점점 수심이 깊어지는 수영장도 있었다. 한쪽엔 튜브 사용이 불가능한 성인용 수영장도 있었는데, 아이 때문이라기보다 우리 부부가 수영을 못해 일찌감치 포기했다.

우리는 수영복으로 갈아입고, 강렬한 태양에 맞설 선크림도 두둑이 바르고 튜브에 바람도 넣으며 만반의 준비를 마쳤다. 아이는 선베드 위에서 우유를 쭉쭉 들이켜며 에너지를 보충했다. 처음엔 깊이 들어가길 꺼렸기에 아빠와 함께 물이 얕은 곳에 앉아 가위바위보를 하며 놀기도 했고, 뭔가 둘만의 놀이를 하기도 했다. 둘의 모습이 어찌나 알콩달콩하고 사랑스러운지 쉽게 끼어들 수 없을 것 같았고, 나는 오히려 잘됐다 싶어 혼자 잠시 선베드에 누워 휴식을 취했다. 새파랗게 물든 하늘에 하얀 구름이 두둥실 떠 있고 시원한 바람을 맞으며 이렇게 편안히 누워 있으니 말 그대로 지상낙원이 따로 없는 듯했다.

좀 쉬고 있으니 아이가 저 멀리서 "엄마" 하며 부른다. 엄마를 가만히 놔두지 않는 효녀 덕에 나의 짧은 휴식은 끝이 났지만, 하나도 아쉽지 않았다.

보행기 튜브에 태우자 아이는 작은 손으로 연신 첨벙대기 바빴고, 아빠를 잡는다며 안 하던 발장구까지 쳤다. 짧은 두 다리로 동동거리며 움직이는 것이 어찌나 웃기던지.

오전인데도 햇볕이 강하게 내리쬐다 보니 수영장 물은 빛에 반사되어 반짝반짝 빛났고, 우리의 얼굴은 빨갛게 익어가고 있었다. 중간중간 밖으로 나와 선베드에서 함께 쉬기도 했는데, 리조트에서 제공하는 과일과 물을 먹으며 열심히 수분을 보충하는 것도 잊지 않았다.

조금 쉴 만하니 남편이 또 놀러 가자고 제안한다.

"다은아, 우리 미끄럼 타러 가볼까?"

남편은 아이 손을 잡고 슬라이드 시설이 모여 있는 곳으로 갔다. 그곳에는 시원하게 물이 쏟아지는 워터 바스켓뿐 아니라 네 종류의 바디슬라이드도 있었는데, 아이들은 물론 어른들에게도 인기가 많았다. 우리는 아이를 아이용 슬라이드에 먼저 태웠는데, 타기 전엔 무서워하더니 한 번 타보곤 계속 타겠다고 했다.

"재미있어. 또 타자."

아빠 손을 잡고 계단을 올라간 뒤 혼자 내려오면 내가 밑에서 잡아주는 식으로 협동해서 아이와 놀아주었고, 아이가 원하는 만큼 충분히 태워준 뒤 이번엔 좀 길게 내려올 수 있는 파란 슬라이드로 자리를 옮겼다. 계단을 더 많이 올라가 높은 곳에서 내려오는 건데, 구불구불하게 되어 있다 보니 경사가 완만한 편이라 어린아이들이 타기에도 괜찮아 보였다.

하지만 우리 집 겁쟁이가 꼭 엄마와 타겠다고 해서 아이를 안고 함께 내려갔는데, 은근히 재미있었다. 나중에 남편이 찍은 사진을 보니 나는 세상을 다 가진 듯 함박웃음을 짓고 있었고, 아이는 행여 물이 튈까 살짝 겁에 질린 표정이었다. 그래도 엄마와 함께여서 재미있는지 계속 타기를 원했고, 나는 나중에는 지쳐 남편에게 배턴을 넘겼다. 그런데 무게가 좀 나가는 아빠는 속도가 안 붙어 아이를 안은 채 스스로 몸을 질질 끌고 내려와야 했고, 아이는 이게 뭐냐는 표정이었다. 결국 파란 슬라이드는 온전히 나의 몫이 될 수밖에 없었다.

우리는 매일매일 수영장에서 슬라이드를 즐기며 여행을 만끽했다. 휴양 여행 본연의 목적을 충실히 즐기며 슬라이드의 매력에 빠져 셀 수 없이 많이 탔지만, 전혀 지겹지 않았다. 아이보다는 오히려 내가 더 즐겼는지도 모르겠다. 수영장에만 가면 어느새 본능적으로 계단을 오르고 있었으니까.

대체 청소는 왜 안 해주는 거죠?

샹그릴라는 전 세계 휴양지의 체인 호텔로 이미 럭셔리 호텔 업계에서 입지를 굳히고 있는 만큼 코타키나발루에서도 매우 유명한 리조트

상그릴라 탄중아루 리조트를 숙소를 정한 데는 수영장 시설이 한몫했다. 얕은 유아 수영장은 물론 인공 해변, 슬라이드 등 아이와 물놀이하기로는 최고의 장소다.

다. 여행을 갈 때 잠자는 곳에 그리 큰돈을 투자하지 않는 편이지만, 리조트에서 보내는 시간이 많은 휴양지로 여행을 갈 때는 나름 돈을 쓰는 편이다. 아이와 놀기도 좋고 여러모로 유명한 리조트였기에 주저 없이 선택했는데, 실망스러운 일을 겪고 올 줄은 꿈에도 몰랐다.

우리는 매일 아침 조식을 먹고 수영장에 갔다가 아이의 낮잠 시간 때문에 오후 1시 전에는 방으로 다시 돌아오곤 했다. 점심을 먹고 낮잠을 재운 뒤 다시 나가 놀기 위해서였다.

보통 체크아웃을 하지 않는 이상 오전에서 낮 사이에 청소가 이루어지는데, 이곳은 이상하게도 아이가 낮잠을 자고 있던 오후 3~4시에 들어와 청소를 하려고 했다. 첫날은 아이를 재우느라 청소를 포기했다. 왜 오전에 하지 않았는지 의아했지만, 충분히 그럴 수 있다고 생각했다. 우리가 그저 시간대 운이 없었나 보다 생각하며 대수롭지 않게 넘겼다. 그런데 둘째 날도 똑같은 일이 발생했다. 오전에 실컷 수영장에서 놀다 들어왔는데, 방은 여전히 정리되지 않은 채 엉망이었다. 그리고 또 전날처럼 아이가 낮잠을 자고 있을 때 청소를 하러 왔다.

"똑똑."

노크 소리가 들렸고, 남편은 아이가 자고 있으니 잠시 후에 다시 와달라고 부탁했다.

아이가 낮잠에서 깬 뒤 우리는 이번엔 청소를 꼭 해주겠지 생각하며 밖으로 나가 오후 물놀이를 즐겼다. 신나게 수영장에서 미끄럼도 타고 리조트 앞 탄중아루 해변도 구경하면서 시간을 보낸 후 방으로 돌아왔는데, 역시나 방 상태는 그대로였다. 문을 열면서 설마설마했는데 청소가 되어 있지 않았고, 우리 부부는 점점 화가 나기 시작했다. 뭐, 이런 말도 안 되는 서비스가 다 있는 거지?

간신히 마음을 진정하고 남편이 프런트에 전화를 걸었다. 청소 시간이 자꾸 엇갈리는 건지 한 번도 청소를 받지 못했으니 지금 당장 청소를 해달라고 부탁했다. 그곳에선 알겠다고 대답했고, 우리는 그 말을 믿고 아이를 데리고 곧바로 키즈클럽으로 향했다.

아이는 첫날 한 번 이용해봤기 때문인지 아주 재미있게 잘 놀았다. 마침 외국인 친구도 있어 말은 안 통하지만 함께 장난감을 갖고 놀고 주방놀이도 하며 나름의 역할놀이까지 즐겼다. 그렇게 1시간 반 정도를 보낸 뒤, 우리는 이 정도면 간단하게라도 정리해놓았겠지 생각하고 방으로 돌아왔다.

문을 연 순간, 오 마이 갓! 여전히 청소가 되어 있지 않았다. 몇 번을 요청하고 일부러 자리까지 비워가며 시간을 줬는데도 안 되어 있으니 너무 화가 났고, 남편은 다시 프런트로 전화했다.

남편은 "우리가 리조트에 온 지 3일째인데 첫날 저녁 턴다운 서비스(Turn Down Service)* 외에는 청소를 한 번도 받지 못했다. 정당한 요금을 지불하고도 기본적인 서비스조차 받지 못한다는 게 말이 되느냐? 우리가 먼저 청소를 요청하고 당신들이 해주겠다고 해서 자리까지 비우고 밖에서 시간을 보내고 왔는데도 안 되어 있는 이 상황을 대체 어떻게 설명할 거냐" 등등 우리의 입장을 조목조목 설명했다. 나 혼자 왔더라면 영어가 짧아 조리 있게 컴플레인을 걸기 힘들었을 텐데, 이 상황에서 영어 잘하는 남편이라 참 다행이고 든든하기까지 했다.

고객의 취침 직전에 간단히 객실을 청소하고 잠자리를 돌봐주는 작업.

우리가 묵었던 샹그릴라 탄중아루 리조트 객실. 우리가 운이 나빴던 건지 머무는 내내 단 한 번의 청소 서비스도 받지 못했다.

리조트의 키즈 클럽. 아이들은 말이 통하지 않아도 금방 친구가 되어 잘 어울려 놀았다.

여행을 그렇게 많이 다녔지만 이런 일은 처음이라 황당하기도 했고, 하필 휴양지에서 겪게 되니 더 안타까웠다. 리조트 측에서는 죄송하다는 말과 함께 다음 날 레이트 체크아웃으로 보상해주기로 했다.

우리는 그렇게 나름의 보상을 얻어내고 간단한 턴다운 서비스를 받는 데 만족해야 했다. 마지막 날에 오후 9시까지 편히 리조트에 있을 수 있었던 것은 다행이었지만, 결국 우리는 3박을 하는 내내 단 한 번의 청소도 받지 못했다. 정말 우리가 운이 나빴던 건지 원래 그런 건지는 아직도 의문이다.

아름다운 일몰에
물들다

코타키나발루에 와서 가장 해보고 싶었던 일을 꼽으라면 바로 멋진 일몰을 보는 것이었다. 그리스 산토리니, 남태평양 피지와 함께 '세계 3대 일몰'로 유명한 코타키나발루 일몰!

매일매일 반복되는 일상처럼 이곳에서도 시간은 똑같이 흘러가고 있었고, 태양 역시 뜨고 지기를 반복했다. 여행지라고 해서 시간이 더디게 가는 것도 아니었고, 일상의 연장선상에서 장소만 바뀌었을 뿐이지만, 여행은 그 자체만으로도 특별한 선물이었다. 평소 일몰을 즐기며 살 여유가 없었기에 여행지에서만큼은 시간만 맞는다면 꼭 챙겨보려 하는데, 코타키나발루에 왔으니 일몰은 선택이 아니라 필수였다.

첫날 오후 부푼 꿈을 안고 일몰을 기다렸지만, 흐린 날씨 탓에 제대로 된 일몰을 즐길 수 없었다. 무척 아쉬웠지만, 기회가 이번만 있는 게 아니니 다음 날을 기다렸다.

해가 뉘엿뉘엿 넘어가는 오후 5시쯤이 되면 사람들이 유독 한 곳으로 몰려나온다. 객실 밖으로 나오면 잔디가 펼쳐지는데, 그곳에 일몰을 즐길 수 있도록 벤치가 군데군데 놓여 있었다. 조금만 늦게 가도 자리가 없었기에 우리는 일찌감치 포기하고 서서 즐기는 쪽을 택했다. 한쪽에 마련된 바에도 사람들이 모여들었고, 주변 난간에도 삼삼오오 걸터앉아 모두 한마음 한뜻으로 기다렸다.

해가 지기 시작하면서 싱그러웠던 초록 잔디들이 주황빛으로 물들기까지는 그리 오랜 시간이 걸리지 않았다. 하늘과 바다 역시 불타듯 물들고 있었다. 짧은 일몰 시간이 아까운지 사람들은 사진 찍기에 여념이 없었고, 우리 역시 이 멋진 순간을 놓칠세라 연신 카메라 셔터를 눌러댔다.

가만히 서서 멍하니 바라보고 있으니 해와 함께 바다로 빨려 들어갈 것만 같았고, 정신을 차리고 보니 해는 어느새 저 멀리 사라지고 있었다. 우리는 어둠이 다가오면서 시시각각 변하는 풍경을 사진은 물론 두 눈과 마음에 가득 담아왔다.

날씨 운이 좋지 않으면 예쁜 일몰을 보기 힘들다던데, 우리가 갔던 11월이 우기였는데도 아름다운 일몰을 볼 수 있었던 건 행운이었다. 물론 매일 날씨가 다르니 일몰의 모습도 달랐는데, 그래서 그런지 그날그날의 일몰이 모두 특별했다.

아이도 이 멋진 모습을 조금이라도 잘 볼 수 있게 안아서 보여주곤 했는데, 두 팔로 내 목을 감싸고 볼을 비비며 달콤한 한마디를 건넨다.

"엄마, 사랑해."

"엄마도 다은이 너무너무 사랑해. 세상에서 제일 사랑해, 알지?"

아이는 그 뜻을 아는 듯 따뜻한 미소를 보여주었고, 그 미소는 아름다운 일몰보다 더 강렬하게 마음에 박혔다.

해가 완전히 넘어갈 즈음이 되면 금세 어둠이 드리운다. 사람들은 여운이 남는지 쉽게 자리를 뜨지 못했고, 우리 역시 그랬다. 남편은 아이를 목말 태워 같은 곳을 함께 바라보며 멋진 포즈를 취하기도 했고, 우리는 그렇게 코타키나발루 일몰에 함께 물들어가고 있었다.

또다시 찾아온 밤, 언제 그랬냐는 듯 리조트의 분위기는 다시 고요해졌고, 곳곳에 등불이 밝혀진다. 함께 일몰을 즐겼던 사람들은 모두 뿔뿔이 흩어졌다. 밤을 더 즐기려는 사람들은 바에서 칵테일을 한 잔 기울였을 것이고, 우리처럼 아이를 동반한 가족여행객들은 또 다른 방법으로 시간을 보냈을 것이다.

이렇게 또 하루가 지나고 있음을 아쉬워하며 우리는 방으로 돌아왔다. 비록 청소 문제로 마음이 상하긴 했지만, 멋진 일몰을 보고 나니 금세 마음이 풀어지는 듯했다. 그래도 마지막 날은 레이트 체크아웃 서비스로 밤 9시까지 머무를 수 있었고, 그 덕에 또 한 번의 일몰을 선물받은 셈이니까.

훗날 아이와 코타키나발루를 다시 가게 된다면 함께 또 멋진 일몰을 볼 수 있길 기대해본다.

아빠 어깨에 올라 일몰을 즐기는 다은이. 여행에서 아빠와 아이는 이처럼 하나가 된다.

그토록 기다렸던 코타키나발루의 일몰. 훗날 아이와 함께 이곳을 찾아와 다시 볼 수 있게 되길.

✽ 비즈니스석을 이용한다면 기종 확인은 필수!

아이와 여행할 때 비즈니스석을 이용하면 몇 배나 편한 여행이 될 수 있다. 제 돈 주고 사기엔 비싸기 때문에 항공 마일리지를 이용하는 경우가 많은데, 우리 역시 코타키나발루에서 인천으로 오는 직항 편을 마일리지를 이용해 아시아나항공 비즈니스석으로 예약했다. 싱가포르와 몰디브 여행에서 비즈니스석을 너무 편하게 이용했었기에 남은 마일리지를 탈탈 털어 아이까지 총 3석을 예약했고, 기대감에 부풀어 비행기에 탑승했다.

마침 새벽 비행기였기에 좌석을 눕혀 푹 자면서 갈 생각이었는데, 비행기를 탄 순간 아차 싶었다. 좌석에 앉아 버튼을 눌러보니 세상에, 뒤로 살짝 기울어질 뿐 눕혀지지 않는 것이다. 설마 비즈니스석인데 이러진 않겠지 싶어 다시 한 번 시도해봤지만 소용없었다.

그때 알았다, 기종을 확인했어야 했음을.

그동안 몇 번 비즈니스석을 이용했어도 다 가능했기에 당연히 모든 좌석이 그런 줄만 알았던 나의 큰 오산으로 우리 가족은 마일리지는 마일리지대로 쓰고 유류할증료까지 몇십만 원을 내고는 우등고속버스보다 못한 비즈니스석을 울며 겨자 먹기로 이용해야만 했다.

아이는 그래도 어렸기에 비스듬히 누워 자면서 올 수 있었지만, 남편과 나는 허리는 물론 다리도 제대로 펴지 못해 잠도 거의 이루지 못했고, 그렇게 5시간여를 날아 인천공항에 도착했다.

나는 꼼꼼하게 준비해서 나쁠 건 하나도 없다는 것을 이번 경험을 통해 크게 깨달았고, 이 사건 이후로는 여행 전에 기종 확인은 필수로 하게 되었다. 물론 그 뒤로 비즈니스석은 더 이상 이용하지 못했지만 말이다.

기종 확인은 시트구루(http://www.seatguru.com)라는 항공사 기종별 좌석 배치 정보 사이트를 이용하면 된다. 이용할 비행기 편명을 입력하면 추천 좌석, 화장실, 출입구 등 시설 배치도를 자세히 볼 수 있다. 일등석이나 비즈니스석에 관한 설명뿐 아니라 이코노미석 추천 자리도 볼 수 있으니 참고하자.

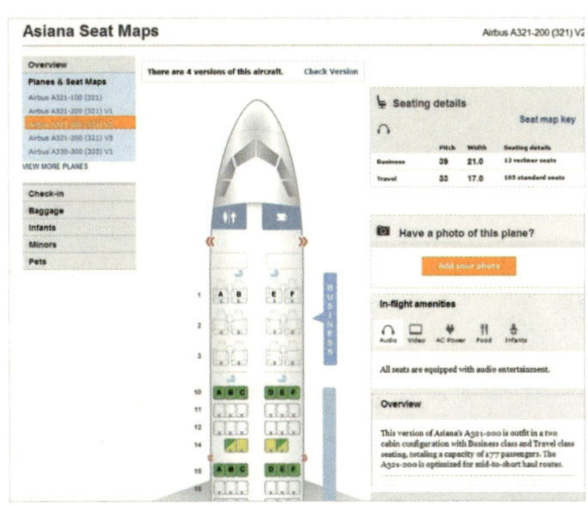

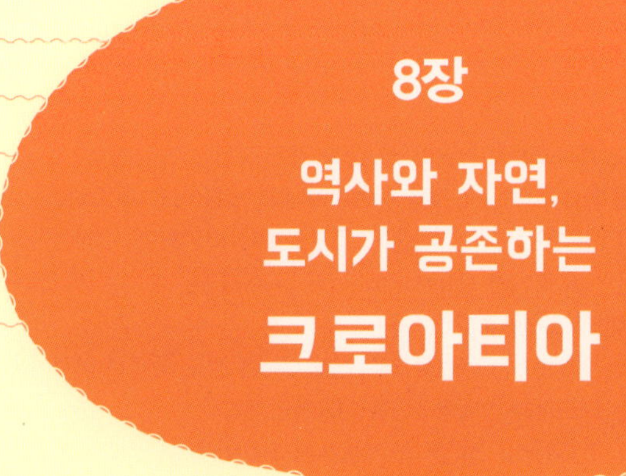

8장

역사와 자연,
도시가 공존하는
크로아티아

크로아티아 여행 정보 한눈에 보기

여행 정보

비행시간 : 우리나라에서 크로아티아까지 가는 직항은 아직 없다. 그래서 유럽 어느 도시를 경유한 후 들어가야 하는데, 보통 두브로브니크, 스플리트, 자그레브 등으로 들어간다. 도시에 따라 대한항공, 아시아나항공, 루프트한자, 터키항공, 핀에어, 카타르항공 등이 운항하고 있으며, 되도록이면 경유 시간이 너무 긴 스케줄은 피하는 게 좋다.(대략 경유 시간 포함 15~16시간 정도 생각하면 된다.)
크로아티아는 지형이 긴 형태로 되어 있어 한 번 정도 국내선 이동이 필요한 경우가 생기는데, 이때는 크로아티아 에어라인을 이용하면 된다.

기후 : 남부 해안 지역은 전형적인 지중해성 기후이며, 북부 내륙 지역은 대륙성 기후의 특징을 보인다. 우리나라처럼 4계절이 있고, 6~9월이 여행하기 가장 적합하다. 다만 성수기라 관광객도 많고 숙박비도 더 비싸니 참고할 것!

시차 : 우리나라보다 8시간(단, 서머타임 기간에는 7시간) 느리다.(우리나라가 밤 10시면 크로아티아는 낮 2시.)

전압 : 220볼트로 우리나라와 같다.

화폐 : 쿠나(HRK). 1쿠나=약 170~180원. 대략 1쿠나에 200원으로 계산하면 편하다. 쿠나 환율 조회는 http://www.xe.com/currency/hrk-croatian-kuna?r=2에서 가능하다.

여행 필수 준비물

크로아티아는 4계절이 있는 곳으로 언제 여행을 가느냐에 따라 준비할 것이 다르다. 옷차림은 계절에 맞게 우리나라처럼 준비하는 게 좋다. 다른 용품들 역시 계절에 맞게 선크림, 우산, 양산, 우비, 모자, 선글라스, 편한 신발 등을 준비하고, 수영할 수 있는 계절에 간다면 수영복도 챙겨 가면 좋다. 아름다운 해변이 많으니 여름에는 꼭 해변에서도 즐겨보면 좋을 것이다.

유럽을 여행할 때 걱정되는 것 중 하나가 아이 먹을거리인데, 현지 음식이 조금 짠 편이니 소금을 적게 넣어달라고 말하는 것이 좋다. 한국에서 햇반, 김, 카레, 짜장, 누룽지, 컵라면, 김치, 미역국 등을 싸 가서 먹이는 것도 좋은데, 숙소에서 요리가 가능하다면 간단히 현지에서 장을 봐 해 먹어도 좋다.(고기를 굽는다든지 감자나 계란, 소시지 등을 사 먹여도 좋다.)

국물이 필요하다면 물만 부으면 바로 먹을 수 있는 인스턴트 미역국, 된장국, 황태국 등을 준비한다.

렌터카 이용 방법

크로아티아는 대중교통을 이용해 여행할 수도 있지만, 운전이 가능하다면, 특히나 아이와 함께라면 꼭 렌터카 여행을 추천하고 싶다. 해안도로를 달리며 감상하는 풍경이 기가 막히게 아름다운 데다, 무거운 짐을 들고 아이와 함께 대중교통을 이용해 여행하는 것이 생각보다 힘들기 때문이다.

보통 일정의 처음과 끝이 자그레브나 두브로브니크 등의 대도시일 경우, 차 없이 관광하는 게 편하다. 우리도 두브로브니크에서 관광을 마친 뒤 다른 곳으로 이동하면서부터 차를 렌트했고, 나중에 자그레브에 도착해 차를 반납한 뒤 관광을 마무리했다.

크로아티아에서 렌터카를 예약하는 방법은 여러 가지가 있는데, 가격은 좀 비싸지만 여러모로 검증된 메이저 업체를 이용하는 방법도 있고, 현지의 저렴한 로컬 업체를 이용하는 방법도 있다. 개인적으로는 메이저 업체를 이용하길 추천한다.

렌터카 예약 시 보험 등급, 추가 운전자 등재 시 추가 요금, 드롭 차지(Drop Charge. 픽업 장소와 반납 장소가 다를 경우 내는 요금), 카시트와 내비게이션 대여 비용 등에 따라 총 금액이 달라지니 이곳저곳 꼼꼼하게 비교해보고 선택하는 것이 좋다.

• 렌터카 추천 사이트
허츠 https://www.hertz.co.kr
식스트 http://www.sixt.co.kr
AVIS https://www.avis.com/car-rental/location/EUR/HR
유럽카 https://www.europcar.com
유니 렌트카 http://www.uni-rent.net(크로아티아에서 가장 유명한 로컬 렌터카 업체)
라스트미니트 렌터카 http://www.rentacarlastminute.hr/en/index.aspx

• 렌터카 여행 관련 사이트
여행과 지도 www.leeha.net
드라이브 트래블 카페 http://cafe.naver.com/drivetravel
유빙 카페 http://cafe.naver.com/eurodriving

추천 숙소

크로아티아는 긴 초승달 모양의 지형을 갖고 있고 갈 만한 도시들이 곳곳에 자리하고 있어 휴양지처럼 한 곳에서 숙박하는 것은 불가능하다. 일정이 길다면 한 도시에서 2~3박씩 하고 옮기면 좋겠지만, 보통 1박, 길게는 2박씩 하며 도시를 옮겨 여행하는 것이 좋다.
아이와의 유럽 여행은 호텔도 좋지만, 요리를 직접 해 먹을 수 있게 주방 시설이 잘 갖춰진 아파트나 빌라 등의 숙박 시설을 더욱 추천한다. 아무래도 하루에 한 끼 정도는 아이에게 한국식 밥을 먹이는 것이 마음이 편하기 때문이다. 실제로 여행을 해보니 아이는 반찬이 별로 없어도 숙소에서 먹은 밥을 너무 좋아했다.

숙박은 에어비앤비로 예약하거나 호텔 예약 사이트에서 주방 시설이 갖춰진 숙소 위주로 찾아보면 많이 나온다.
그래도 꼭 호텔을 고집하는 분들을 위해 대도시 위주로 호텔 몇 곳을 추천해본다.

두브로브니크 : 힐튼 임페리얼 두브로브니크, 릭소스 리베르타스, 호텔 엑셀시어, 호텔 벨 뷰 두브로브니크 등
스플리트 : 호텔 럭스, 디보타 아파트먼트 호텔, 마르몬트, 호텔 베슈티불 팔라체, 호텔 파 크 등
자그레브 : 호텔 두브로브니크, 에스플라나드 자그레브 호텔, 팰리스 호텔 자그레브, 쉐라 톤 자그레브 호텔, 더블트리 바이 힐튼 자그레브, 호텔 야거호른 등
자다르 : 부티크 호스텔 포럼, 호텔 바스티온, 아트 호텔 칼레랄가, 팔켄슈타이너 호텔 아드 리아나 등
플리트비체 : 예제로 호텔, 플리트비체 호텔, 호텔 벨레뷰 등

크로아티아 여행 관련 사이트

아이슬란드 & 크로아티아 홀릭 카페 http://cafe.naver.com/croatiaholic
플리트비체 국립공원 사이트 http://np-plitvicka-jezera.hr/en

크로아티아 관광청에서 크로아티아 여행 지도 및 관련 책자를 배포하고 있다. 이메일 (croatia@promackorea.com)이나 전화(070-7605-5565)로 신청해 배송비만 부담하고 받 거나 사무실(서울시 종로구 새문안로 3길 36 용비어천가 오피스텔 1122호)을 방문해 무료 로 받을 수 있다. 또는 이메일을 통해 PDF 파일로도 받아볼 수 있다.

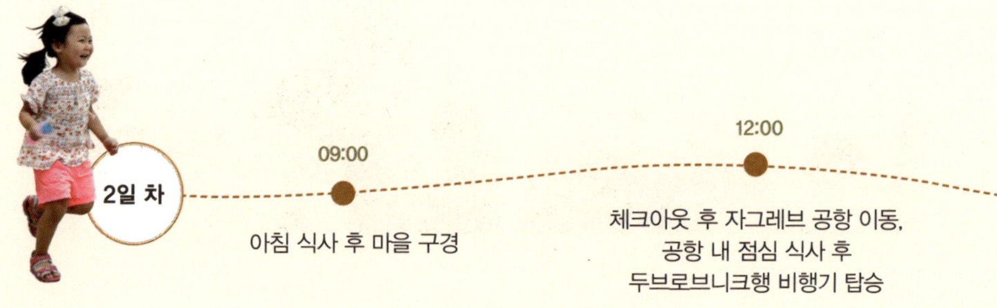

2일 차

09:00 아침 식사 후 마을 구경

12:00 체크아웃 후 자그레브 공항 이동, 공항 내 점심 식사 후 두브로브니크행 비행기 탑승

3일 차

09:00 아침 식사 후 두브로브니크 성벽 투어

12:00 점심 식사 후 두브로브니크 구시가지 관광

14:00 숙소 내 낮잠 및 휴식

4일 차

09:30 아침 식사 후 반예비치

12:00 체크아웃 후 점심 식사, 렌터카 픽업

5일 차

10:00 스플리트 구시가지 관광

12:00 트로기르 관광 및 점심 식사

1일 차

22:00
자그레브 공항 도착

22:30
공항 근처 숙소에서 휴식

15:30
두브로브니크 도착,
픽업 차량 타고 숙소 이동

18:00
저녁 식사 및
두브로브니크 구시가지 관광

20:00
숙소 휴식

16:30
케이블카 타고 스르지 산 전망대 오르기,
전망대 위 레스토랑에서 저녁 식사 및
일몰 관람

19:00
구시가지 관광

20:30
숙소 휴식

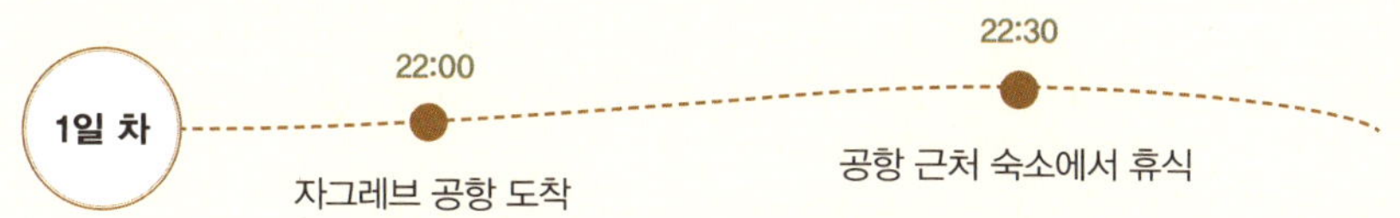

16:00
스플리트 도착 후
숙소 체크인

17:00
스플리트 구시가지 관광 및
저녁 식사

20:00
숙소 휴식

16:30
시베니크 이동 후
숙소 체크인

17:30
시베니크 둘러보기

19:00
저녁 식사 및
숙소 휴식

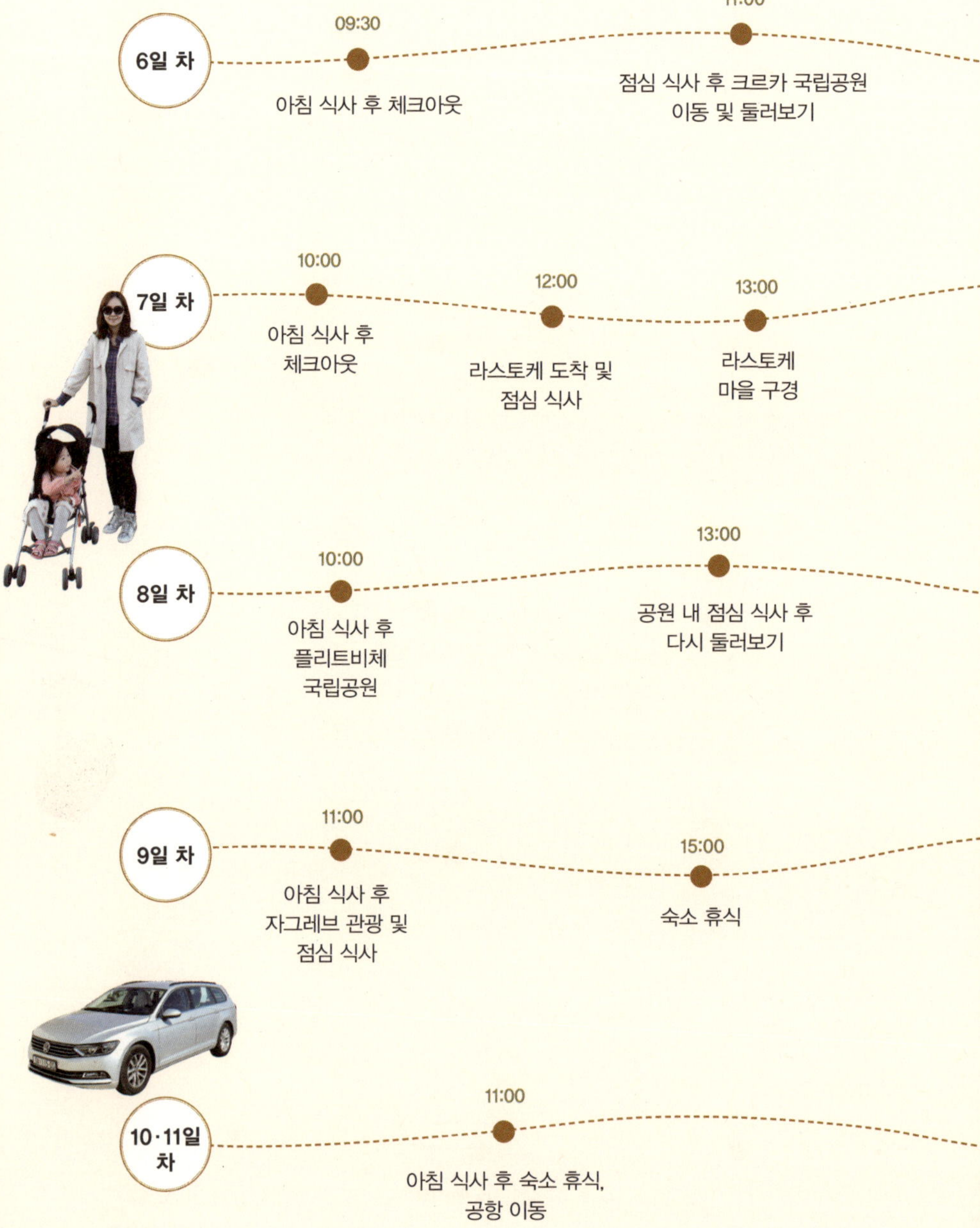

6일 차
09:30
아침 식사 후 체크아웃
11:00
점심 식사 후 크로카 국립공원
이동 및 둘러보기

7일 차
10:00
아침 식사 후
체크아웃
12:00
라스토케 도착 및
점심 식사
13:00
라스토케
마을 구경

8일 차
10:00
아침 식사 후
플리트비체
국립공원
13:00
공원 내 점심 식사 후
다시 둘러보기

9일 차
11:00
아침 식사 후
자그레브 관광 및
점심 식사
15:00
숙소 휴식

10·11일
차
11:00
아침 식사 후 숙소 휴식,
공항 이동

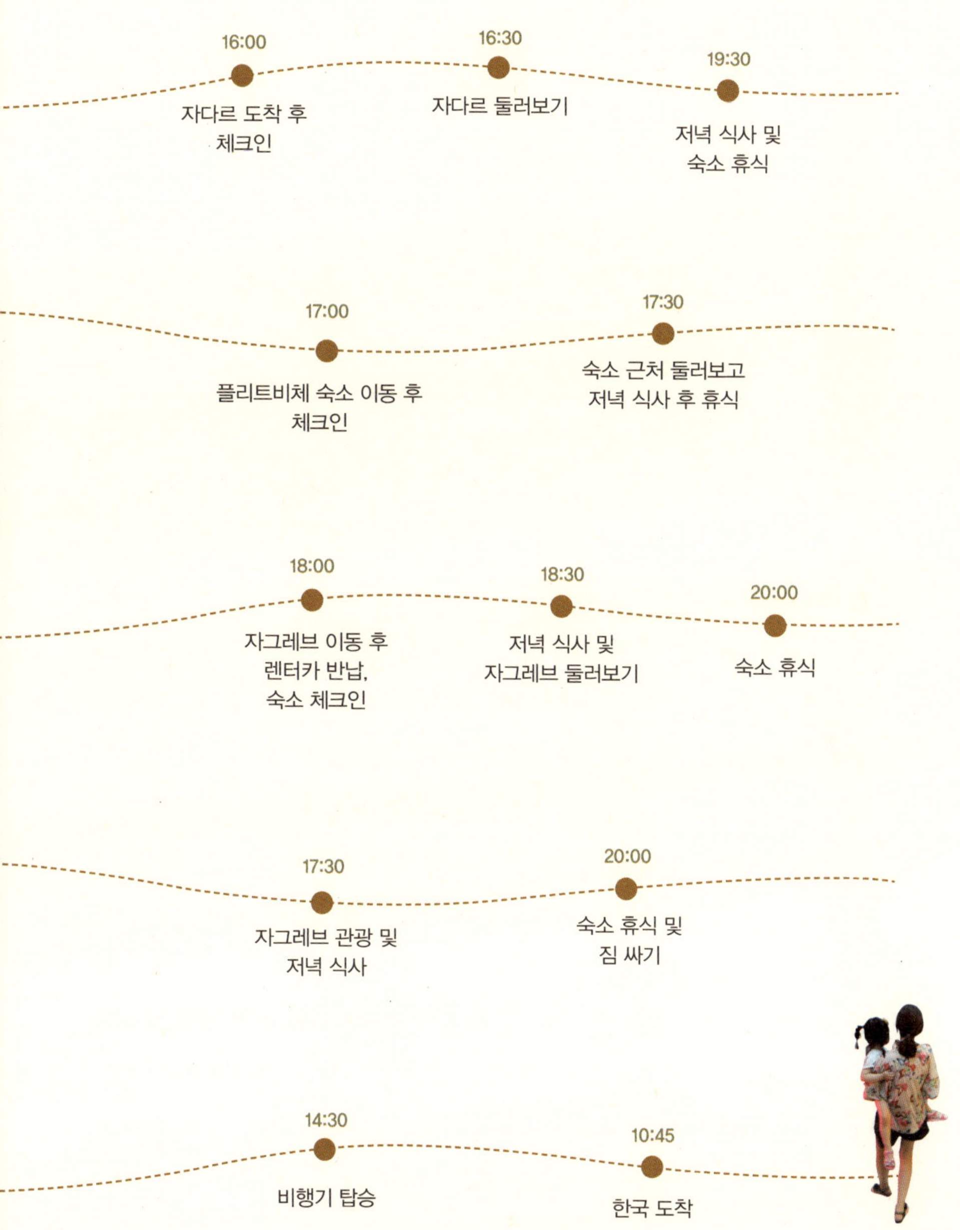

16:00
자다르 도착 후
체크인

16:30
자다르 둘러보기

19:30
저녁 식사 및
숙소 휴식

17:00
플리트비체 숙소 이동 후
체크인

17:30
숙소 근처 둘러보고
저녁 식사 후 휴식

18:00
자그레브 이동 후
렌터카 반납,
숙소 체크인

18:30
저녁 식사 및
자그레브 둘러보기

20:00
숙소 휴식

17:30
자그레브 관광 및
저녁 식사

20:00
숙소 휴식 및
짐 싸기

14:30
비행기 탑승

10:45
한국 도착

유럽이라고 못 갈 이유는 없다, 출발!

아이와 함께 국내는 물론 해외 여기저기 여행을 다니며 노하우를 축적하다 보니 또 다른 여행지에 대한 갈망이 생겼다. 어느덧 다은이는 네 살이 되었고, 말도 하루가 다르게 쑥쑥 늘어 대화다운 대화가 통하기 시작했다. 물론 아직도 말도 안 되는 일로 억지를 부리고 떼쓰는 일도 허다했지만, 이 조그마한 아이와 나름 '협상'이라는 것도 가능해진 시기였다.

커갈수록 아이가 점점 여행을 즐기는 게 눈에 보였고, 나 역시 아이와의 여행에 새로운 동기부여를 해보고 싶었기에 우리는 좀 더 먼 곳을 향해 발을 내디뎌보기로 했다.

하지만 네 살, 그것도 세 돌이 조금 지난 38개월 아이와 머나먼 크로아티아를 여행하기로 결정하기까지 상당한 고민을 했다. 가자고 마음을 먹었다가도 아직은 아닌 것 같아 고민하기 일쑤였고, 다시 마음을 먹고 어린아이와 함께한 크로아티아 여행기를 눈이 빠져라 검색하기도 했다. 아직 아이는 없지만 크로아티아를 다녀왔던 몇몇 지인에게 그곳이 아이와 함께 여행하기에 어떤지 물어보았지만, 돌아오는 대답은 예상대로 그리 탐탁지 않았다.

"거기까지 뭐 하러 아이를 데리고 가려는데?"

"아이가 기억이나 하겠어? 그냥 휴양지나 가서 편하게 쉬다 와."

"계단이나 돌길이 많아서 유모차 끌고 다니기도 힘드니 나중에 좀 더 크면 가는 게 좋을 것 같아."

많은 사람이 절망적인 대답을 해주었지만, 희망적인 대답을 해준 사람도 더러 있었다. 그래도 용기가 나지 않아 계속 갈팡질팡하던 내게 남편의 결정적인 한마디가 쐐기를 박았다.

"지금 떠나나 2~3년 뒤에 떠나나 크게 달라질 건 없을 거야. 그때 가도 또 힘든 일이 생길 수 있으니 우리 마음먹었을 때 그냥 가보자!"

그래, 맞는 말이다. 몇 년 후 아이가 좀 더 컸다고 해서 어른이 되는 것도 아닐 테고, 그때 간다고 힘들지 않을 거라는 보장도 없지 않은가? 물론 지금보다야 조금은 낫겠지만, 사실 우리가 더 이상 기다릴 수 없을 것 같았다. 우린 유럽 여행에 너무 목말라 있었다.

'그래, 까짓것 한번 가보자, 크로아티아!'

쉽게 용기를 내지 못하고 있던 내게 용기의 말을 해준 남편이 한없이 믿음직스럽고 고마웠다. 서로 의지하며 다니면 어려울 건 없겠지 싶어 용기가 났다. 그렇게 우리는 아이와 함께 크로아티아 여행을 가기로 하고, 한결 홀가분한 마음으로 여행 준비를 시작했다.

그때부터 준비는 일사천리로 진행되었다. 이번 여행은 남편의 독일 출장 일정 전에 휴가를 붙여 떠나는 여행이기에 남편과 같은 비행기를 타야 했고, 그래서 항공권 선택의 여지가 없었다. 우리는 루프트한자 항공을 타고 독일 뮌헨을 경유해 자그레브로 가 1박을 한 뒤, 크로아티아 국내선을 이용해 두브로브니크로 들어가 그곳에서부터 렌터카로 여행하며 다시 자그레브로 올라오는 일정으로 계획을 짰다.

그렇게 네 살 아이와 함께 꿈에 그리던 크로아티아로 향하게 되었다. 아이와 함께하는 첫 유럽 여행이 시작된 것이다. 아이는 그 어느 때보다 씩씩하게 비행기도 잘 탔고, 심지어 인천에서 뮌헨까지 가는 11시간 정도를 잠도 안 자고 잘 놀면서 갔다.

기내용 가방에 바리바리 챙긴 스티커북이며 색칠공부 책과 색연필, 색종이, 아이패드까지 모두 아이의 장난감이 되어주었고, 아이는 기내 모니터로 애니메이션이나 게임도 즐기며 비행시간을 보냈다. 비록 잠은 안 잤지만 장거리 비행도 너무나 잘 해주니 감동스러웠고 고맙기까지 했다. 정말 많이 컸구나, 우리 다은이.

엄마, 여기가 크로아티아예요?

뮌헨 공항에서 경유하느라 4시간 정도 쉬는 동안 아이는 유모차에서 잠이 들어버렸다. 한국 시각으로 거의 새벽 1시였으니 더 이상 어찌할 수 없었던 모양이다.

자그레브로 가는 비행기에 탑승하고 1시간 10분 정도를 더 가는 동안에도 아이는 깊은 잠에 빠져 있었는데, 역시나 공항에 내리니 눈을 번쩍 뜬다. 늘 차를 타고 어딘가에 갈 때도 목적지에 다 오면 무섭게 눈을 뜨는 아이였기에 놀라울 것도 없었다.

짐을 찾아 공항 밖으로 나오니 그곳 시각으로 밤 10시 반. 다음 날 다시 이곳에 와서 국내선을 이용해 두브로브니크로 향할 계획이었기에 자그레브 공항 근처에 있는 저렴한 숙소를 예약해놓았다. 크로아티아 여행에서는 남편과 숙소를 나눠서 예약했는데, 이곳은 남편이 예약한 숙소였다. 숙소를 찾아가려는데, 미리 저장해둔 지도를 봐도 도무지 위치를 가늠할 수 없었다. 다행히 자그레브 공항에서 관광객들을 위한 무료 와이파이가 15분간 제공되어 얼른 검색 후 구글 지도를 캡처했고, 길눈 밝은 남편을 믿으며 크로아티아 땅에 조심스레 발을 내디뎠다.

숙소까지는 공항에서 대략 도보로 10분 남짓이었다. 작고 소박하지만 화려했던 공항을 등지고 가로등만 몇 개 있는 어둠이 짙게 깔린 골목으로 들어서니 무서운 생각마저 들었다. 낯선 땅에서 나쁜 사람이라도 만나거나 무슨 일이 일어나면 어쩌나 별의별 생각이 다 들었다. 그동안 가만히 있던 아이도 대체 여기가 어디냐는 듯 나에게 물었다.

"엄마, 여기가 크로아티아예요?"

아이의 뜬금없는 질문에 우리 부부는 웃음을 터뜨렸다. '그래, 여기가 우리가 그토록 오고 싶어 했던 크로아티아지'라는 생각에 불안한 마음은 이내 사라졌다. 남편은 배낭을 메고 식료품 가방과 캐리어를 끌고 갔고, 나는 배낭과 함께 아이를 태운 유모차를 끌며 그렇게 10분 남짓 길을 따라 갔다. 다행히 예약한 숙소를 찾을 수 있었고, 거의 밤 11시가 다 되어 체크인을 했다. 주인아주머니와 아들로 보이는 분이 친절하게 우리의 짐을 방으로 옮겨주었고, 이런저런 설명을 한 뒤 자리를 떠났다.

밤늦게 도착해 잠만 자고 나갈 숙소라 욕심 부리지 않고 저렴한 곳으로 예약했는데, 생각했던 것보다 무척 깔끔하고 따뜻했다. 긴 이동을 하며 유지되던 긴장은 어느새 풀려 있었고, 편안한 잠자리를 보니 당장이라도 침대로 뛰어들고 싶어졌다. 나는 얼른 자고 싶은 마음에 가방에서 잠옷을 찾으며 짐을 풀고 있는데, 아이가 갑자기 배가 고프다고 한다. 하긴 기내식이 입맛에 안 맞는지 잘 못 먹었던 터라 배가 많이 고팠을 텐데, 그 생각을 못 했다.

잠옷 꺼내던 걸 미룬 채 햇반과 튀김우동 컵라면을 꺼내 데워 주니 아이가 허겁지겁 먹는다. 그 모습을 보니 마음이 짠했고, 번거롭더라도 음식을 싸 오길 잘했다는 생각이 들었다. 그렇게 가방 가득 싸 온 음식은 크로아티아 여행 내내 우리에게 든든한 식량이 되어주었다. 좀 과장해서 말하자면, 여행을 하는 동안 힘의 원동력까지 되는 존재였다.

크로아티아로 가기 위해 독일 뮌헨 공항을 경유했다. 뮌헨 공항에서 비행기를 타고 1시간 30분 정도면 자그레브에 도착한다.

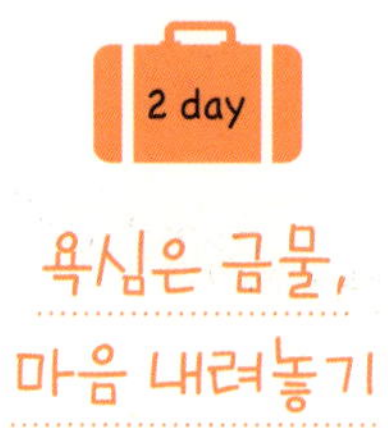

욕심은 금물,
마음 내려놓기

늦은 밤 배불리 밥을 먹은 우리 세 식구는 정말 편안하게 첫날 밤을 보냈다. 긴 비행으로 힘들었던 체력이 다시금 살아나는 듯했다. 다음 날, 우리는 아침을 간단히 챙겨 먹고 체크아웃 전까지 숙소 주변을 산책하기로 했다. 보슬비가 살짝 내렸지만 캄캄하고 무서웠던 어젯밤과는 다르게 밝은 모습의 아기자기한 마을을 보니 어제 우리가 걸었던 그 길이 맞나 싶었다. 촉촉하게 젖어 있는 풀과 꽃들, 신선한 아침의 공기를 마시니 피곤함은 싹 가시고 기분마저 상쾌해졌다.

자그레브 공항 근처의 마을은 작지만 동화 속 마을 같았고, 개나 고양이는 물론 오리도 볼 수 있었다. 슈퍼도 있고 숙소나 레스토랑도 많아 우리처럼 잠시 쉬고 공항으로 바로 가야 하는 사람들에겐 더할 나위 없이 좋은 곳이었다.

아이와 난 연신 싱글벙글하며 마을의 골목을 누볐다. 아이가 먹고 싶다는 초콜릿도 사 주며 아이의 기분도 맞춰주었다. 초콜릿이나 젤리 하나면 〈슈렉〉에 나오는 장화 신은 고양이처럼 세상을 다 가진 눈빛이 되는 아이와 4년 만에 유럽 땅을 밟았다는 기쁨에 젖은 나, 그리고 이 모든 모습을 사랑스러운 눈빛으로 바라봐주는 듬직한 남편. 우리 셋의 크로아티아 여행은 드디어 꿈이 아니라 현실이 되어 있었고, 우리는 부푼 마음을 안고 본격적인 여행을 시작했다.

반갑다, 두브로브니크

한 번의 경유를 포함한 장거리 비행도, 또 한 번의 국내선 이동도 잘 버텨준 아이였기에 모든 게 순조로운 듯했다. 게다가 자그레브에서 두브로브니크까지의 국내선이 1시간 반 정도 연착되었을 때도 공항에서 그림을 그리며 잘 버텨주었기에 정말 이젠 그 어디라도 데리고 다닐 만하구나 싶었다.

두브로브니크 숙소는 에어비앤비를 통해 예약한 곳이다. 숙소에서 차량 픽업을 해주어서 편하게 이동할 수 있었는데, 이동하면서 창밖으로 내려다보이는 두브로브니크의 아찔한 전경을 보니 '드디어 바라고 바라던 크로아티아에 왔구나' 싶어 가슴이 뛰기 시작했다. 불과 며칠 전까지만 해도 한낮 기온이 40도에 육박할 만큼 더웠다는데, 우리가 갔을 땐 딱 여행하기 좋은 날씨였다. 게다가 한국에서 일기예보를 봤을 때 계속 비가 온다고 되어 있어 걱정이 이만저만이 아니었는데, 예보와는 달리 여행 내내 비는 전혀 내리지 않았다.

숙소에 도착하니 호스트가 반갑게 맞이하며 집에 대해 이런저런 설명을 해주고, 주변에 가볼 만한 곳들을 추천해주었다. 남편은 열심히 설명을 듣는데, 아이는 소파에 누워 쿨쿨 잠을 자고 있다. 아직 시차 적응을 못 해 이동하는 차 안에서부터 자기 시작했는데, 소파에 눕혀놓아도 깨지 않았다. 그렇게 낮잠 아닌 낮잠을 좀 재운 뒤 아이를 깨웠다.

그러자 아이는 인상을 찌푸리며 짜증을 부리기 시작했다. 저녁 6시쯤 되었을까? 우리 부부는 그래도 두브로브니크에 온 첫날이니 숙소에만 있기 아쉬워 아이를 유모차에 태운 채 끌고 나왔다. 숙소는 구시가지 밖에 있었지만, 성곽 가까운 곳에 있었기 때문에 이동이 쉬운 편이었다.

조용히 첫날의 저녁을 만끽하나 했는데, 갑자기 아이가 유모차에 앉아 있기 싫다며 생떼를 부린다. 남편은 그런 아이를 달래 목말을 태워 걸었고, 나는 빈 유모차를 끌며 뒤따랐다. 그 와중에 보이는 두브로브니크의 아름다움. 아직 구시가지 안으로 들어가지도 않았는데, 시간이 멈춘 듯한 성벽 도시의 웅장함이 온몸에 와 닿는 느낌이었다.

아름다움을 느끼는 것도 잠시, 구시가지 안으로 들어가기 위해서는 수많은 계단을 내려가야 했는데, 아이가 그 자리에 멈춰 섰다. 걷지 않겠단다. 무조건 안아만 달란다. 게다가 팬티가 자꾸 낀다며 바지를 벗겠단다. 평소에 계단을 너무 좋아해 계단만 보면 오르내리던 아이였는데, 지금은 그저 짜증을 부리며 울기만 한다. 아무리 타이르고 얼러도 말을 듣지 않았고, 남편도 화가 나는지 목소리 톤이 아까와는 달라져 있었다. 나는 이대론 안 되겠다 싶어 아이의 바지를 벗기고 번쩍 들어 안았다. 남편은 힘들다며 그러지 말라고 했지만, 이 방법밖엔 없을 듯했다. 그렇게 아이를 안고 계단을 조심스레 내려오면서도 나는 골목골목 펼쳐지는 아름다움에서 눈을 떼지 못했다. 어느새 많게만 느껴졌던 계단의 끝에 도착했고, 우리는 구시가지 안으로 들어갔다.

계단을 빠져나오자 구시가지의 중심인 플라차 대로가 한눈에 보였다. 나는 입을 다물 수가 없었다.

"와, 대박! 드디어 왔어. 진짜 예쁘다."

몇 년을 벼르고 별렀던 크로아티아에 왔다는 벅차오름과 함께 흥분이 가시지 않았다. 하지만 오늘은 첫날이기도 하고 해도 진 후라 플라차 대로 주변을 돌아다니며 분위기만 느껴보기로 했다. 이날은 굳이 뭘 해야겠다는 계획조차 없었기에 가볍게 산책하듯 두브로브니크의 첫날을 만끽하고 싶었다. 아이는 다행히 유모차에 앉아주었다.

남편과 나는 유모차를 끌며 크로아티아의 기운을 느꼈다. 우리는 플라차 대로 끝에서 끝까지 걸으며 아직도 믿기지 않는 듯 연신 두리번거리기 바빴다. 플라차 대로뿐 아니라 대로 사이사이에 있는 골목마다 아기자기한 노천카페와 아이스크림 가게 등이 즐비했다. 우리는 '1일 1젤라토'를 먹겠다는 계획하에 첫날부터 젤라토를 한 입 물었다. 아이에게는 구슬아이스크림을 사주었는데, 여전히 짜증은 남아 있는 상태였다.

어느덧 어둠이 깔리고, 골목의 조명이 하나둘 켜지기 시작했다. 대리석이 깔린 바닥은 반짝반짝 주황빛으로 따스하게 물들고 있었다. 천천히 여유 있게 골목을 오가는 사람들, 레스토랑에 앉아 와인 잔을 부딪치며 사랑을 속삭이는 연인들, 그 속에 함께 있으니 모든 게 영화 속 한 장면같이 느껴져 가슴이 콩닥대기 시작했다.

그때 갑자기 한 외국인이 우리에게 다가오더니 아이가 너무 사랑스럽고 귀엽다며 사진을 찍어도 되겠느냐고 물었다. 한국에서는 한 번도 경험해보지 못한 일이었기에 우리 부부는 '대체 얘를 왜?'라며 당황스러워했지

걷지 않겠다고 떼쓰는 다은이를 안고 계단을 내려갔다. 괜찮아, 저 아래에 멋진 풍경이
우릴 기다리고 있어.

만, 이내 그러라고 허락했다. 그 외국인이 아이의 사진을 찍자 주변의 다른 외국인들도 와서는 귀엽다며 인사해준다.

워낙 이곳에 동양인 어린아이가 없다 보니 아이가 신기하고 귀엽게 보였나 보다. 비록 팬티 바람이라 창피하고 웃기긴 했지만, 외국에서라도 먹히니 다행이다 싶었다. 아이는 누가 사진을 찍든 말든 아이스크림 먹느라 정신이 없었고, 다 먹고 나니 집에 가자고 한다. 너무 힘들고 배가 고프다며 밥을 달라고.

어둠이 짙게 깔린 두브로브니크의 구시가지에서는 화려한 조명 아래에서 많은 관광객이 로맨틱한 밤을 즐기고 있는데, 우리는 그 모든 것을 뒤로한 채 숙소로 돌아가기로 결정했다. 남편과 둘이 왔다면 근사한 레스토랑에서 멋진 저녁 식사를 하며 이 밤을 보낼 텐데, 하는 생각은 애당초 버려야 할 것이었기에 마음이 허하지는 않았다.

오늘도 다시 한 번 되새긴다. 아이와의 여행에서 명심할 것은 단 하나. 욕심은 금물!

그렇게 나는 마음을 내려놓으며 숙소로 향했다. 비록 계속해서 나도 모르게 뒤를 돌아보긴 했지만.

선물 같았던
두브로브니크

언제부터였을까? 크로아티아에 대한 환상을 갖기 시작한 때가. 대략 4년 전인 듯하다. 어느 채널에서 방송되던 〈더 로맨틱〉이라는 짝짓기 프로그램의 배경이 된 곳이 크로아티아였는데, 아마 그때부터 갈망했던 것 같다. 그때 임신 중이었기에 다음에 유럽에 간다면 무조건 크로아티아라고 외쳤었다. 그리고 몇 년 뒤 〈꽃보다 누나〉가 내 불타는 가슴에 기름을 들이부었고, 마침내 그 갈망은 이루어졌다. 그것도 소중한 아이와 함께.

크로아티아 최남단에 위치한 두브로브니크는 아드리아 해에 접해 있는 작은 항구도시로, '아드리아 해의 진주'라는 별칭을 갖고 있다. 어쩌면 크로아티아의 여행지 중 가장 아름다울 이곳을 우리는 제일 먼저 여행하게 되었지만, 가는 곳마다 느껴지는 설렘과 감동은 다 다를 것이라는 확신이 있었기에 전혀 문제가 되지 않았다.

씩씩하게 마친 성벽 투어

두브로브니크에 가면 꼭 해야 할 일이 있는데, 바로 성벽 투어다. 구시가지를 둘러싸고 있는 성벽 위를 걷는 것인데, 성벽의 길이만 2킬로미터에 천천히 걸으면 2시간 남짓 걸린다는 후기를 봤기에 아이와 함께 할 수 있을까 걱정스럽긴 했다. 하지만 여기까지 와서 안 하고 갈 수는 없었고, 우리는 용기를 냈다.

성벽 위는 그늘 한 점 없다 보니 한낮엔 기온이 높아져 금방 지칠 수 있어 아침 일찍이나 오후 늦게 투어를 하는 것이 좋다고 한다. 우리는 오전을 선택했다. 성벽 투어의 시작점인 필레 게이트 쪽으로 가 입장권을 구입한 후 성벽을 올라가는데, 처음부터 계단이 만만치가 않다. 다행히 아이는 그 높은 곳을 씩씩하게 잘도 올라갔다. 시작부터 느낌이 좋았다.

힘들게 올라온 성벽에서 바라보는 풍경은 상상 그 이상이었다. 깎아지른 듯한 바닷가 절벽 위에 세워진 성벽은 중세 시대의 모습을 그대로 담고 있었다. 성벽 밖으로는 아드리아 해의 망망대해가 끝없이 펼쳐지고 있었고, 안쪽으로는 붉은색 지붕으로 가득 찬 구시가지의 모습이 한눈에 들어왔다. 그 안에는 유적지만 있는 것이 아니라 현지인들의 일상이 그대로 묻어나 있었으며, 성벽을 거닐며 보는 집들은 물론이고 정겹게 널려 있던 빨래조차 한 폭의 그림 같았다.

어느 정도 걸었을까? 아이의 볼은 빨갛게 상기되어 있었고, 힘들었는지 잠시 쉬었다 가자고 한다. 우리는 잠시 자리에 앉아 물을 마시며 쉬었고, 다시 힘을 내어 걷기 시작했다. 평평한 길에서는 아이를 유모차에 앉혀 끌고 가기도 했지만, 계단이 나오면 아이를 일으켜 세워 걷게 했다. 아이는 힘들 법도 한데 대견하게도 짜증 한 번 내지 않고 씩씩하게 잘도 해냈다.

다은이는 2시간에 걸친 두브로브니크 성벽 투어를 무사히 해냈다. 성벽 위에서 본 아드
리아 해와 붉은 지붕이 어우러진 풍경은 그 자체로 선물이다.

걷다가 성벽이 좀 높은 곳은 남편이 목말을 태워 아이가 멋진 풍경을 볼 수 있게 도와주었고, 그렇게 우리는 서로 의지하며 한 발 한 발 앞으로 나아갔다.

9월 초의 두브로브니크 날씨는 우리나라와 비슷했는데, 오히려 습도가 낮아 걷기 딱 좋은 날씨였다. 게다가 마치 선물을 받은 듯 구름 한 점 없이 새파란 하늘을 볼 수 있었는데, 아이도 마음에 드는지 함께 올려다본다.

"아, 좋다. 다은아, 하늘 봐봐. 너무 예쁘지?"

"응, 엄마 저기 봐봐. 비행기가 지나갔나 봐. 근데 비행기가 왜 안 보이지?"

하늘 위에 하얗게 새겨진 긴 흔적을 보며 아이는 신나서 재잘거린다. 언제 이렇게 커서 함께 같은 곳을 바라보며 대화까지 하게 되었을까 싶어 괜스레 감정이 벅차올랐다. 이 철옹성 같은 웅장하고 투박한 성벽을 함께 거닐며 우리는 또 같은 추억을 한 페이지 채워가고 있었다. 아드리아 해의 숨 막히는 절경과 눈부신 햇살, 그리고 이곳에서 함께 걸으며 잡았던 아이의 손길은 아마 평생 잊지 못할 것 같다.

무사히 성벽 투어를 끝내고 내려와 보니 우리는 물론 아이의 이마에도 땀방울이 송골송골 맺혀 있었다. 나는 너무나 잘 해낸 아이를 있는 힘껏 안고 고맙고 사랑한다고 말해주었다. 아이는 내 마음을 알기라도 하듯 고개를 끄덕이며 미소를 보이는데, 바라보고만 있어도 너무나 대견했다. 여행 오기 전 했던 쓸데없는 걱정들이 한순간에 바람과 함께 날아가버린 듯 마음이 가벼워졌다.

2시간 넘게 했던 아이와의 성벽 투어는 많은 사람의 우려와 달리 수월하게 끝났다. 역시 직접 경험해보지 않고는 결론을 내릴 수 없다는 걸 또다시 깨달은 순간이었다.

벅찬 마음을 뒤로한 채 우리는 점심을 먹기 위해 발걸음을 옮겼다. 조금 이른 시간이었지만 아침부터 부지런히 움직였더니 슬슬 배가 고파왔다. 미리 알아둔 레스토랑을 다행히 잘 찾아 들어갔는데, 오픈 시간 전이라 그런지 사람들이 없었다. 하지만 직원이 친절하게도 주문이 가능하다고 해서 음식을 주문하고 크로아티아의 맥주인 오주스코를 마시며 더위를 식혔다. 어찌나 시원한지 식도를 넘어가는 순간, 더위가 가시는 듯했다.

아이도 배가 고팠는지 잘 먹었고, 밥 먹고 뭘 할까 고민하다 한낮엔 너무 더우니 숙소로 들어가 잠시 쉬기로 했다. 들어가기 전 입가심으로 젤라토를 사 먹으며 거리를 거니는데, 유명한 여행지답게 수많은 인파 속에서 한국말도 종종 들려왔다. 그때마다 고개를 돌려 보게 되는 건 어쩔 수 없었다. 그들도 마찬가지였고. 마침 패키지여행을 온 한국 아주머니들이 우리에게 말을 걸었다.

"어머, 여기 사시는 거예요, 여행 온 거예요?"

여행을 온 거라고 말씀드리니 어린아이와 여기까지 오고 대단하다며, 갖고 있던 캐러멜을 아이에게 주셨다. 아이는 그렇게 한 손에는 조금 전에 사 준 하트 막대사탕을, 다른 한 손에는 달콤한 캐러멜 한 상자를 든 채 세상 다 가진 눈빛으로 웃고 있었다.

스르지 산 전망대에서 맛본 도시의 아름다움

숙소로 돌아와 아이 낮잠도 재우고 3시간 정도 쉬면서 에너지를 충전한 뒤 두브로브니크 구시가지를 한눈에 내려다볼 수 있는 스르지 산

케이블카를 타고 올라가는 스르지 산 전망대.

스르지 산 전망대에서 맞이한 일몰. 온 세상이 오렌지빛으로 물든다.

전망대로 향했다. 케이블카를 타고 올랐는데, 성벽 투어 입장료만큼 비싸 긴 했지만(여행 당시 성인 왕복 108쿠나) 이곳까지 와서 안 타볼 수는 없었다. 케이블카는 빠른 속도로 400미터 높이에 위치한 언덕 전망대를 향해 올라 갔다. 발아래에 보이는 구시가지의 모습이 점점 작아진다. 마치 성냥갑이 다닥다닥 붙어 있는 듯한 모습이었고, 그 옆으로는 곰 형상을 하고 있는 로크룸 섬까지 한눈에 들어왔다. 시간이 없어 가보지 못하고 이렇게 볼 수 밖에 없다는 것이 안타까웠지만, 전망대에서 내려다보는 모습은 가히 절 경이었다.

짙은 코발트블루의 아드리아 해와 대비된 강렬한 오렌지빛 지붕의 물결 이 절묘한 조화를 이루며 또 하나의 작품을 만들어내고 있었다. 유고 내전 당시 왜 그토록 많은 유럽의 학자가 이곳으로 달려와 인간 방패를 자처하 며 이 아름다움을 지키려 했는지도 알 것만 같았다. 단지 유네스코 세계문 화유산으로 지정된 장소라는 의미뿐 아니라 예스러움과 현재가 공존하며 찬란하게 빛나고 있는 두브로브니크는 '특별한 무언가'가 없음에도 많은 사람에게 감동을 선사하고 있었다.

해가 지자 시시각각 변하는 구시가지의 모습에 모두 감탄하며 넋을 놓고 바라보았다. 이곳에서 보는 일몰은 우리에게 또 하나의 선물로 다가왔다.

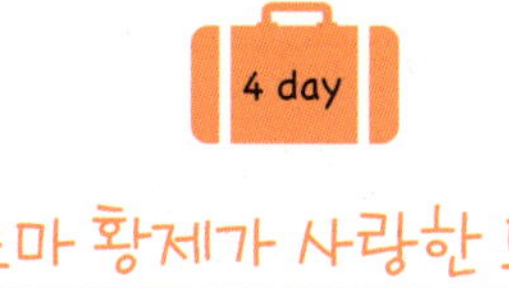

로마 황제가 사랑한 도시, 스플리트

아름다웠던 두브로브니크를 떠나기 전 우리는 렌터카를 픽업했다. 이곳을 떠나 이 여행의 마지막 목적지인 자그레브를 향하며 중간중간 명소들을 여행할 계획이었고, 이동 수단으로 렌터카를 선택한 것이다.

두브로브니크에서 스플리트까지는 차로 3시간 반~4시간 정도 걸리는데, 이 시간을 아이의 낮잠 시간에 맞추기로 했다. 오전에 일부러 일찍 일어나 반예비치에 들러 바닷가에서 놀며 에너지를 쏟게 했는데, 아이는 예상대로 차에 타고 얼마 지나지 않아 잠이 들었다. 그렇게 평온한 상태로 해변도로를 따라 쭉 이동하는데, 창밖으로 보이는 풍경이 눈부시게 아름답다. 아니, 뭔 나라가 이렇게 계속 아름다운 건데?

"와, 진짜 예쁘다."

나는 또 흥분하며 감탄사를 연발했다.

"차 세우고 잠시 볼까?"

+
크로아티아 곳곳을 누빌 수 있었던 건 렌터카 덕분이다. 아이가 있다면 렌터카를 빌려 여유롭게 여행하는 것이 좋다.

남편이 장단을 맞춰주었지만, 혹시라도 아이가 깨면 안 되기에 그냥 달리기로 했다. 아이가 차멀미가 있어 웬만하면 잘 때 빨리 이동하고 싶은 마음이었기에 나의 욕심은 내려놓았다.

우리 집은 어디예요?

스플리트로 향하는 길에서는 국경을 넘는 경험도 하게 된다. 국경을 접하고 있는 '보스니아 헤르체고비나'에서 간단히 여권 검사를 받은 후 국경을 넘어 다시 크로아티아로 들어간 뒤 우리는 계속 달렸다. 어느덧 반가운 스플리트 이정표가 눈에 들어왔다.

이제 거의 다 왔구나 싶어 안심하고 있는데, 때마침 아이가 잠에서 깼다. 시간 맞춰 잘 깼다 싶었는데, 스플리트에서 1박을 할 아파트 건물이 아무리 찾아도 보이지 않는다. 내비게이션은 계속 다 왔다고 외쳐대는데 숙소는 전혀 보이지 않고, 그렇게 한참을 빙빙 돌다 도저히 안 되겠다 싶어 호스트에게 전화를 걸었다. 그제야 길을 잘못 들었음을 확인한 우리는 위치 설명을 듣고 다시 이동하려는데, 이미 시간이 많이 지체된 터라 아이가 무척 힘들어했다.

"아빠, 아직 다 안 왔어요? 우리 집은 어디예요?"

"다은아, 미안한데 조금만 더 가면 나올 거야. 금방 갈게, 알았지?"

마침 가는 도중 큰 마트가 보여 먹을거리도 살 겸 잠시 쉬기로 했다. 빵과 과일을 사고, 아이에게도 초콜릿과 신데렐라 장난감을 사 주었다.

마트를 나와 호스트의 설명대로 공영주차장에 차를 세우고 다시 전화를 거니 우리가 있는 곳까지 마중을 나와주었다. 그렇게 우리는 우여곡절 끝에 새로운 보금자리에 도착했다. 5층이라는 말에 한 번 더 깜짝 놀랐지만, 숙소로 들어가니 넓은 거실과 방이 반겨주었고, 우리는 소파에 피곤한 몸을 눕히고 한동안 널브러져 있었다.

아름다운 항구도시를 거닐다

얼마나 지났을까? 이대로 누워 있다가는 잠이 들 것 같아 우리는 스플리트 구시가지로 나가보기로 했다. 아파트의 어마어마한 계단을 내려가 구시가지로 향하는데, 해가 슬슬 지고 있었다. 우리의 숙소는 구시가지에서 도보로 7~8분 거리에 위치하고 있었는데, 숙소 쪽 해변에서 바라보는 구시가지의 모습이 붉은 노을에 물들어 더욱 장관이었다.

뭔가에 이끌리듯 유모차를 끌고 걷는 그 길은 참으로 선선하고 좋았다. 스플리트의 메인 거리라 할 수 있는 리바 거리는 깔끔하게 대리석으로 치장되어 있었고, 해변을 따라 조성된 산책로에는 야자수가 쭉 늘어서 있었다. 그 길을 따라 길게 양옆으로 노천 레스토랑이며 카페, 기념품 가게들이 있었고, 많은 사람이 이 아름다운 항구도시의 저녁을 즐길 채비를 마친 듯했다.

크로아티아 제2의 도시인 스플리트는 두브로브니크와는 또 다른 느낌이었다. 가장 볼 것 많고 아름다운 두브로브니크를 제일 먼저 여행해 새로운 도시에 갔을 때 감흥이 떨어지면 어쩌나 걱정했는데, 스플리트는 그 나름의 매력을 뽐내고 있었다. 이곳 역시 구시가지는 세계문화유산으로 등재되어 있으며, 로마 황제 디오클레티아누스가 은퇴 후 노년을 보내기 위해 이곳에 궁전을 지었다는 이유로 사람들은 '로마 황제가 사랑한 도시'라고 부른다.

옛 궁전 안 터전들은 옛것을 그대로 간직한 채 현재와 공존하고 있었으며, 내전으로 인한 흔적 또한 그대로 남아 있었다. 동서남북으로 나 있는 각각의 문을 중심으로 안쪽에는 마치 미로처럼 좁은 골목들이 자리하고 있었고, 유명한 열주 광장도 눈에 띄었다. 잠시 쉬었다 가려고 앉았는데, 아이는 광장 안에 들어서자마자 활짝 웃으며 하염없이 뛰어다닌다. 손에는 아까 쥐여준 신데렐라 장난감을 들고. 뭐가 그리 신나는지 모르겠지만, 일단 기분도 좋고 컨디션도 좋은 듯해 나도 함께 웃었다.

옆으로는 성 돔니우스 대성당이 자리하고 있었는데, 스플리트의 전경을 한눈에 내려다보기 좋은 곳 중 하나다. 내일 오전에 오를 생각이었기에 일

숙소 쪽에서 바라본 구시가지 풍경. 세계문화유산으로 등재된, 로마 황제가 사랑한 도시다.

스플리트의 리바 거리. 항구도시의 저녁은 아름답다.

엄마, 냄새 날 것 같아. 어허, 유명한 사람 동상이야, 만지면 행운이 온다고.

스플리트의 열주 광장을 뛰어다니는 다은이. 뭐가 그리 좋니?

단은 잠시 본 것으로 만족하고 다른 곳으로 자리를 옮겼다. 북문 앞쪽으로 가보니 크로아티아의 종교 지도자였던 '그레고리우스 닌'의 동상이 보였다. 동상의 엄지발가락을 만지면 행운이 온다는 속설이 있어서 그런지 유독 엄지 쪽만 반질반질하게 칠이 다 벗겨져 있었다. 우리 역시 그냥 지나칠 수 없었기에 아이에게 만져보라고 했다.

"엄마, 냄새 날 것 같아."

아이는 그 무렵 자신의 발 냄새에 심취해 있었던 터라 동상의 발에서 냄새가 날 것만 같다고 한다. 어찌나 웃기던지……. 이 아저씨는 너처럼 냄새 안 난다고 말해주니 그제야 익살스럽게 웃으며 열심히 문지른다.

"다은아, 이거 만지면 행운이 온대."

"행운? 행운이 뭐야, 엄마?"

아이는 끊임없이 말하고 질문했는데, 어쩌면 지금 이 순간이 우리에겐 행운이 아닐까 싶었다. 이렇게 좋은 곳으로 여행도 오고 이런 대화를 나눌 수 있다는 것만으로도 행운이니, 행운이나 행복은 멀리 있는 게 아니라는 걸 아이 덕에 또 깨닫는다.

매일 짐 싸서 이동하기, 별거 아냐

스플리트에서 아름다운 밤을 보낸 뒤 다음 목적지로 향하기 전 구시가지를 다시 찾았다. 현지에서 통화할 일도 있고 데이터로밍도 해오지 않아 유심을 구입했고, 성 돔니우스 대성당도 다시 찾았다. 멋진 전망을 자랑하는 이 종탑에 오르기 위해 고민을 많이 했는데, 남편은 밑에서 아이와 함께 놀고 있을 테니 혼자 천천히 보고 오라며 또 배려해준다. 그럼 교대로 가자고 했더니 남편은 한사코 괜찮다며 나 혼자 올라갈 것을 권했다. 그렇게 둘을 남겨둔 채 나는 15쿠나의 입장료를 지불하고 한 발 한 발 계단을 올랐다. 처음부터 경사가 꽤 가팔라 아이를 동행하지 않은 걸 다행이라 생각했다. 위로 오를수록 거칠어지는 나의 숨소리와는 다르게 종탑 아래에서부터 아마추어 중창단의 노랫소리가 은은하게 울려 퍼진다.

그렇게 음악 선율에 맞춰 한 발 한 발 오르다 보니 어느덧 60미터 높이의 종탑 전망대에 다다랐다. 멋진 풍경이 오르는 동안의 수고를 한껏 보상해주는 듯했다. 고작 3천 원 정도를 투자해 이렇게 멋진 모습을 볼 수 있다는 것에, 그리고 덤으로 주어진 쾌청한 날씨에 너무도 감사했다. 위에서 내려다보는 주황색 지붕들과 짙푸른 아드리아 해의 조합은 봐도 봐도 질리지 않았다.

짧지만 강렬했던 트로기르

다음 목적지인 시베니크로 향하기 전 우리는 '트로기르'라는 작은 섬마을에 들렀다. 이곳 역시 섬마을 자체가 유네스코 세계문화유산으로 지정된 곳인데, 중세의 모습이 고스란히 보존되어 있어 많은 관광객이 찾고 있었다.

크로아티아 최고의 건축물 중 하나인 성 로렌스 대성당을 올려다보니 종탑이 파란 하늘과 맞닿아 있다. 이렇게 눈부시게 맑은 날, 욕심 같아서는 또 올라가보고 싶었지만 이내 마음을 접었다.

트로기르 섬은 워낙 작아 2~3시간이면 충분히 둘러볼 수 있어 가는 길에 잠시 들른 것이었는데, 역시나 오길 잘했다는 생각이 들었다. 쭉쭉 뻗은 해안가 야자수길이 조금 전에 떠나온 스플리트와 비슷해 보였지만, 느낌은 또 달랐다. 아이는 신이 나서 해안가를 따라 저만치 달려간다. 정말 여행 첫날 빼고는 계속 신나 있었다. 너무나 감사하게 아프지도 않고, 우리보다 컨디션이 더 좋았다. 나는 아이가 행여나 넘어질까 열심히 쫓아갔는데, 아이는 술래잡기 놀이라도 하는 줄 알고 깔깔거리며 더 멀리 가버렸다.

"헉헉, 다은아, 밥 먹으러 가자!"

아이에게 점심을 먹으러 가자고 큰 소리로 말하니 그제야 다시 돌아왔다.

식사를 한 뒤, 아이는 아빠 손을 꼭 잡고 골목골목을 누비며 여기저기 보느라 정신이 없는데, 마침 지나가던 노부부가 아이에게 말을 건넨다. 비록 영어는 알아듣지 못했지만 그 할머니가 자기를 예뻐하고 있음을 알아챈 아이는 할머니의 하이파이브에 응해주며 인사를 나눈다. 옆에 서 있던 할아버지께서 사진을 찍어주겠다고 하셔서 나는 선뜻 카메라를 맡겼다.

늘 가족사진을 찍고 싶었지만 이 무거운 카메라를 남에게 맡기며 부탁하는 게 여간 어려운 일이 아니었는데, 먼저 이렇게 찍어주겠다고 하니 그저 감사했다. 그렇게 셋이 활짝 웃고 있는 우리의 가족사진이 남겨졌고, 그 사진 한 장엔 이번 여행에 대한 애정이 듬뿍 담겨 있는 듯했다.

잠시 들렀던 작은 섬 트로기르에서 만난 할머니의 하이파이브에 응하며 즐거워하는 다은이. 하여튼 이놈의 인기는!

짧지만 강렬했던 트로기르를 떠나 우리는 시베니크로 향했다. 이곳에서는 1박을 할 예정이었다. 다행히 이번에는 어렵지 않게 숙소를 찾았다. 크로아티아는 지형 특성상 위로 올라가거나 아래로 내려오면서 여행해야 했는데, 그에 맞춰 숙소를 옮기며 이동하는 게 더 편하다. 비록 매일 짐을 싸야 하는 번거로움이 있지만, 이것도 자주 해보면 별일 아니었고, 일정이 그리 길지 않아 한 도시에 오래 있을 수 없었기에 불가피한 선택이었다. 그래도 다행인 건 렌터카로 움직이다 보니 무거운 짐을 들고 대중교통으로 이동하지 않아도 되었기에 그리 힘들지 않았다는 점이다. 아이 또한 이동하는 동안 차 안에서 낮잠을 자며 나름대로 컨디션을 조절하고 에너지를 보충할 수 있었다.

시베니크는 크로아티아를 오는 관광객들이 잘 선택하지 않는 곳이어서 그런지 너무나 여유롭고 한산했다. 우리가 이곳에서 하루를 묵게 된 이유는 다음 날 갈 크르카 국립공원 때문이었다. 어쩌면 잠시 쉬어가는 여정으로 볼 수 있는 곳이었기에 그리 큰 기대는 없었는데, 그래서인지 이곳에서는 마치 현지인 같은 착각이 들기도 했다. 지나가는 사람들도 '왜 이곳에 동양인들이 있지?'라며 쳐다보는 듯했다.

아이는 길가 공원에 핀 로즈메리를 보고는 킁킁대며 냄새를 맡는다.

"엄마, 냄새가 매워."

로즈메리 냄새를 처음 맡은 아이는 4세 아이가 할 수 있는 최대한의 표현으로 본인의 생각을 말하고 있었는데, 그 표현이 참 재미있었다. 그래, 허브 냄새가 아이에게는 매울 수도 있겠구나.

한참을 공원에서 꽃과 나비와 논 뒤 우리는 해안가로 향했다. 해안가의 도시가 지겨워질 만도 했지만, 해가 지고 있는 이곳 또한 다른 곳에서는 느낄 수 없는 고즈넉한 아름다움을 풍기고 있었다. 요트가 나란히 정박해 있었으며, 한쪽에선 오리가 인기척을 느끼고 우리 곁으로 오기도 했다. 먹을 걸 주지 않자 이내 저만치 헤엄쳐가긴 했지만, 아이는 오리를 봤다며 또 신이 났다.

어느덧 해가 저물고 있었다. 날씨는 위쪽으로 올라올수록 쌀쌀해졌는데, 저녁이 되니 완연한 가을 날씨다. 저녁 식사로 뭘 먹을까 고민하다가 그냥 숙소에서 해결하기로 했다.

오늘의 메뉴는 3분 카레와 김치! 비록 소소한 밥상이었지만 타지에서 먹으니 그저 꿀맛이었다. 낮에 음식이 좀 짰는지 잘 못 먹었던 아이는 게 눈 감추듯 밥 한 그릇을 뚝딱 비웠다. 심지어 밥그릇에 남아 있는 밥풀 하나까지 숟가락으로 야무지게 긁어 먹고는 맛있다며 씩 웃는다. 그러고는 오전에 스플리트 구시가지 재래시장에서 샀던 자두를 또 입에 넣는다. 처음에는 자두인지도 모르고 샀는데, 과육이 실하고 정말 맛있었다. 그 뒤로 우리는 시장만 보이면 자두를 담느라 정신이 없었다.

밥도 과일도 푸짐하게 먹은 아이의 배는 어느새 빵빵하게 부풀어 올라 있었다. 이렇게 먼 곳까지 와서도 잘 먹고 잘 지내주는 아이가 그저 고마웠던 밤, 괜스레 한 번 더 꼭 안아주게 된다.

평소에도 아이에게 뭐가 먹고 싶으냐고 물으면 대답은 늘 한결같았다.

"응, 밥이랑 계란이랑 물고기랑 시금치랑 김치!"

밥을 너무도 사랑하는 내 아이는 뼛속까지 한국인임에 틀림없는 듯하다.

시베니크 골목을 거니는 남편과 다은이. 관광객이 거의 없는 곳이라 여유롭게 산책했다.

일몰이 아름다운 도시,
자다르

여행을 다니다 보면 일몰을 꼭 챙겨 보는 편인데, 그 느낌은 늘 새롭다. 같은 장소에서 보더라도 날씨의 변화나 미세한 차이로 인해 한 번도 같은 느낌을 받은 적이 없다. 사실 세계 3대 일몰이라며 특정한 장소들이 거론되기도 하지만, 그건 어디까지나 개인의 느낌에 따라 다른 것일 뿐, 무엇이 더 멋지다고 규정지을 수는 없다. 이번 크로아티아 여행에서도 그걸 절실히 느꼈다. 두브로브니크 스르지 산 전망대에서 바라봤던 일몰도, 잠시 쉬어가던 시베니크에서 본 일몰도 잔잔한 감동을 주었다. 개인적으로 세계 3대 일몰 장소로 일컬어지는 코타키나발루에서 본 일몰보다 크로아티아의 일몰이 더 좋았을 정도였다.

그런 점에서 크로아티아에서 일몰이 가장 아름다운 도시인 '자다르'는 안 들러볼 수 없는 여행지였다. 건축가 니콜라바시츠의 작품인 '태양의 인사'와 '바다오르간'의 존재만으로도 많은 관광객을 끌어들이는 자다르는 역시나 해안가에 위치한 항구도시로, 고대 로마 시대의 흔적까지 그대로 간직하고 있었다.

바다가 연주하는 천상의 소리

오후에 자다르에 도착한 우리는 숙소에 짐을 풀고 구시가지로 향했다. 일몰을 보는 게 첫 번째 목적이었기에 해가 지기 전에 서둘러 나가야 했다. 구시가지를 둘러본 뒤 일몰 시간에 맞춰 '태양의 인사'와 '바다오르간' 쪽으로 갈 계획이었다.

다리를 건너 구시가지로 들어오니 나로드니 광장이 우리를 반겨준다. 조금 걷다 보니 눈에 띈 아이스크림 가게. 역시나 아이가 그냥 지나칠 리 없었고, 초콜릿 아이스크림을 손에 쥐여주니 만족스러운 표정으로 조심스레 입을 갖다 댄다. 그러고는 아빠도 한 입, 엄마도 한 입 먹어보라며 손을 쭉 뻗는데, 한 입 크게 먹었다가는 또 울까 봐 살짝 맛만 봤다.

자다르의 골목골목을 누비며 유명하다는 유적들을 둘러봤지만, 그리 오랜 시간이 걸리지 않았다. 우리는 한적한 골목을 찾아 아이와 사진을 찍으며 추억 남기기에 바빴고, 아이도 기분이 좋은지 열심히 뽀뽀를 하더니 뜬금없이 나의 두 손을 맞잡고는 빙빙 돌라고 요청한다.

"둘이 살짝 손잡고 오른쪽으로 돌아요. 둘이 살짝 손잡고 왼쪽으로 돌아요."

아이는 신이 나서 노래를 불렀고, 나는 얼떨결에 아이와 함께 빙빙 돌았다. 가르쳐준 적이 없는데 어린이집에서 배운 건지 아이는 열심히 나머지 동작까지 마무리하고서야 끝을 맺었다. 그사이 사람들은 지나가며 우리를 보고 웃고 있었고…….

이제 슬슬 목적지인 바다오르간으로 가야 할 시간. 해가 점점 지자 사람들이 그곳으로 향하는 게 보인다. 우리도 얼른 가서 자리를 잡으려고 바삐 발걸음을 옮기는데, 마침 불쑥 나타난 놀이터. 아이는 가던 발걸음을 멈추고 미끄럼을 타겠다며 고집을 피운다. 사탕을 줘도 젤리를 줘도 아무 소용이 없었다. 나는 실랑이를 벌이느니 얼른 태워주고 가는 게 더 빠를 것 같아 미끄럼을 몇 번 태운 뒤 다시 길을 나섰다.

천천히 걷는 아이를 빨리 뛰게 하려고 남편이 먼저 저만치 달려 나갔다. 아이는 또 술래잡기 놀이라도 하는 줄 알고 좋다고 웃으며 아빠를 따라 뛰어간다.

"자기야, 같이 가!"

평소에 우리 부부는 '자기'라는 호칭을 쓰는데, 아이도 따라서 아빠에게 "자기야"라고 부르곤 했다. 한국에서도 종종 그래서 사람들이 웃곤 했는데, 이곳에서는 다행히 웃는 사람이 아무도 없었다.

얼마나 뛰었을까? "부우, 뿌우우" 하며 마침내 희미하게 바다오르간 소리가 들려온다. 아드리아 해와 맞닿는 공간에 길고 넓은 산책로가 있는데, 그곳을 따라 만들어진 계단에 구멍을 뚫어 만든 악기가 바로 바다오르간이다. 오로지 자연의 힘으로 연주되는 이 바다오르간은 파이프와 호루라기의 원리를 응용해 만든, 바다가 연주하는 세계 최초의 파이프 오르간이다. 듣고 있자니 같은 소리 같지만 파도와 바람에 따라 길이는 물론 굵기까지 다르게 느껴졌다. 아이는 계단에서 자꾸만 웅장한 소리가 나자 고개를 숙여 쳐다보기 바빴다. 자리를 잡고 앉아 몽환적인 바다오르간의 연주를 들으며 우리도 다른 사람들처럼 태양에게 인사를 건넬 준비를 했다.

붉게 타오르던 태양은 어느덧 짙푸른 아드리아 해의 수평선과 맞닿아 있었고, 서서히 힘을 잃으며 바닷속으로 들어가는데, 아이가 갑자기 울먹이며 한마디 한다.

"엄마, 해가 물에 빠질 것 같아. 어떡해."

나는 머리를 한 대 맞은 느낌이었다. 이 상황을 어떻게 설명해줄까 고민하다 아이의 눈높이에 맞춰 최대한 알아듣게 설명했다.

"해가 오늘 할 일을 다 마치고 이제 집으로 쉬러 가는 거야. 물에 빠지는 게 아니라 코 자러 가는 거니까 내일 아침에 또 만날 수 있어. 우리 이제 해에게 잘 가라고 인사해줄까?"

엄마, 해가 물에 빠질 것 같아!

아이는 그제야 안심이 되는지 태양을 향해 손을 흔든다. 나도 아이와 함께 온 마음을 다해 손을 흔들며 태양에게 인사를 건넸다.

저녁이 되니 날씨가 급격하게 추워졌고, 바닷가라 바람까지 불었다. 우리는 행여 감기라도 걸릴까 싶어 챙겨 온 옷들을 모두 꺼내 입었다.

낮의 태양이 만들어낸 장관

일몰을 본 뒤 바다오르간 바로 옆에 있는 '태양의 인사' 쪽으로 자리를 옮겼다. 정말 이름 하나는 기가 막히게 지었다는 생각이 들었다. 이곳은 지름 22미터의 원형 조형물로, 300개의 태양열 전지판과 발광 다이오드(LED)를 조합한 태양집열판이 설치되어 있는데, 낮 동안 태양열을 저장해두었다가 밤이 되면 현란하게 불빛을 내뿜는 곳이었다.

사람들은 약속이라도 한 듯 원형의 경계를 빙 둘러서 있었는데, 가운데로 서슴없이 들어가는 건 역시 아이들이었다. 마치 무대를 장악한 듯 어찌나 신나게 뛰어노는지……. 다은이도 예외는 아니었다. 여기저기서 아이들의 깔깔대는 웃음소리가 어우러지며 어느덧 어둠이 깔리고, 불빛이 하나둘 모습을 드러내기 시작했다. 바닥에서 화려한 불빛이 요동치니 아이들은 더욱 신이 났고, 바깥에 서 있던 어른들도 용기를 내 한 명 두 명 안으로 들어갔다. 우리는 그렇게 추위도 잊은 채 행복을 만끽하며 밤을 맞이했다.

'태양의 인사'는 태양열을 저장해두었다가 밤이 되자 현란한 불빛을 뿜어냈다.

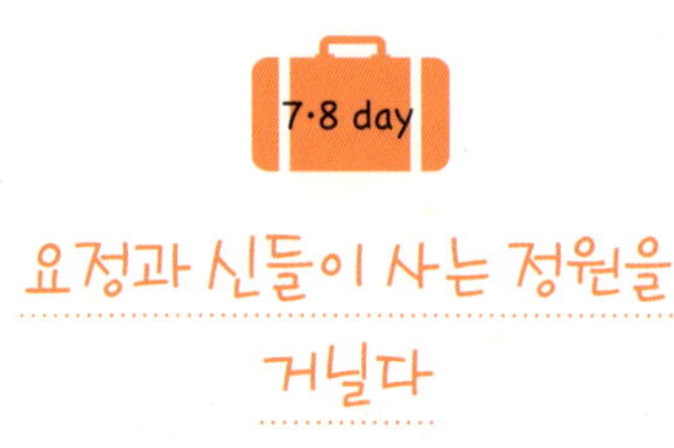

요정과 신들이 사는 정원을 거닐다

　수많은 크로아티아 여행기를 보며 가장 기대했던 곳은 바로 두브로브니크와 플리트비체·크르카 국립공원이었다. 어쩌면 저렇게 신비한 곳이 있을까 궁금했고, 날이 갈수록 그 기대는 더욱 커져갔다.

　플리트비체 국립공원을 아침 일찍부터 하루 일정으로 둘러볼 생각에 우리는 숙소를 아예 공원 근처로 예약했다. 아침밥을 든든히 챙겨 먹고 드디어 자연의 신비를 느끼러 떠나려는데, 날씨가 그리 좋지 않았다. 산속이라 그런지 안개도 좀 있어서 스산한 기운마저 감도는데, 이전의 여행지들과는 전혀 다른 느낌이었다. 이곳만큼은 날씨 운이 꼭 따라주길 바랐건만, 그동안 날씨 운을 다 써버린 탓인지 하늘이 청명하지 않다. 그래도 우리는 비가 안 오는 게 어디냐며 위안을 삼고, 유모차에 아이를 앉혀 숲 속 산책로를 따라 입구로 향했다. 서둘러 나왔는데도 벌써 관광객들로 가득하다.

5시간의 트래킹, 성공

영화 〈아바타〉의 모티브가 된 곳으로 알려져 있는 플리트비체 국립공원은 총 16개의 호수가 크고 작은 90여 개의 폭포로 연결되어 있는데, '요정이 사는 곳', '신들의 정원'이라 불리며, 크로아티아 여행의 하이라이트 중 하나다. 국립공원 전체가 유네스코 세계자연유산으로 지정되어 있는데, 면적이 어마어마하니 다 둘러보겠다는 욕심은 버리는 게 좋다. 이곳에서 추천하는 코스 중 하나를 선택해서 둘러보는 게 좋은데, 우리는 아이도 동반한 터라 짧고 쉬운 코스를 선택했다.

우리는 3~4시간 정도 소요된다는 F코스를 모델로 삼되 숙소 위치를 기준으로 방향을 바꿔 움직였다. 그래서 숙소 근처인 P3 선착장에서 코스를 시작했는데, 아침 일찍부터 배를 타려는 줄이 길게 늘어서 있었다. 우리도 줄을 서서 기다리는데, 마침 옆 호숫가에 있던 오리들이 환영 인사라도 하듯 천천히 걸어 나온다. 사람에 대한 경계심도 전혀 없어 보였고, 아이 역시 무서워하지 않고 오리들과 시선을 맞추었다. 그렇게 오리와 함께 노는 동안 배가 도착했고, 우리는 드디어 배에 올랐다.

잔잔하고 고요한 호숫가를 가로질러 어느덧 배는 P2 선착장에 도착했다. 배에서 내리자마자 나무 계단이 우리를 반긴다. 그걸 본 순간 나는 숨이 턱 막히는 듯했지만, 아이는 이 정도는 아무것도 아니라는 듯 씩씩하게 걸어 올라간다. 플리트비체 국립공원에 오기 전 미니 버전인 크르카 국립공원에서도 2시간 가까이 열심히 계단을 오르내리고 걷는 모습에 정말 놀랄 만큼 큰 감동을 받았는데, 이번에도 아빠의 손을 꼭 잡고 힘찬 에너지를 발산하며 열심히 걷고 있다.

"다은아, 진짜 멋있어. 파이팅!"

요정과 신들이 사는 곳이 있다면 바로 이곳 플리트비체가 아닐까?

나는 뒤에서 아이에게 더욱 용기를 북돋워 주었고, 아이는 그 말에 어깨를 으쓱대며 더 신나게 걸어갔다.

플리트비체 국립공원은 생각했던 것보다 훨씬 더 웅장하고 장관이었다. 울창한 숲 속 산책로를 따라 만들어진 나무 길과 계단을 걸으며 자연에 몸을 맡기니 그 자체로 힐링이 되었다. 시원하면서 부드러운 공기가 얼굴을 감싸고 청량한 풀 냄새가 코끝에서 계속 맴도는데, 자연이 주는 선물이 있다면 바로 이런 곳이 아닐까 싶을 정도로 걷는 내내 감탄사만 흘러나왔다.

호수의 물은 그 안에 포함된 광물, 무기물과 유기물의 종류, 양에 따라 색이 달랐는데, 날씨 역시 물색에 영향을 주었다. 어느 곳은 유독 에메랄드빛을 띠고 있었고, 어느 곳은 짙은 푸른색을 보여주었으며, 아무 색도

아빠와 함께라면 플리트비체 트래킹도 거뜬하게 할 수 있어요.

느낌도 없어 보이는 곳도 더러 있었다.

물색을 비교하는 재미만큼 물속을 들여다보는 재미도 쏠쏠했는데, 송어 떼가 큰 몫을 했다. 걷다가 지루해질 무렵이면 나타나는 송어 떼는 아이에게도 큰 즐거움이 되어주었고, 아이는 그때마다 걸음을 멈추고 잠시 쉬었다 가자고 재촉했다.

"아빠, 물고기한테 곰 젤리 줄래."

"안 돼, 물고기는 젤리 먹으면 아플 수도 있어."

아이는 안 된다는 아빠의 말에도 자꾸만 송어에게 자기가 먹던 곰 젤리를 나눠 주겠다고 했다. 남편은 마지못해 곰 젤리를 잘게 잘라 물속에 던지게 했지만, 다행히 송어는 먹지 않았다.

"거봐, 물고기들은 이거 안 좋아해. 그러니까 다은이가 다 먹자, 응?"

그러자 이번에는 오리에게 주자며 또 고집을 부렸다. 역시나 오리도 냄새만 맡을 뿐 먹지 않았고, 아이는 그제야 재미없는지 곰 젤리 주는 걸 포기한 채 다시 터덜터덜 걷기 시작했다.

어느덧 날은 서서히 개고 있었고, 구름 속에 가려져 있던 해가 살짝 얼굴을 내밀었다. 밝은 빛이 드리우자 호수는 더욱 진한 에메랄드빛으로 물들었고, 우리는 또 가던 길을 멈추고 그 절경에 매료된 채 한참을 바라만 보았다. 다시 정신을 차리고 걷기 시작하는데, 아이가 다리가 아픈지 안아달라고 한다. 안아줘야 하나 말아야 하나 잠시 고민했지만, 어른들도 힘든 길을 이 조그마한 아이가 불평 없이 걷고 있다는 게 대견해, 나와 남편은 번갈아가며 아이를 안아주었다.

다행히 얼마 지나지 않아 유모차를 끌 만한 길이 나타났고, 우리는 속으로 환호성을 지르며 아이를 유모차에 앉혔다. 다시 열심히 길을 걷는데, 플리트비체의 대표 사진으로 많이 봐왔던 하류 부근의 S자 나무다리가 보였다. 우리는 조금 속도를 내어 굽이굽이 길을 따라 내려갔고, 그 다리를 건너 처음 시작했던 선착장 쪽으로 돌아오며 플리트비체의 일정을 마무리지었다.

점심 식사를 간단히 하고 쉬엄쉬엄 움직이긴 했지만, 5시간 정도는 걸린 듯했다. 불가능할 것만 같았던 아이와의 플리트비체 트래킹은 성공적으로 끝났다. 마지막엔 늘 그렇듯 아이에게 칭찬도 아끼지 않았다.

비록 요정이 살고 있을 것만 같은 곳에서 요정은 만나지 못했지만, 내 아이가 점점 멋진 여행 파트너로 성장하고 있음을 깨달은 것만으로도 충분히 값지고 행복한 하루였다.

다시 자그레브,
다시 집으로!

다시 자그레브로 돌아왔다. 처음 느꼈던 기대감과 걱정, 설렘은 온데간데없고, 그저 마지막 여행지라는 생각에 아쉬움과 편안함이 교차했다. 별로 볼 것이 없어 반나절이면 충분하다는 이곳 자그레브에서 우리는 2박을 할 계획이었다. 아니, 정확히 말하자면 크로아티아 여행 첫날까지 총 3박을 자그레브에서 보내는 셈이 되었다.

플리트비체의 경이로운 대자연에 흠뻑 빠진 지 얼마 되지 않아 다시 도시로 들어오니 새로운 나라에 온 듯한 착각마저 든다. 우리는 이곳에서 렌터카를 반납하고 도보로만 여행을 다닐 계획이었는데, 렌터카를 반납하고 나니 모든 걸 훌훌 털어버린 것처럼 시원섭섭했다. 운전하느라 고생했던 남편은 더없이 좋았을 테지만.

마지막으로 2박을 하게 된 자그레브의 숙소는 에어비앤비로 예약했는데, 사진에서 보던 대로 너무나 훌륭했다. 숙소 내 복도에는 멋진 액자가 걸려 있었고, 아이는 넓은 방 이곳저곳을 뛰어다니느라 또 정신이 없었다. 새로운 집이 너무 마음에 든다며 호들갑을 떠는 아이. 두브로브니크를 제외하고 나머지 일정 동안 계속해서 이동하며 1박씩 했던 터라 보따리장수마냥 마음이 바쁘고 분주했는데, 이곳에선 2박을 한다고 생각하니 괜스레마음이 놓였다.

크로아티아의 수도임에도 그저 들렀다 가는 곳, 스쳐 가는 곳 취급을 하는 사람들이 많은 자그레브지만, 우리는 좀 더 여유롭게 시간을 투자하며 이곳을 여행해보기로 했다.

위로 올라올수록 날씨가 점점 추워졌는데, 저녁이 되니 더욱 쌀쌀해졌다. 다행히 두브로브니크 에어비앤비 숙소에 놓고 온 재킷과 레인코트를 무사히 이곳에서 택배로 받아 입을 수 있게 되었고, 보내준 호스트에게 감사의 문자를 보냈다. 여행을 하면서 이런저런 소소한 사건들이 발생하기 마련인데, 큰 사건 사고가 아님을 늘 다행으로 여기게 된다.

도보로 여행한 자그레브 구석구석

숙소를 나와 큰 길을 따라 걸으며 거대한 수목이 우거져 있는 공원을 지나자 사진에서만 보던 반 옐라치치 광장이 눈에 들어온다. 자그레브의 심장인 이곳은 많은 자그레브 시민들의 약속 장소로 이용되고 있어서 그런지 사람들로 넘쳐났다. 확 트인 드넓은 광장의 웅장함이 조명과 함께 더욱 빛을 발하고 있었다. 나는 그 모습에 압도당해 자연스레 반 옐라치치 동상 앞에서 아이와 포즈를 취했다. 하지만 아이는 사진을 찍든 말든 관심이 없었고, 그저 또 다른 낯선 곳에 왔음에 신기해하고 있을 뿐이었다.

반 옐라치치 동상 앞에서. 반 옐라치치 동상
은 도보로 즐긴 자그레브 여행의 나침반 역
할을 해주었다.

우리는 반 옐라치치 광장을 중심으로 본격적인 탐방을 시작했다. 이날
은 파란 하늘이 유난히도 높고 깨끗했다. 이곳에도 가을이 오고 있었다.

자그레브에서 유명한 볼거리들을 제쳐두고 제일 먼저 가보고 싶었던 곳
은 바로 1926년 이후 매일 장이 들어선다는 돌라츠 시장이었다. 입구에서
부터 빨간 파라솔 아래 놓인 싱싱하고 탐스러운 과일들의 향기가 후각을
자극한다. 벌들이 왔다 갔다 하는 모습을 보니 과일의 당도를 자연스럽게
짐작할 수 있을 정도였다. 활기찬 시장의 분위기와는 다르게 상인들은 다
소 시크해 보였지만, 자두와 복숭아를 구입하니 언제 그랬냐는 듯 몇 개

더 챙겨주며 미소를 보였다.

아이는 좋아하는 자두를 샀다며 신이 났다. 당장 달라는 걸 이따 숙소에 들어가서 씻어줄 테니 조금만 참으라고 타일렀다. 먹을 것 앞에선 앞뒤 못 가리는 건 나를 쏙 빼닮은 듯했다.

어느덧 다음 목적지인 자그레브 대성당에 도착했다. 하늘을 찌를 듯이 높이 솟아오른 쌍둥이 첨탑은 맑은 날씨 덕에 너무 눈이 부셔 제대로 올려다볼 수 없을 정도였다. 마침 그 앞에서 크로아티아 전통의상을 입은 사람들이 노래를 부르고 있었는데, 잔잔하면서도 힘 있는 멜로디가 듣기 좋았다. 사람들은 가던 길을 멈추고 함께 즐겼고, 아이도 집중하며 열심히 듣고 있었다. 여행 중 만나게 된 소박한 선물 같아 기분이 좋았다.

노래가 끝난 후 대성당 내부를 둘러보고 주변을 서성이는데, 마침 나이 지긋한 수녀님께서 지나가다 아이를 부르고는 온화한 미소를 지으며 아이의 손에 사탕 하나를 쥐여주셨다. 아이는 난생처음 만난 수녀님을 빤히 쳐다보며 감사하다는 말도 잊지 않았다. 그러고는 우리에게 질문을 던진다.

"아빠, 왜 저 할머니 옆에는 할아버지가 없어?"

남편의 표정을 보니 무척 난감해하며 어떻게 설명해줘야 하나 고민하는 모습이었고, 나는 옆에서 지켜보며 그저 웃을 뿐이었다. 할머니와 할아버지는 항상 한 쌍이라고 생각하는 아이에게 길게 설명해주자니 아직 이해하지 못할 것 같아서 그냥 할아버지는 집에 계실 거라고 얼버무렸다. 언젠가는 자세하게 설명할 수 있는 날이 올 것이라 믿으며.

다음 목적지는 자그레브 대성당과 함께 유명한 볼거리이자 자그레브의 대표적인 사진의 배경지인 성 마르코 성당이었다. 길을 착각해서 살짝 헤맸지만 워낙 작은 도시라 걷는 게 전혀 힘들지 않았고, 그 덕에 작은 골목

골목을 돌아볼 수 있었다. 이것저것 구경하는 아이 때문에 시간이 더 걸리긴 했지만, 여유로운 일정이었기에 시간은 그다지 문제가 되지 않았다.

성 마르코 성당은 빨강, 파랑, 흰색의 아름다운 체크무늬로 된 타일 지붕 위에 왼쪽에는 크로아티아, 달마티아, 슬라보니아를 상징하는 중세 시대의 문장이, 오른쪽에는 자그레브 시 문장이 모자이크로 장식되어 있는데, 마치 장난감 같은 모습이다. 맑은 날씨 덕에 사진에서 보던 것보다 더욱 감동이었고, 그림 같은 모습에 또 멍하니 바라보며 서 있었다.

점심에는 유명한 노천 레스토랑에서 점심 식사를 하며 우리의 여행이 성공적이었음을 자축하는 축배를 들었다. 아이에게 이번 여행이 즐거웠느냐고 물으니 그렇단다. 그러면서 "그런데 나 사는 집에 가서 기쁨반 선생

모자이크가 아름다운 성 마르코 성당에서 다은이는 오줌이 마렵다고 외쳤다.

님하고 ○○, △△ 만나고 싶어"라며 어린이집 친구들 이름을 쭉 나열한다. 여행도 즐겁지만, 이제 집으로 가고 싶다는 것이다. 처음에는 그저 엄마, 아빠와 하루 종일 붙어 있다는 생각에 너무 행복했는데, 이제는 친구들이 보고 싶단다. 그 생각을 계속 해온 건지 최근에야 그런 건지 모르겠지만, 내일이면 이곳을 떠나 곧 친구들을 만날 수 있다고 말해주니 아이는 정말이냐며 금세 미소를 보인다.

숙소로 돌아가기 위해 다시 반 옐라치치 광장을 지나가는데, 트램이 자꾸만 눈에 띈다. 이곳은 차가 들어올 수 없는 곳이라 트램이 교통수단인데, 아이는 그게 계속 타보고 싶었던 눈치다. 사실 트램을 타고 어디론가 갈 계획이 없었기에 탈 생각을 전혀 안 했는데, 아이는 한국에서는 보지 못한 이 트램을 너무 신기해했고, 결국 아이를 위해 중앙역 광장에서부터 두 정거장 정도 타보기로 했다. 아이는 자리에 앉자마자 마냥 신나 창밖을 하염없이 쳐다보는데, 눈이 초롱초롱하다. 무슨 생각을 하고 있을까? 내심 궁금했지만 묻지 않았다. 나 역시 그동안의 크로아티아 여행이 주마등처럼 스쳐 지나며 모든 게 꿈만 같았다.

광장에서 열리고 있는 페스티벌을 즐기며 아이에게 솜사탕을 안겨주고, 조명이 환하게 들어오는 자그레브 대성당에서 오전과는 다른 잔잔한 감동을 느껴보기도 하면서, 우리는 그렇게 자그레브에서의 여정을 마무리했다. 어쩌면 짧게 스쳐 가는 사람들이 많은 여행지이지만, 어디든 어떻게 즐기느냐에 따라 그 감동은 달라질 것이다. 우리에겐 자그레브에서의 시간도 참으로 벅차고 소중했다. 사실 크로아티아를 여행하며 어느 곳 하나 별로인 곳이 없었다.

한국으로 가기 위해 짐을 싸는데, 너무 아쉬워서 나는 남편에게 계속 더 있고 싶다고 말했다. 언제 또 이 아름다운 곳에 다시 올 수 있을까?

우리는 바리바리 싸 온 상비약 꾸러미가 무색할 정도로 건강하고 무탈하게 아이와의 첫 번째 유럽 여행을 마쳤다. 짧은 여정은 조금 아쉬웠지만, 기대 이상으로 성공적인 여행을 해준 아이에겐 더없이 고마웠고, 이제 그 어디라도 데리고 갈 수 있을 것만 같은 용기가 생겼다.

여행을 다녀온 뒤 많은 사람이 물어본다. 정말 아이와의 유럽 여행이 괜찮았냐고. 그러면 나는 한결같이 대답한다.

"너무 좋았어, 황홀했어!"

여행 전 고민만 하던 나를 이끌어준 남편도, 함께 건강하게 여행해준 아이도 참 고맙다.

성공적이었던 우리의 여행을 축하하며, 축배를!

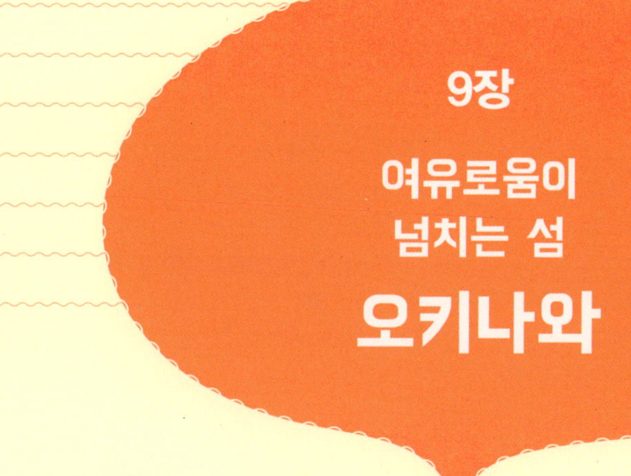

9장

여유로움이
넘치는 섬

오키나와

오키나와 여행 정보 한눈에 보기

여행 정보

비행시간 : 약 2시간 15분 소요(직항 기준). 대한항공, 아시아나항공, 제주항공, 티웨이항공, 진에어, 이스타항공, 피치항공 등이 운항하고 있다.

기후 : 연평균 기온이 20도를 넘고 한겨울에도 10도 이상인, 열대성 여름과 온대성 겨울이 합쳐진 아열대 해양성 기후로, 계절의 변화가 뚜렷하지 않고 연중 온화한 날씨다. 긴 여름(4~10월)과 겨울(1~2월)로 나뉘며, 봄, 가을은 각각 채 한 달이 안 된다. 물놀이가 가능한 시기는 4~10월이고, 6~10월은 태풍이 발생할 수 있으니 참고할 것.

시차 : 우리나라와 동일하다.

전압 : 110볼트로 우리나라와 다르니 멀티 어댑터를 준비한다.

화폐 : 엔(JPY). 100엔=1,086원.

여행 필수 준비물

오키나와는 연중 따뜻한 날씨이며, 계절에 따라 조금씩 차이가 있다. 반소매 옷을 기본으로 준비하되, 가을, 겨울에는 기온이 내려가고 체감 온도도 떨어질 수 있으니 바람막이 등의 긴소매 옷을 준비하는 것이 좋다. 다른 용품들 역시 계절에 맞게 선크림, 우산, 양산, 우비, 모자, 선글라스, 편한 신발 등을 준비하고, 수영할 수 있는 계절에 간다면 수영복과 물놀이 용품을 챙겨 가면 좋다.

렌터카 이용 방법

오키나와 여행 역시 대중교통으로도 가능하지만, 아이와 함께하기엔 불편함이 크니 렌터카 여행을 추천한다. 오키나와는 우리나라의 제주도처럼 렌터카로 여행하는 묘미가 색다른 여행지! 끝없이 펼쳐지는 에메랄드빛 바다는 운전석이 우리와 반대라는 걱정을 덜어주기에 충분하다. 오키나와는 일반도로 50킬로미터, 고속도로 80킬로미터로 속도가 제한되어 있으니 과속은 금물! 천천히 가도 되니 반대쪽 운전석이라도 오히려 안전하게 운전할 수 있다.

오키나와에서 렌터카를 빌릴 때 주의해야 할 점은 오키나와 렌터카는 대부분 면책보험이 무료로 가입되어 있고 NOC(None Operation Charge, 휴차 영업손실 부담금)는 유료로 가입해야 한다는 것인데, 만약을 위해 꼭 들어두는 게 좋다.

- 렌터카 추천 사이트

도요타 http://www.odal.co.kr/rentcar/rentcar_main.html(도요타 렌터카 한국 공식 대리점)
OTS http://www.otsinternational.jp/otsrentacar/ko
트래블 렌터카 https://www.okinawa-travelrentcar.co.kr
닛폰 렌터카 http://nippon.car-rental.jp/globals/ko_index

추천 숙소

오키나와는 남서쪽으로 길게 뻗은 형태의 섬이라 여행 스케줄에 맞춰 호텔을 옮기는 것이 좋다. 호텔 한 곳에서 머물며 차로 관광지를 돌고 다시 돌아와도 좋지만, 길에서 보내는 시간이 더 많을 수도 있으니 나누어 숙박하는 것을 추천한다. 보통 3박 기준으로 한다면 중부 쪽 2박, 북부 쪽 1박 등으로 하고, 일정이 더 길다면 2박+2박 식으로 해도 좋을 것이다.

힐튼 오키나와 차탄 리조트, 비치 타워 오키나와, 베셀 호텔 캄파나 오키나와, 테라스 가든 미하마 리조트, 도쿄 다이이치 호텔 오키나와 그랑메르 리조트, 호텔 오리온 모토부 리조트 & 스파, 더 부세나 테라스, 문 오션 기노완 호텔 & 레지던스, 인터콘티넨털 아나 만자 비치 리조트, 호텔 몬터레이 오키나와 스파 & 리조트, 카후 리조트 후차쿠 콘도 호텔, 더 리츠 칼튼 오키나와, 더 테라스 클럽 앳 부세나, 오키나와 스파 리조트 엑시즈, 리가 로얄 그랑 오키나와, 리잔 시파크 호텔 탄차 베이 등

오키나와 여행 관련 사이트

오키나와 달인 http://www.odal.co.kr http://cafe.naver.com/okinawago
오키나와 관광청 한국 사무소 http://kr.visitokinawa.jp
오키존 패스 http://www.welcometojapan.or.kr
오픈 오키나와 http://www.openokinawa.com

규슈와 대만의 중간에 위치하고 있는 오키나와 현은 크고 작은 100개가 넘는 섬으로 구성되며, 일본 열도의 가장 남쪽에 위치하고 있다. 오키나와 본섬 여행에서는 휴양뿐 아니라 관광도 가능하니 일정을 여유롭게 잡는 것이 좋다. 물놀이나 휴양 위주라면 여름에 가는 것이 좋지만, 관광을 하기엔 너무 더울 수 있으니 봄, 가을에 떠나는 걸 추천하며, 본섬 외에 주변 섬도 함께 돌아보는 것이 좋다.

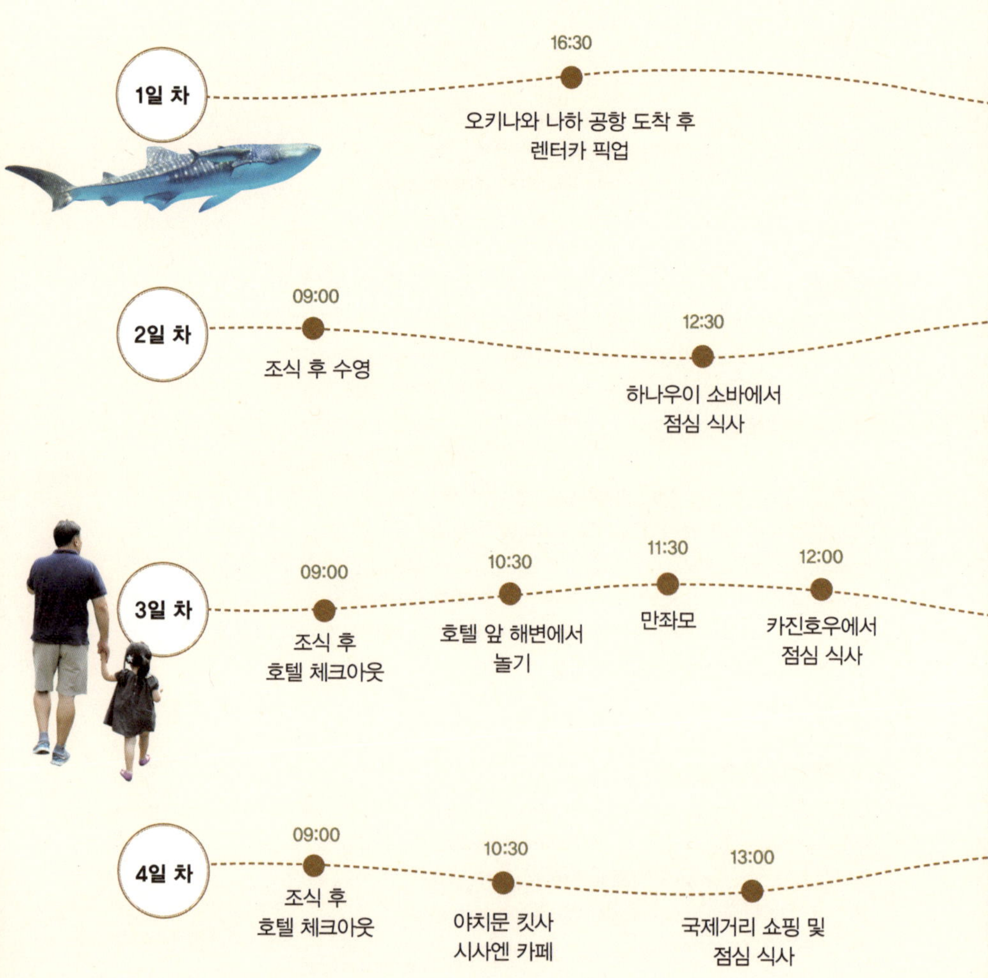

★ Tip
오키나와는 렌터카로 여행하는 것이 가장 보편적이다.
관광지를 쉽게 검색할 수 있도록 관광지를 코드화하여 렌터카 회사에서 맵 코드표를 주기도 한다. 혹시 못 받았더라도 검색해보면 거의 다 나와 있어서 목적지를 찾는 데 문제가 없다.

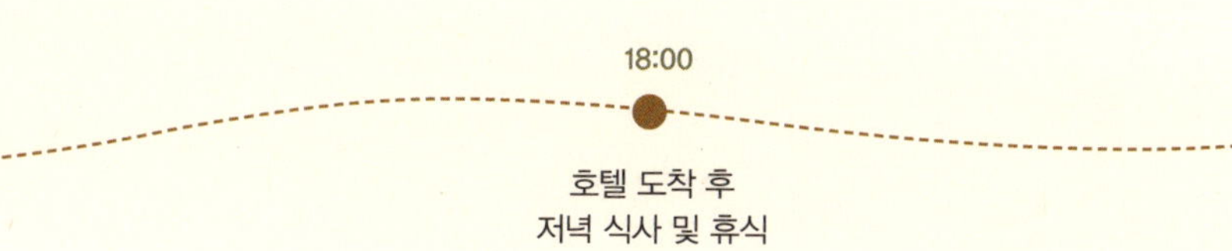
18:00
호텔 도착 후
저녁 식사 및 휴식

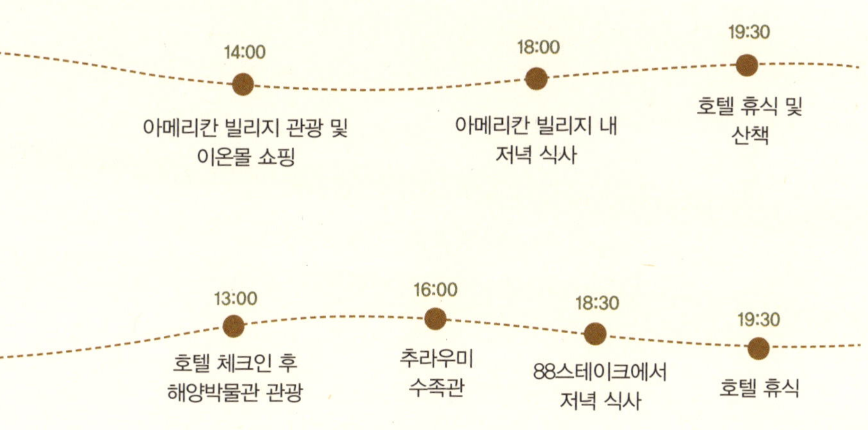
14:00
아메리칸 빌리지 관광 및
이온몰 쇼핑

18:00
아메리칸 빌리지 내
저녁 식사

19:30
호텔 휴식 및
산책

13:00
호텔 체크인 후
해양박물관 관광

16:00
추라우미
수족관

18:30
88스테이크에서
저녁 식사

19:30
호텔 휴식

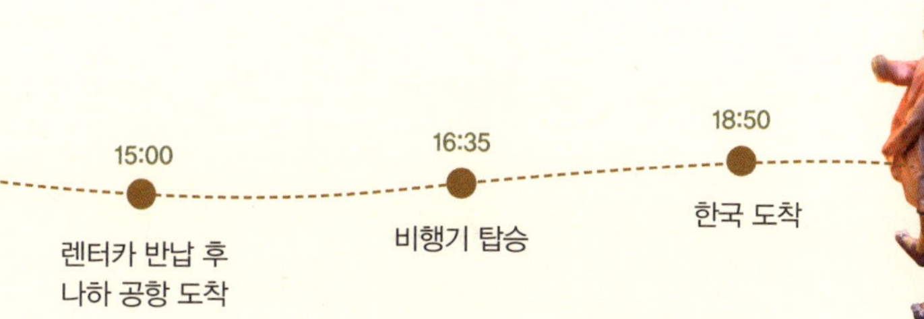
15:00
렌터카 반납 후
나하 공항 도착

16:35
비행기 탑승

18:50
한국 도착

10개월 전부터 준비한 여행

약 10개월 전, 저가항공사의 얼리버드 프로모션 때 예약해두었던 오키나와행. 그땐 '11월이 언제 오나' 싶었는데, 어느덧 시간이 흘러 여행일이 다가왔다. 나는 즉흥적으로 여행을 떠나는 것도 좋아하지만, 해외여행은 대개 미리미리 계획을 세우는 편이다. 그러면 남들보다 조금이나마 저렴하게 여행을 즐길 수 있고, 여행 준비도 천천히 할 수 있기 때문이다.

오키나와는 몇 년 전 본섬 말고 남단에 위치한 작은 섬으로 여행을 간 적이 있었다. 그때는 그저 리조트에서 먹고 놀고 즐기며 한량처럼 여행을 즐겼다. 기억 속에 남아 있는 오키나와는 눈부시게 아름다운 에메랄드빛 바다가 쫙 펼쳐져 있고, 스노클링 장비를 장착하고 바다로 얼마 들어가지 않아도 열대어들이 마구 돌아다니고 있는 그런 모습이었다. 물론 가는 계절과 장소가 다르긴 하지만, 이번 오키나와 본섬으로의 여행도 무척 기대됐다.

오후 비행기였지만 여유롭게 오전에 출발했다. 저가항공이라 기내식이 제공되지 않아 공항에서 점심 식사도 하고 늘 그렇듯 면세품을 찾으러 갔는데, 엘리베이터에서 내리는 순간, 갑자기 '으앙' 하는 아이의 울음소리가 들리더니 뒤따르던 남편도 놀라 소리를 지른다. 나는 아이보다 먼저 내려 상황을 전혀 몰랐는데, 아이가 엘리베이터 문에 손을 댔다가 손이 그 사이로 끼어 들어갔던 모양이다. 다행히 틈이 많이 벌어져 있어서 손이 완전히 끼진 않았지만, 손바닥 껍질이 살짝 벗겨질 정도로 다쳤고, 우리 부부는 깜짝 놀랄 수밖에 없었다.

겉으로 볼 땐 많이 다친 것 같아 보이지 않았지만 혹시라도 뼈에 이상이 있을까 싶어 '잼잼'을 해보라고 했다. 하지만 울기만 하고 손을 전혀 움직이지 않는 아이. 어쩌지? 갑자기 머릿속이 하얘졌지만, 이내 침착함을 되찾고 가방에서 마이쭈를 꺼내 아이에게 내밀었다.

"다은아! 마이쭈 줄게, 손을 폈다가 오므려봐."

"마이쭈?"

아이는 내 손에 들린 마이쭈를 향해 시선을 고정하며 언제 그랬냐는 듯 울음을 멈추고 손을 열심히 폈다 오므렸다 했고, 그 모습을 지켜본 우리 부부는 웃음을 터뜨렸다. 너무 놀라 여전히 심장이 쿵쾅거렸지만, 아이가 괜찮으니 천만다행이었다.

비행기에 탑승한 후 승무원에게 밴드와 연고를 요청해 상처 난 손에 붙여주었다. 아이는 어느 순간 비행기를 타면 알아서 좌석 벨트를 했는데, 이번에도 자리에 앉자마자 알아서 착착 벨트를 채우더니 갑자기 식판대를 펼치고는 탁탁 내려친다.

"밥 주세요, 밥, 밥!"

늘 비행기를 타면 밥을 먹었기에 이번에도 그러는 줄 알았던 모양인데, 이 비행기는 밥을 안 준다고 설명하니 조금 실망하는 눈치다. 그래서 비행기에 타기 전에 점심을 먹이고 탔건만, 비행기를 타면 또 먹는 줄 안 모양이다.

렌터카 타고 리조트로 직진

2시간여를 날아 오키나와 상공에 다다랐다. 창가를 통해 내려다보이는 옥빛 바다가 오키나와에 왔음을 실감하게 했다. 제주도 가는 마음으로 가볍게 온 여행이라 그런지 마음의 부담도 별로 없었다. 그저 쉬엄쉬엄 다니면서 맛있는 음식이나 먹고 푹 쉬다 오자는 생각으로 왔기에 일정도 빠듯하게 세우지 않았다. 날씨 운만 좋다면 제대로 된 '동양의 하와이'를 느낄 수 있기에 비만 내리지 않길 바랄 뿐이었다.

오키나와는 대중교통을 이용해 여행해도 되지만, 제주도처럼 렌터카를 이용해 여행하는 게 보편화되어 있다. 우리도 당연히 렌터카를 이용해 여행할 계획이었는데, 한 가지 걱정거리가 있다면 바로 운전석이 우리나라와는 반대쪽에 위치하고 있다는 점이었다. 습관이란 게 참 무섭다 보니 평소에 한국에서 운전을 많이 하는 남편도 첫날은 조금 걱정되는 듯한 눈치였다.

남편은 오후 늦게 오키나와에 도착했고, 리조트까지 또 1시간을 달려야 하니 일단 어디 들르지 말고 리조트로 바로 가자고 했다. 나도 안전이 우선이니 그 말에 동의했고, 그렇게 리조트에 도착하니 어느새 오후 6시가

훌쩍 넘어 어두워져 있었다. 비록 오는 길에 차선과 깜빡이 실수를 한두 번 하긴 했지만 다행히 리조트까지 무사히 도착했고, 남편은 어느 정도 운전을 해보니 감이 잡히는 모양이었다.

체크인 후 객실 문을 여는 순간은 언제나 설렌다. 생각보다 넓은 크기에 우리는 신났고, 이동하면서 쌓인 피로가 금세 풀리는 듯했다. 아이는 들어가자마자 좋다며 바닥에 누워 데굴데굴 구르는데, 바닥이 카펫이라 먼지가 있을 것 같아 말렸지만 소용없었다. 남편과 나는 대체 쟤는 누굴 닮은 거냐며 서로에게 책임을 미루었고, 그러든 말든 구르고 있는 아이를 보며 웃음만 나왔다. 바닥을 이리저리 몇 번 구른 다음, 널찍한 침대로 올라가 팡팡 뜀박질로 마무리한 아이는 이제 배가 고프니 밥을 먹으러 가자고 한다. 참 정확한 배꼽시계, 이건 또 누굴 닮은 걸까?

시간이 늦어 멀리 가긴 힘들었기에 리조트 직원이 추천해준 대로 근처 레스토랑에서 저녁을 먹었다. 푸짐하게 저녁 만찬을 즐긴 뒤, 우리는 산책에 나섰다. 리조트가 해변과 바로 접해 있었기 때문에 밤마다 산책을 즐기기 좋았는데, 11월임에도 불어오는 바람이 시원하고 상쾌하게 느껴지는 따뜻한 날씨였다. 산책로를 따라 켜져 있는 은은한 조명 아래 우리 셋은 나란히 손을 꼭 잡고 거닐며 오키나와의 따스함을 만끽했다.

숙소에 도착하자마자 바닥을 구르는 다은이. 넌 누굴 닮아 그러니?

객실에서 보이는 바다 풍경. 11월이지만 상쾌하고 따뜻한 바람이 불어왔다.

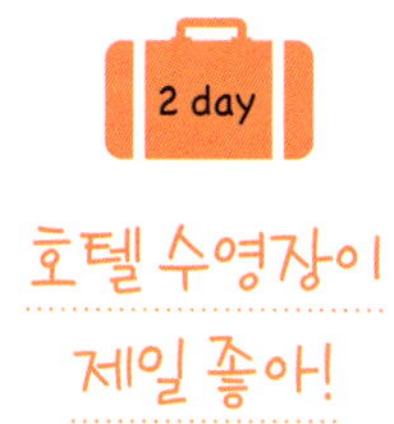

호텔 수영장이
제일 좋아!

느지막이 일어나 가장 먼저 한 일은 역시나 객실 창문을 열어본 것이다. 저녁에 도착해 제대로 된 바다를 볼 수 없었기에 그 모습이 너무 궁금했다. 날씨 또한 어떨까 걱정됐는데, 행운의 여신이 따른 건지 날씨가 꽤나 좋았고, 객실 테라스에서 바라보는 바다가 너무나 아름다웠다. 바닷물 색도 어쩜 저렇게 아름다운지, 에메랄드빛은 물론 청남색, 파란색, 옅은 하늘색 등으로 층층이 이루어져 있었는데, 그저 신기할 뿐이었다. 여유롭게 바다를 바라보며 오늘은 어디를 가볼까 생각하고 있는데, 어느새 아이가 잠에서 깨어 부스스한 모습으로 걸어 나온다.

당연하다는 듯이 우리 부부 사이로 쓱 비집고 들어와 선 아이는 안전망 틈으로 얼굴을 바짝 붙여 바깥을 내려다보며 외쳤다.

"엄마, 바다다, 바다! 나 물놀이하고 싶어."

겨울에도 평균 기온 15도 이하로 떨어지는 일이 거의 없는 오키나와지만, 11월에는 바다수영을 할 수 있을 만큼 날이 따뜻하진 않았다. 추운 겨울을 피해 늦여름과 초가을 날씨를 느끼며 여행하기에는 좋은 날씨였지만, 바다에 몸을 담글 수 있을 만큼은 아니었다. 리조트에는 멋진 실내 수영장과 야외 수영장이 있었는데, 아쉽게도 야외 수영장은 4월부터 10월까지만 운영하기 때문에 이용할 수 없었고, 실내 수영장은 이용이 가능했다.

수영장은 천장 일부가 유리로 되어 있어 환하고 사진에서 보던 것처럼 널찍했으며, 아이들이 놀기에 적합한 재미있는 시설을 두루 갖추고 있었다. 평일 오전이라 사람들도 별로 없어 한산했다. 아이는 자신이 놀 만한 수영장 쪽으로 한달음에 달려갔다.

하지만 계속 물놀이하자며 큰소리쳤던 모습은 온데간데없고, 물 앞에 서자 살짝 긴장한 듯 멈칫거렸다. 옆에서 지켜보던 남편이 함께 앉아 손으로 물을 첨벙거리며 적응할 수 있도록 도와주니 금세 안정을 찾긴 했지만.

아이가 들어간 곳은 유아 수영장이라 아이의 가슴팍 정도의 깊이였는데, 팔에 튜브를 껴주니 살금살금 잘도 걸어 다녔다. 행여나 걷다가 중심을 잃고 넘어질까 조심스러워 옆에 바짝 붙어 대기하고 있는데, 아이가 그 모습을 보곤 한마디 한다.

"엄마는 저쪽 가서 앉아 있어. 거기서 나 쳐다봐."

사실 싱가포르 사건 이후로 수영장에 가면 늘 불안했다. 나도 여느 엄마들처럼 아이를 마음껏 놀게 놔두고 싶지만, 간신히 떨쳐버린 물 공포가 또 다시 생길까 봐 항상 지켜보게 되는데, 아이는 나의 그런 걱정이 이젠 싫었던 모양이다.

아이의 요청대로 나는 살짝 떨어져 지켜보았고, 아이는 다시 열심히 물놀이를 했다. 때론 물을 먹어 수영장이 떠나갈 만큼 콜록대기도 했지만, 예전처럼 기겁하며 물에서 뛰쳐나오지 않고 잘 놀았다. 나 역시 아무렇지도 않아 하는 아이처럼 똑같이 태연한 반응을 보여주었다. 속으론 너무 놀라며 웬일인가 싶었지만.

혼자 그렇게 유아 수영장을 점령한 채 신나게 놀고 있는데, 어느새 옆에 한 명 두 명 아이들이 모여들었다. 밥을 먹고 여유롭게 수영장에 들를 시간이 된 것이다. 우리처럼 한국에서 여행 온 가족도 있었고, 어느 나라인지 모르겠지만 금발의 가족도 있었다. 특히 그 금발의 아이는 수영을 어찌나 잘하던지 내가 다 부러울 정도였는데, 정말 인어공주마냥 성인 수영장과 유아 수영장을 넘나들며 유유히 헤엄치고 있었다.

금발 아이는 옆에 있는 미끄럼틀을 타기 시작했다. 신나게 미끄럼틀을 타고 내려와 첨벙 하며 물속으로 들어갔고, 이내 머리가 쑥 떠올랐다. 그 모습을 본 아이는 자기도 미끄럼을 타겠다고 했다.

걱정 반 기대 반으로 미끄럼틀 아래쪽으로 가 쳐다보고 있는데, 한참 고민하던 아이는 도무지 안 되겠는지 이렇게 소리쳤다.

"아빠! 잡아줘야지!"

그럼 그렇지. 남편은 신속히 미끄럼틀 아래로 가 두 팔 벌려 대기했고, 아이는 이내 아빠를 믿으며 조심스레 타고 내려왔다. 한 번 타보니 재미있던지 계속해서 미끄럼을 탔고, 아빠는 물속에서 아이를 받아내며 점점 지쳐가고 있었다. 어느덧 점심시간이 다가와 이제 그만 나가자고 했지만, 아이는 조금만 더 놀자며 고집을 부린다. 옆에 또래 아이들이 있으니 더 놀

호텔의 실내 수영장. 물에 빠진 기억 따윈 싹 잊은 듯 눈 뜨자마자 찾은 곳이 수영장이다.

고 싶었던 모양이다. '그래, 어차피 이번 여행에서 물놀이는 이게 처음이자 마지막일 테니 조금만 더 놀게 해주자' 하는 생각에 좀 더 놀게 놔뒀지만, 잠시 후에 다시 나가자 해도 아이는 계속 나가기를 거부했다.

이젠 어떻게 해야 하나 고민하던 나는 "방으로 가서 욕조에 물 받아줄 테니 거기서 마저 물놀이하자" 하며 설득했고, 아이는 그제야 곰곰 생각하더니 알겠다며 수긍했다.

방으로 올라와 욕조에서 물놀이를 좀 더 하게 해준 뒤에야 우리는 점심을 먹으러 갈 수 있었다.

욕조 안에서 해맑게 웃으며 신나게 물을 첨벙거리는 아이를 보니 이제 물 공포가 싹 사라진 것 같아 안심이 되었다. 그러면서도 앞으로 수영장에서 데리고 나오려면 꽤나 힘들겠구나 생각하니 이게 좋은 건지 아닌지 가늠이 되지 않았다. 예전엔 '물에 좀 잘 들어갔으면' 하고 그렇게 바랐는데, 이젠 또 다른 걱정을 하고 있는 나를 보니, 사람 마음은 참 알 수 없다는 생각이 들었다. 그래도 일단 물에 대한 공포심은 없어졌으니 더 잘된 일이겠지?

하루 종일 아메리칸 빌리지

'꼬르르륵.'

물놀이를 하고 난 뒤라 그런지 배에서 자꾸 신호를 보내고 있었다. 조식이 너무 맛있어서 저녁 식사를 하듯 푸짐하게 즐겼는데도 신기하게 여행을 오면 늘 배가 고팠다.

우리는 렌터카에 올라 미리 검색해둔 소바집으로 향했다. 오키나와는 내비게이션에 주소보다 목적지의 맵 코드나 전화번호를 찍고 가면 쉽게 찾아갈 수 있는데, 여행 내내 참 유용했다. 호텔에서 차로 20분 거리에 있는 그곳은 해산물 소바로 굉장히 유명한 곳이었다. 주차장이 좁아 주차하기 어려우면 어쩌나 걱정했지만 다행히 점심시간이 좀 지난 후라 쉽게 차를 세울 수 있었고, 음식도 기다리지 않고 바로 먹을 수 있었다.

우리는 유명하다는 해산물 소바와 함께 아이가 먹을 치킨 데리야키도 주문했다. 곧이어 음식이 나왔고, 사진에서 보던 대로 다양한 해산물과 야채가 가득한 큰 그릇을 보니 절로 배가 부른 듯했다. 맵지도 않았기에 아이도 먹기 좋았는데, 국수라면 자다가도 벌떡 일어나는 아이는 어디서 본 건지 한 손에는 숟가락을, 한 손에는 포크를 쥔 채 한 가닥 한 가닥 숟가락

'한 가닥도 놓치지 않겠어.' 국수라면 자다가도 벌떡 일어나는 아이라 해산물 소바는 최고의 점심 메뉴였다.

에 올리곤 입에 가져다 댔다.

"음, 맛있어."

차분하게 열심히 먹으며 맛있다고 외쳐대는 아이를 보니 새삼 언제 또 이렇게 컸나 싶다. 하루하루 크는 것이 뿌듯하면서도 이제는 좀 천천히 컸으면 좋겠다는 생각도 들지만, 크면 클수록 아이와의 여행이 더 수월해지고 즐거워지는 건 사실이었다.

'양손 신공'을 펼치며 배불리 먹은 아이는 다시 배가 빵빵하게 부풀어 올랐다. 입고 있던 미니마우스 티셔츠의 캐릭터가 쑥 하고 튀어나올 것만 같았다.

"다은이 맛있게 잘 먹었어?"

"응, 엄마. 배가 터질 것 같아. 우헤헤헤!"

아이도 자기 배를 내려다보며 매우 흡족한 듯 두드리고 있었다.

그곳에서 비교적 가까운 아메리칸 빌리지로 가는 도중 재잘재잘하던 아이가 어느새 조용해졌다. 물놀이도 했겠다 밥도 배불리 먹었겠다, 눈꺼풀의 무게를 이기지 못하고 잠이 들어버린 것이다.

아메리칸 빌리지에 도착해서도 아이는 좀처럼 일어날 기미가 보이지 않았다. 할 수 없이 아이를 유모차에 앉혔다. 이곳은 아이와 함께 구경하기 좋은 곳인데 아이가 자버리니 난감했다. 그래도 이왕 왔으니 우리 부부라도 여유롭게 즐기자는 생각에 유모차를 끌며 슬슬 걸었다.

아메리칸 빌리지는 미국 샌디에이고에 있는 시포트 빌리지를 모델로 삼았다고 한다. 미국은 아직 안 가봐서 잘 모르겠지만, 이곳은 그리 감흥이 느껴지지 않았다. 나름 유명한 맛집들과 펍, 소소하게 즐길 쇼핑센터가 즐비했는데, 마침 거리 곳곳과 상점들이 크리스마스 분위기로 단장되어 있어 아이가 보면 참 좋아할 것 같았다.

"다은이가 보면 진짜 좋아할 텐데 아쉽다."

남편이 귀여운 산타 모형의 장식을 보며 한마디한다. 아이의 볼을 만지면 일어날까 싶어 조물조물해봤지만 소용없었다.

그리 큰 규모는 아니었기에 한 바퀴 휙 둘러본 뒤 근처에 있는 이온몰이라는 대형 쇼핑몰로 향했다. 이따 숙소에 들어가서 먹을 과자와 맥주, 음료 등도 구입하고 환전도 더 할 겸 들어갔는데, 아이가 어느새 잠에서 깨어 조용히 앉아 있는 것이 아닌가?

우리는 쇼핑몰을 다 돈 뒤 어떻게 할까 고민하다, 아이도 일어났으니 다시 한 번 아메리칸 빌리지를 돌아보기로 했고, 조금 전 코스 그대로 아이

아기자기한 아메리칸 빌리지의 구경거리들. 잠에서 깨어난 아이는 구경하느라 바빴다.

평범해 보였던 장소가, 밤이 되어 하나둘 조명이 들어오면서 운치 있는 풍경으로 변했다.

를 데리고 다녔다. 아이는 화려한 크리스마스 장식과 거대한 트리, 산타할아버지 모형이 여기저기 장식되어 있으니 마치 놀이동산에 온 듯 신기한 눈으로 바라보며 펄쩍펄쩍 뛰어다니기 바빴다. 간단한 크리스마스 장식은 본 적이 있지만 이렇게 특정한 장소가 모두 크리스마스 분위기로 꾸며진 곳에 온 건 처음이었기에 굉장히 인상 깊었던 모양이다.

우리도 낮에 왔을 땐 별로 감흥이 없었는데, 이상하게도 어둠이 깔리며 조명이 하나둘 밝혀지니 나름 분위기가 있어 보였다. 아이까지 깔깔 웃으며 즐거워하는 모습을 보니, 평범하게만 보였던 장소가 특별하고 재미있게 느껴졌다.

생각해보면 일상에서도, 특별한 변화는 없지만 그것을 대하는 마음가짐이 변하면서 거짓말 같은 일들이 일어나곤 한다. 아이를 낳고 키우면서 그저 똑같게만 보였던 세상이 달라 보이고 전혀 관심도 없던 것들에 대한 애정이 솟아나며 평범한 일상의 소중함을 더욱 깨닫게 되었는데, 여행지에서도 그런 경험이 쭉 이어지고 있었던 것이다.

그런 면에서 아이가 미치는 영향은 참 대단하다. 앞으로 아이로 인해 여행지에서든 일상에서든 얼마나 더 많은 깨달음을 얻게 될까?

비록 다른 곳에는 가보지도 못하고 오후 내내 이곳에서 시간을 보냈지만, 오늘도 난 아이의 손을 잡고 걸으며 이곳의 평범한 밤도 아름답게 느껴질 수 있다는 깨달음을 얻었기에 또 행복했다 말할 수 있을 것 같다.

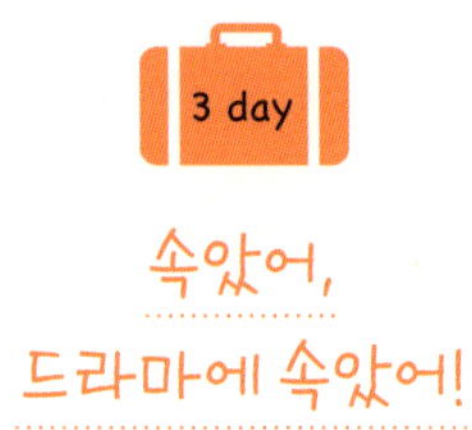

속았어,
드라마에 속았어!

오키나와로 여행을 떠나기 전 늘 그렇듯 이곳이 배경이 되었던 방송을
챙겨 보았다. 여행을 가기 전에는 그곳이 배경이 되는 드라마나 영화뿐 아
니라 예능이라도 볼 수만 있다면 미리 챙겨 보고 가는 편인데, 마침 〈괜찮
아 사랑이야〉라는 드라마가 있었고 본방송으로 보지 못했기 때문에 여행
전 몰아서 시청했다. 그때 눈에 들어온 것이 드넓은 초원에서 공효진과 조
인성이 함께 사진을 찍으며 행복을 만끽하던 모습이었는데, 그곳이 바로
오키나와의 절경 중 하나인 '만좌모'였다.

오키나와는 동북에서 서남 방향으로 활 모양으로 길게 뻗어 있는 섬이
다 보니 남부와 북부 간의 거리가 상당히 먼 편이다. 차로 가도 2시간 이상
은 걸리는데, 유명한 관광지 외에도 아름다운 전망을 자랑하는 카페나 레
스토랑, 해변 등이 골고루 분포되어 있어 동선을 잘 짜지 않으면 이동하다
길에서 시간을 버리기 쉽다. 우리는 3박 4일간 모든 걸 다 볼 수는 없다는

걸 알기에 몇 군데 가고 싶은 곳을 미리 생각해 숙소를 정했고, 그 주변 맛집을 검색해 찾아다니며 여행을 즐겼다.

인파에 떠밀려 허무했던 만좌모

북부 쪽에 예약해둔 호텔로 향하던 중 만좌모에 들르기로 했다. 아침 일찍 가지 않으면 중국인 단체 관광객들로 북새통을 이룬다는 후기에도 설마 하며 오전에 한껏 여유를 부리고 나왔더니, 아니나 다를까 주차장으로 가는 길부터 꽉 막히기 시작했다. 뒷좌석에 앉아 목을 쭉 빼고 쳐다봐도 전혀 앞으로 갈 기미가 안 보이기에 '그래, 그냥 천천히 가자' 하는 생각으로 긴장을 풀고 앉아 있는데, 엄마가 심심한 건 못 보겠다는 듯 짧은 외침을 선사하는 아이!

"엄마, 오줌! 오줌 마려워!"

아, 그놈의 오줌! 아까 분명히 차 타기 전에 화장실 가자고 그렇게 말했건만, 안 마렵다고 해서 철석같이 믿고 나왔는데 얼마 되지 않아 이러니 화가 났다. 하지만 뭐 어쩌겠나, 화낸다고 오줌이 안 마려울 것도 아니고.

창문을 열어 바깥을 보는데 화장실이 있을 법한 건물이 보이지 않자 나는 슬슬 당황하기 시작했고, 방법이라고는 아이를 데리고 뛰는 수밖에 없을 것 같았다. 나는 차에서 내려 아이를 유모차에 태운 뒤 아주 빠른 걸음으로 걷다 뛰다 하며 아이에게 말을 걸었다.

"금방 갈 거니까 조금 참을 수 있지, 다은아?"

"응, 엄마."

아이가 좀 크니 어느 정도 참는 것이 가능해 다행이긴 했지만, 여행 중

화장실 문제가 닥칠 때마다 참 난감하다. 딸이라 애교도 많고 참 좋은데, 이럴 땐 아들이었다면 조금은 편하지 않았을까 하는 생각마저 든다.

어느덧 만좌모 입구에 다다랐고, 눈앞에 화장실 푯말이 보이기에 한달음에 달려갔다. 그렇게 사건은 일단락되었지만, 찌는 듯한 날씨 탓에 내 등은 흠뻑 젖어 있었다.

드디어 기대하던 만좌모로 향하는 순간, 쉴 새 없이 몰려드는 중국인 관광객을 도무지 피할 수 없어 우리는 그들과 함께 섞여 걷기로 했다. 입구로 들어서니 확 트인 넓은 벌판 뒤로 푸른 바다와 하늘이 끝없이 펼쳐져 있었다. 듣던 대로 장관이었다. 천천히 걸으며 주변 풍경을 감상할 수 있도록 산책로가 쭉 이어져 있었는데, 처음엔 유모차를 끌고 가다가 자꾸만 툭툭 치고 미는 중국인들 때문에 그냥 아이를 일으켜 세워 걷게 했다.

아이에 대한 배려도 없고 자기만 생각하는 것 같아 불편했지만, 뭐 어쩌겠는가? 잠시 기다렸다가 둘러볼까도 싶었지만, 뒤를 돌아보니 계속해서 단체 버스가 들어오고 나가기를 반복하고 있어서 얼른 보고 나가는 게 낫겠다 싶었다.

어느덧 만좌모의 모습이 한눈에 들어오는 곳에 도착했고, 나는 열심히 카메라 셔터를 눌렀다. 하지만 만좌모를 배경으로 사진을 찍으려는 사람들이 너무 많다 보니 도무지 기회가 나지 않았다. 아이도 덥고 지치는지 웃음기가 사라져 있었고, 나 역시 드라마에서 보던 여유롭고 로맨틱한 장소가 실제로는 정신없고 복잡한 곳임을 확인하니 허무했다.

'그래, 드라마는 드라마일 뿐이야.'

복잡한 그곳에서 살짝 벗어나 조금 사람이 없는 곳으로 이동하니 바람이 한층 시원하게 느껴졌다. 옹졸했던 마음이 살짝 누그러지니 이제야 주

사람들로 가득한 만좌모 산책로. 멋진 곳이니 사람들이 몰려드는 것이겠지.

오키나와 해안의 석회암 절벽과 바다, 솟아오른 산호초가 어우러져 독특한 경관을 만들
어낸 만좌모는 '만 명이 앉아도 충분한 잔디 벌판'이란 뜻이다.

변의 특이한 식물과 가을 느낌 충만한 억새가 눈에 들어오기 시작했다. 코끼리 모양을 하고 있는 깎아지른 듯한 석회암 단면 아래로 짙푸른 바다가 넘실거리고 있었고, 날씨도 너무 좋았다. 아이도 옆에서 함께 이 아름다운 광경을 감상하고 있었다.

비록 너무 많은 사람들로 인해 내가 상상했던 로맨틱한 분위기와는 달랐지만, 아이가 다녀와서 코끼리를 봤다고 말하는 걸 보니 안 갔으면 아쉬웠을 곳이기도 하다.

아빠, 고래상어 키우고 싶어요

이번 오키나와 여행에서 아이와 꼭 가보고 싶은 곳은 바로 수족관이었다. 동물원이나 수족관은 아이와 함께 시간을 보내기 딱 좋은 곳이다. 그래서 일부러라도 여행 계획에 끼워 넣고 찾아가곤 했는데, 오키나와 여행에서는 이 수족관이 제일 큰 목적이 아니었나 싶다.

북부 모토부에 위치한 추라우미 수족관은 오키나와를 들르는 관광객이라면 필수로 가는 곳이다. 아니, 추라우미 수족관에 있는 고래상어를 보기 위해 오키나와에 간다고 해도 과언이 아니었다.

호텔을 모토부 쪽으로 옮긴 뒤 우린 추라우미 수족관이 있는 오키나와 해양박물관으로 향했다. 마침 돌고래 쇼가 시작될 시간이라 우리는 주차를 하자마자 뛰었다. 너무 넓은 규모에 압도당해 떡 벌어진 입을 채 닫지도 못한 채 이리저리 헤매다 겨우 목적지에 도착하니 이미 많은 사람이 자리하고 있었다.

그래도 다행히 시간에 맞춰 돌고래 쇼를 처음부터 볼 수 있었다. 급히

해양박물관의 돌고래 쇼. 아빠의 어깨 위에서 다은이는 편안하게 감상할 수 있었다.

안녕, 물고기야. 너 참 예쁘게 생겼구나.

넌 야채만 먹는데 왜 이렇게 뚱뚱하니?

뛰어오느라 숨이 차고 더웠지만, 아직 키가 작은 아이를 위해 남편이 또 목말을 태운다. 아이는 낮잠을 못 자서 피곤한 듯 무표정이었지만, 앞으로 펼쳐질 일들이 기대되는 눈빛이었다.

이윽고 귀여운 돌고래들이 나와 인사를 하며 쇼의 시작을 알렸고, 조련사들과 함께 교감하고 열심히 준비한 것들을 보여주자 많은 사람이 함성과 박수갈채를 보냈다. 사람들이 손뼉 치는 걸 보자 아이도 아빠를 잡고 있던 손을 조심스레 놓고 열심히 손뼉을 친다.

여기저기서 쉴 새 없이 점프하고 관중을 향해 물을 내뿜으며 장난도 치고 노래도 부르며 꼬리를 흔드는 돌고래들이 어른인 나도 이렇게 신기하고 재미있는데 아이 입장에선 어떨까? 생각해보니 아이와 함께 돌고래 쇼를 본 게 이번이 처음이었는데, 재미있게 봐주니 다행이었다.

돌고래와 함께 수많은 바다거북과 귀여운 매너티도 볼 수 있었는데, 둘러보면 둘러볼수록 추라우미 수족관 외에도 볼 것이 참 다양했다. 아이는 매너티를 보며 묻는다.

"쟤는 야채를 먹는데 왜 저렇게 뚱뚱해요?"

곰곰 생각하다 태생이 그런 걸 어쩌겠느냐고 말해주고 싶었지만, 나는 또 말문이 막혔다. 아이가 '태생'이라는 단어도 모를 테고 뭐라고 설명해줘야 하나 고민하다 "야채를 너무 많이 먹어서 그래"라며 또 거짓말로 얼버무렸다.

"쟤 봐, 계속 먹잖아, 그렇지?"

"아……."

아이의 질문이 많아질수록 곧이곧대로 다 설명해주자니 아직은 어려울 것 같고, 언제쯤 이런 거짓 대답을 안 할 수 있을까 궁금했다. 한편으론 다음부터는 좀 더 쉽고 성의 있게 잘 설명해줘야겠다 다짐도 했다.

해양박물관에 들어와 돌고래 쇼를 보고 이것저것 구경하며 시간을 보내다 보니 어느덧 오후 4시가 다 되어가고 있었다. 오키나와 해양박물관 자체는 입장료가 없지만 추라우미 수족관은 입장권을 구입해야 들어갈 수 있었는데, 오후 4시부터는 입장권 가격이 할인되었다. 우리는 호텔이 코앞이라 늦게 봐도 될 것 같아 할인 입장권을 구매할 생각이었고, 그 시간에 맞춰 시간을 보내고 있었다. 1,850엔인 입장권을 오후 4시부터는 1,290엔으로 할인해주었고, 아이는 6세 이하라 무료였기에 꽤 괜찮은 가격이었다. 게다가 오후에 오니 단체관광객과 부딪히지 않아도 되었고, 사람도 별로 없어 여유롭게 둘러볼 수 있었다.

드디어 오후 입장이 시작되었고, 직원이 아이를 보곤 팸플릿과 고래상어 스티커를 주었는데, 아이는 이게 뭐냐는 표정으로 받아 든다.

"다은아, 이거 이모가 주는 스티커 선물이래."

아이는 자기가 좋아하는 스티커임을 확인하곤 손에 꼭 쥔 채 씩 웃었다.

안으로 들어가니 수족관을 가득 메운 산호초와 열대어들이 우리를 반겨주었다. 아이뿐 아니라 우리 부부의 눈도 바빠지기 시작했다. 형형색색의 아름다운 물고기들이 어찌나 많던지, 진짜 봐도 봐도 늘 새롭고 놀랍다. 아이 역시 유모차를 박차고 나와 호기심 가득한 눈빛으로 수족관 유리에 얼굴을 맞댄 채 열심히 물고기를 쳐다보는데, 아이에겐 이 물고기의 이름이 무엇이고 어디서 자라는지 따위는 상관이 없어 보였다. 그저 '얘는 왜 이런 색일까?' '얘는 왜 입이 이런 모양이지?' 그런 게 더 궁금할 뿐이었다.

그렇게 차례대로 물고기들을 만난 뒤 우리는 드디어 기대하고 기대하던 고래상어를 볼 수 있었다. 정해진 코스대로 차례차례 보고 오면서도 고래상어가 언제 나오나 내심 기다렸는데, 마침내 멀리서도 느껴질 만큼 강한 위엄을 뽐내고 있는 고래상어를 만날 차례가 되었다.

우리는 들뜬 마음으로 고래상어가 있는 거대한 수족관에 도착했는데, 여기가 그 유명한 추라우미 수족관이 맞나 싶을 정도로 너무나도 한산했다. 그동안 방문했던 대부분의 수족관은 내가 물고기를 보러 온 건지 사람들을 보러 온 건지 헷갈릴 만큼 정신없을 때가 많았기에 이번에도 사실 각오를 단단히 하고 왔는데, 예상외로 너무 한가해서 놀라긴 했지만 기쁨을 감출 수는 없었다.

아이와 함께 수족관 앞으로 다가가 바짝 붙어 앉아 있으니 마치 바닷속을 탐험하는 듯했다. 아이는 무아지경에 빠진 듯 수많은 물고기와 아기상어를 쳐다보기에 바빴다. 때마침 다가오는 고래상어! 그것도 한 마리도 아니고 세 마리가 차례차례 다가오니 아이는 흠칫 놀라는 듯했다. 나 역시 생각보다 훨씬 거대한 고래상어를 볼 때마다 탄성이 흘러나왔다.

"다은아, 저게 바로 고래상어야. 굉장히 크지?"

아무 대답 없이 그저 입을 벌린 채 고래상어를 바라보고 있는 아이. 얼마나 집중했는지 내 목소리는 전혀 들리지 않는 듯했다. 고래상어들이 지나갈 때마다 여기저기서 카메라 셔터 소리가 바쁘게 들려왔고, 나 역시 사진을 찍느라 바빴다.

그렇게 한참 동안 고래상어의 매력에 흠뻑 빠져 있는데, 서서히 사람들이 몰려오기 시작한다. 시계를 보니 먹이 주는 시간이었고, 우리도 기대했던 시간인 만큼 자리를 잡고 앉아 기다렸다. 사육사들이 입에 들이붓는 엄청난 양의 새우를 몸을 꼿꼿이 세운 채 받아먹는 녀석들! 얼마나 강하게 흡입하는지 마치 주변의 물을 다 빨아들이는 듯했고, 그렇게 몇 차례 먹이를 먹고 나서야 쇼는 끝났다.

사실 별것 아닐 수 있겠지만, 이곳이 아니면 쉽게 볼 수 없는 경이로운 모습을 아이와 함께 봤다는 것이 참 뿌듯했다. 한참을 바라보던 아이는 뭔가 결심한 듯 남편을 바라보며 진지하게 말한다.

"아빠, 나 고래상어 키우고 싶어요."

순간 남편은 아이와 나를 번갈아 쳐다보며 당황해했지만, 아이의 이 진지한 제안을 어떻게 하면 상처 주지 않고 거절할 수 있을까 생각하는 눈치였다.

"다은아, 그런데 고래상어를 집에서 키우려면 아주 큰 집으로 이사를 가야 해. 물도 가득 채워줘야 하는데, 지금 집에서는 도저히 해줄 수가 없어."

아이의 눈이 살짝 떨리긴 했지만 다행히 실망하지 않고 수긍하는 눈치다. 하지만 우리 부부는 오키나와 여행 후 고민이 하나 생겼다. 고래상어 대신 예쁜 열대어라도 키워야 할까? 물고기를 보며 좋아할 아이의 모습이 자꾸 그려지긴 하지만, 쉽게 결심이 서지는 않는다.

+

아빠, 고래상어 키우고 싶어요.

숲 속 카페,
야치문 킷사 시사엔

오키나와는 여행을 하면 할수록 일본의 다른 여행지와는 차별화되는 오키나와 특유의 지방색이 강했는데, 그 특색 있는 모습이 여행의 재미를 더해주었다. 그중 3박 4일의 짧은 일정의 마지막에 들렀던 '야치문 킷사 시사엔' 카페는 진짜 오키나와의 분위기를 느끼기 좋았던 곳이다.

역시 드라마 〈괜찮아 사랑이야〉에 나오면서 유명세를 탄 이곳은 모 연예인의 화장품 광고 촬영 장소로도 유명한 곳이다. 호텔 체크아웃 후 공항에 가기 전 마지막 여행 코스로 어디를 가볼까 하다 이곳을 떠올렸는데, 구불구불한 산길을 따라 올라가야 한다기에 사실 고민이 많았다. 그래도 오키나와만의 분위기가 물씬 풍기는 좋은 곳이라는 사람들의 후기에 일단 가보기로 했다.

숲 속에서 만나는 평화

대체 무슨 자신감으로 이렇게 깊은 산속에 카페를 열 생각을 했는지 모르겠지만, 가는 길은 다행히 생각보다는 험하지 않았고, 구불구불 산길을 조금 오르다 보니 어느새 야치문 킷사에 도착했다. 숲 속이라 공기는 상쾌했고, 선선한 바람과 함께 흙과 풀 냄새가 마구 올라오는 게 느껴져 나도 모르게 눈을 감고 심호흡을 해보았다.

마침내 눈에 들어온 카페 건물. 굉장히 오래된 느낌의 목조 건물로 예스러우면서도 운치 있었고, 건물을 감싸고 있는 담쟁이덩굴 덕에 동화 속에서 나온 것 같은 느낌마저 들었다. 문이 활짝 열려 있지 않았더라면 이곳이 영업을 하는 건지 안 하는 건지 모를 정도로 너무나 한적하고 고요했다.

조심스레 입구로 들어서며 살짝 고개를 내미는데, 나이 지긋한 주인아주머니께서 반갑게 맞아주신다. 커피를 주문하고 2층으로 향하는 계단으로 오르기 위해 신발을 벗고 조심스레 한 발 한 발 옮기는데, 그때마다 살짝살짝 들리는 나무의 삐거덕 소리마저 정겨웠다. 마치 무언가 신기한 게 숨겨져 있는 다락방으로 오르는 느낌이랄까?

2층에 올라가니 시원하게 뻥 뚫린 공간과 함께 툇마루가 눈에 들어왔다. 바닥에는 시원한 돗자리가 넓게 깔려 있었고, 툇마루 쪽으로 보이는 풍경은 짙푸른 녹음이 그대로 느껴져 그냥 자연 속으로 들어온 느낌이었다. 다행히 손님도 우리밖에 없어 전세 낸 듯 편하게 앉고 싶은 곳에 다 앉아볼 수 있었다.

그곳에서의 시간은 그야말로 평온 그 자체였다. 아이도 신나서 여기저기 구경하고 아슬아슬하게 툇마루를 걸으며 새로운 곳에 대한 탐색을 마친 뒤, 지붕 위에 있는 시샤를 가리킨다.

구불구불한 산길을 따라 도착한 숲 속 카페 야치문 킷사 시사엔.

"엄마, 그때 본 아기사자다."

오키나와를 상징하는 사자 모양의 시샤는 복을 가져다주는 수호신 같은 존재인데, 오키나와 여행을 하다 보면 곳곳에서 쉽게 볼 수 있다. 보통 하나만 두지 않고 한 쌍을 함께 두는데, 입을 벌리고 있는 수컷은 복을 받고 있는 모습이고, 입을 다문 암컷은 복이 새 나가지 않게 함을 의미한다고 한다. 전날 점심 식사를 하러 갔었던 카진호우에도 시샤가 많이 있어 만져보곤 했는데, 이번에도 가까이에 가득 있던 시샤들이 그저 반가웠나 보다.

아이와 나란히 툇마루에 걸터앉아 지붕 위 시샤들의 재미난 모습을 살펴보고, 도란도란 이야기를 나누었다. 그때 시원한 바람이 불어오더니 한쪽에 매달려 있는 풍경 소리가 은은하게 울려 퍼진다. 아이는 그 소리가 신기한지 귀를 기울이며 듣고 있었고, 남편과 나도 눈을 감고 이 순간을 느껴보았다. 그렇게 조용히 있자니 고요한 숲 속에서 들리는 소리라고는 바람이 불 때마다 흔들리는 풍경 소리와 새들의 지저귐, 바스락거리는 나뭇잎 소리뿐이었다.

이러한 느낌 때문에 사람들이 이곳을 그렇게 추천했구나 싶은 게 정말 오길 잘했다는 생각이 들었다. 여행 내내 머릿속을 헤집던 잡념이 잠시나마 사라지는 기분이었다. 게다가 옆에 꼭 붙어 앉아 숲 속 나무들보다 더 싱그럽게 웃고 있는 아이를 바라보고 있자니 이곳이 주는 행복이 최고치에 달하는 듯했다.

조용한 곳에서 여유롭게 커피를 마시며 사색에 잠긴 나는 이번 오키나와 여행도 아무 일 없이 무사히 마칠 수 있음에 감사했고, 우리 가족의 다음 여행지는 또 어디가 될까 생각했다. 사실 집으로 돌아가면 집이 제일 좋다며 떠들어대긴 하지만, 얼마 지나지 않아 지겨운 일상을 벗어나 또 다른 곳으로의 여행을 계획하고 있는 나를 발견한다. 그럴 때면 우리 여행의 끝은 어디일까 생각해보게 된다. 더불어 아이와 손잡고 함께하는 여행이 과연 언제까지 지속될지 궁금하기도 하고.

이번에 함께한 오키나와 여행에서 아이가 고래상어뿐 아니라 우리와 함께 웃고 떠들며 나란히 걸었던 추억도 오랫동안 기억해주길, 또 하루하루 쑥쑥 커가는 아이가 부모의 손을 필요로 하지 않는 날이 가능한 한 늦게 찾아오길 나는 간절히 바랄 뿐이다.

아기사자야, 안녕! 다음 여행지는 어디가 될지 아니?

에필로그

"엄마, 우리 다음에 가는 데는 어디예요?"

"엄마, 크로아티아는 여기죠? 싱가포르는 여기 있다! 근데, 우리 다음에 가는 데는 어디예요?"

아이는 거실 벽에 붙여둔 세계지도를 손가락으로 콕콕 누르며 연신 질문을 던진다. 여행을 갔던 몇몇 나라의 위치를 기가 막히게 찾아내고, 궁금한 곳들의 위치를 물어보기도 한다.

두 번째 유럽 여행을 떠나기 전에 우리가 함께 갈 나라들을 두어 번 말해줬지만 다 기억하기엔 아직 무리가 있는지 물어보고 또 물어본다. 그래도 다행이다. 수개월 전에 갔던 그곳들을 기억해주니 말이다.

"다은이는 크로아티아에서 뭐가 제일 재미있었어?"

혹시나 기억하는 것이 더 있을까 싶어 여행지에 대한 기억을 끄집어내는 질문을 던져보았다. 아이는 공원 구석에서 강아지가 용변을 본 후 몸을 핥았던 일과 단체관광객들에 둘러싸여 귀여움을 독차지하며 캐러멜을 받았던 일이 가장 기억에 남는다고 대답한다. 예상치도 못한 대답에 웃기기도 하고 당황스럽기도 했지만, 아이 입장에서는 꽤나 충격적이었던 사건과 기분 좋았던 일을 기억하고 있는 것이다. 어찌 되었건 그때 그 순간을 또렷이 기억하고 있다는 사실이 신기하다.

여행을 다녀온 후 시간이 흐르면 행복한 추억이었음에도 기억하지 못하는 순간들이 수두룩하다. 그런데 아이가 어떻게 여행의 모든 순간을 기억할 수 있겠는가? 그걸 기대하는 것은 일종의 보상심리일 것이다. '돈 들여서 힘들게 데리고 갔는데 기억도 못 하면 아깝지 않나?' 하는 발상 자체가 모순이다.

아이는 그동안 우리와 함께 무수히 여행을 다니며 어느덧 쑥쑥 자라 51개월이 되었고, 감사하게도 함께 가는 여행지마다 무탈하게 일정을 소화

해줬다. 커갈수록 그저 따라만 다니는 것이 아니라 여행지에서 함께 의견을 나누고 하고 싶은 것을 정확히 제안도 하며 진정한 여행 구성원으로서의 역할을 톡톡히 해내고 있는 중이다.

물론 아이와 함께하는 여행이 매번 좋았다고만 할 순 없다. 상황과 장소만 바뀌는 것일 뿐 여행도 육아의 연장선상에 있으니까. 여행을 통해 아이가 좋아하고 재미있어 하는 게 무엇인지 알게 되고, 그것으로 인해 다음 여행지에선 어떤 것들을 더 신경 써야 할지 고민하기에 바빠졌지만, 함께하는 여행에 대해 일말의 후회도 해본 적은 없다. 아이 덕분에 세상을 또 다른 시선으로 바라보고 다르게 생각할 수 있게 되었으니까.

아이에게 바라는 것이 있다면, 나중에 시험 문제를 하나 더 맞히고, 영어 단어 하나를 더 외우는 것에 연연하지 말고 더 큰 세상을 내다볼 수 있는 아이가 되었으면 한다는 것이다.

우리가 사는 이 작은 나라가 세상의 전부가 아니라, 가까이 혹은 지구 반대편에 수많은 나라가 존재한다는 것을 보여주고 경험하게 해주고 싶다. 아는 만큼 보이고 보이는 만큼 느끼며 감동하고 성장하게 될 것이라는 믿음으로, 내 여행 파트너인 아이와 함께 앞으로도 수많은 여행지에 발자취를 남길 것이다. 꼭 그렇게 되길 간절히 바란다.

참쉽다
아이와 해외여행

2017년 1월 11일 초판 1쇄 발행
2017년 8월 16일 초판 2쇄 발행

지은이 | 김장희
펴낸이 | 이준원
펴낸곳 | (주)황금부엉이
주소 | 서울시 마포구 양화로 127 (서교동) 첨단빌딩 5층
전화 | 02-338-9151
팩스 | 02-338-9155
인터넷 홈페이지 | www.goldenowl.co.kr
출판등록 | 2002년 10월 30일 제 10-2494호
본부장 | 홍종훈
편집 | 강현주
디자인 | 디자인 붐
전략마케팅 | 구본철, 차정욱, 나진호, 이동후, 강호묵
제작 | 김유석
978-89-6030-475-8 13980

—

황금부엉이에서 출간하고 싶은 원고가 있으신가요? 생각해보신 책의 제목(가제), 내용에 대한 소개, 간단한 자기소개, 연락처를 book@goldenowl.co.kr 메일로 보내주세요. 집필하신 원고가 있다면 원고의 일부 또는 전체를 함께 보내주시면 더욱 좋습니다.

책의 집필이 아닌 기획안을 제안해주셔도 좋습니다. 보내주신 분이 저 자신이라는 마음으로 정성을 다해 검토하겠습니다.